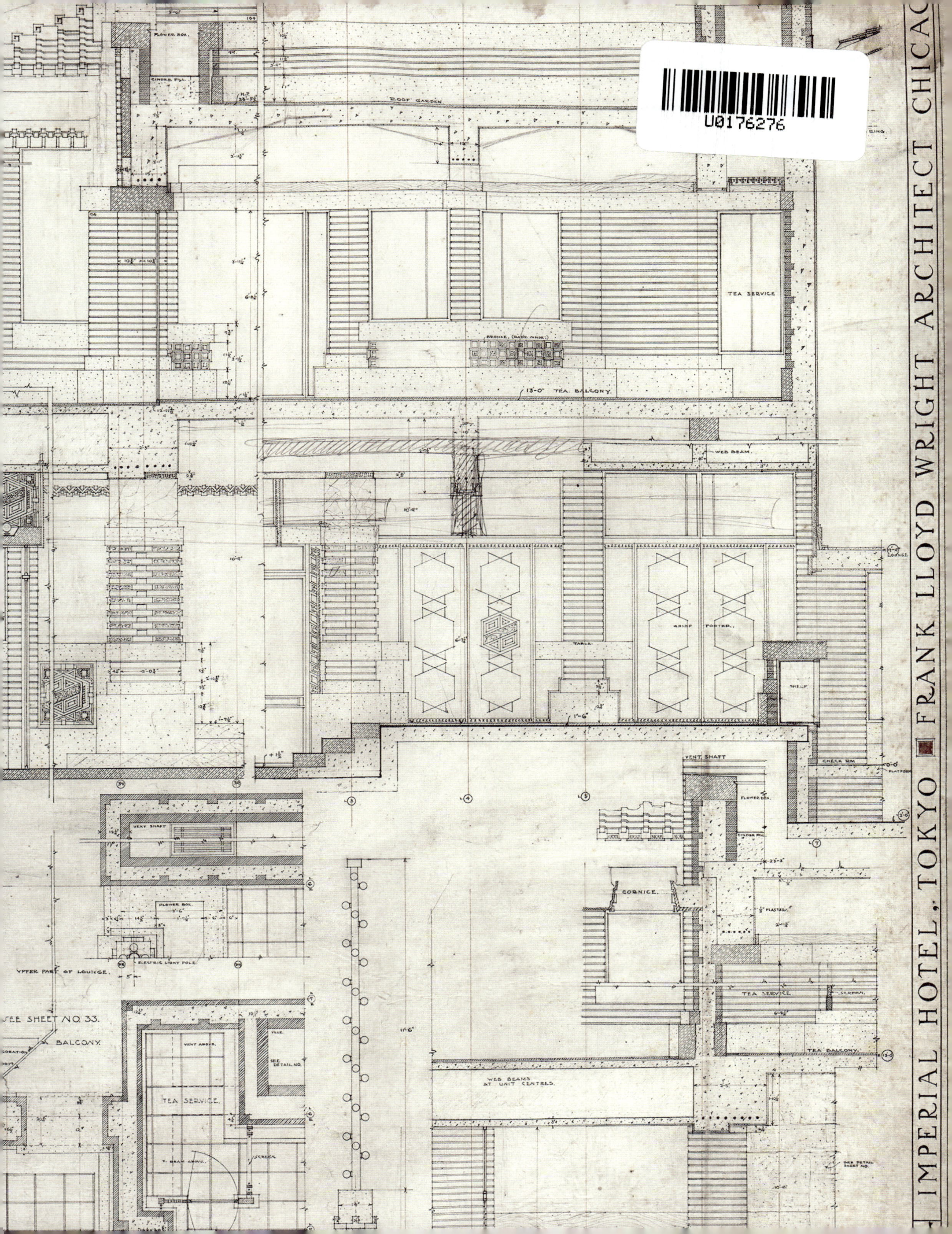

IMPERIAL HOTEL, TOKYO ■ FRANK LLOYD WRIGHT ARCHITECT CHICAG
U0176276
ROOF GARDEN
TEA SERVICE
13'-0" TEA BALCONY
WEB BEAM
SHELF
CHECK RM
VENT SHAFT
FLOWER BOX
CORNICE
TEA SERVICE
TEA BALCONY
WEB BEAMS AT UNIT CENTRES
UPPER PART OF LOUNGE
SEE SHEET NO. 33
BALCONY
TEA SERVICE
SCREEN

重识赖特

超越建筑的大师

[美国] 巴里 · 伯格多尔　[美国] 詹妮弗 · 格雷　主编

张玉坤　郑　婕　王丽霞　译

江苏凤凰科学技术出版社 · 南京

江苏省版权局著作权合同登记 图字：10-2022-290

图书在版编目（CIP）数据

重识赖特 ：超越建筑的大师 /（美）巴里·伯格多尔，（美）詹妮弗·格雷主编 ；张玉坤，郑婕，王丽霞译. -- 南京 ：江苏凤凰科学技术出版社，2024.5
ISBN 978-7-5713-4300-2

Ⅰ. ①重… Ⅱ. ①巴… ②詹… ③张… ④郑… ⑤王… Ⅲ. ①赖特(Wright, Frank Lloyd1867-1959)-建筑艺术-艺术评论 Ⅳ. ①TU-867.12

中国国家版本馆CIP数据核字(2024)第056717号

重识赖特 超越建筑的大师

主　　编	[美国] 巴里·伯格多尔　[美国] 詹妮弗·格雷
译　　者	张玉坤　郑　婕　王丽霞
项目策划	刘禹晨　高　申
责任编辑	刘屹立　赵　研
特约编辑	高　申　刘禹晨　马思齐

出版发行	江苏凤凰科学技术出版社
出版社地址	南京市湖南路1号A楼，邮编：210009
出版社网址	http://www.pspress.cn
总 经 销	天津凤凰空间文化传媒有限公司
总经销网址	http://www.ifengspace.cn
印　　刷	北京博海升彩色印刷有限公司

开　　本	889 mm×1 194 mm 1/16
印　　张	16.5
插　　页	4
字　　数	272 000
版　　次	2024年5月第1版
印　　次	2024年5月第1次印刷

标准书号	ISBN 978-7-5713-4300-2
定　　价	328.00元（精）

图书如有印装质量问题，可随时向销售部调换（电话：022-87893668）。

参与本书编撰人员

特蕾泽・奥马利（Therese O’Malley）
詹妮弗・格雷（Jennifer Gray）
朱丽叶・金钦（Juliet Kinchin）
大岛正（Ken Tadashi Oshima）
伊丽莎白・S. 霍利（Elizabeth S. Hawley）
梅布尔・O. 威尔逊（Mabel O. Wilson）
施皮罗斯・帕帕派求斯（Spyros Papapetros）
迈克尔・德斯蒙德（Michael Desmond）
迈克尔・奥斯曼（Michael Osman）
马修 ・ 申斯贝里（Matthew Skjonsberg）
尼尔・莱文（Neil Levine ）
戴维 ・ 斯迈利（David Smiley）
巴里・伯格多尔（Barry Bergdoll）
埃伦 ・ 穆迪（Ellen Moody）
珍妮特・帕克斯（Janet Parks）
卡萝尔 ・ 安 ・ 法比安（Carole Ann Fabian）

哈迪住宅（Hardy House），威斯康星州拉辛（Racine）,1905 年。透视图，用水彩、墨水和铅笔绘于纸上，47.6 cm × 13.7 cm

“求职时向亲爱的师父展示的图纸”（Drawing shown to lieber Meister when applying for a job），1887 年。
用铅笔和彩色铅笔绘于描图纸上，39.1 cm × 64.1 cm

列克星敦露台公寓（Lexington Terraces Apartments），伊利诺伊州芝加哥，设计于 1901 年（1909 年修复），未建成。
鸟瞰图，用墨水、水墨和铅笔绘于纸上，并用纸进行了裁剪和拼贴，41.9 cm × 83.2 cm

多赫尼牧场（Doheny Ranch）开发，加利福尼亚州洛杉矶，设计于 1923 年，未建成。
住宅 A 的透视图和平面图，用铅笔和彩色铅笔绘于描图纸上，41 cm × 52.1 cm

序

2012 年 9 月，纽约现代艺术博物馆（以下简称“现代艺术博物馆”）、哥伦比亚大学艾弗里建筑与艺术图书馆（以下简称“艾弗里图书馆”）与弗兰克·劳埃德·赖特基金会（以下简称“赖特基金会”）宣布了一项转让协议，接收记录着弗兰克·劳埃德·赖特工作资料和职业生涯的档案的所有权和管理权。这些藏品数目巨大，包括图纸、信件、建筑模型和节点模型、照片和胶卷，将从赖特的两个自宅兼工作室——威斯康星州和亚利桑那州的塔里埃森（Taliesin）校舍——转移到现代艺术博物馆和艾弗里图书馆。在西塔里埃森，工作人员在布鲁斯·布鲁克斯·法伊弗（Bruce Brooks Pfeiffer）的领导下，对这些资料进行了持续数十年的整理和编目，并经常将它们借给大型机构进行展览，其中包括特伦斯·莱利（Terence Riley）和彼得·里德（Peter Reed）于 1994 年在现代艺术博物馆组织的全面回顾展。自该展览之后，弗兰克·劳埃德·赖特基金会的档案重获新生。通过档案管理、画廊展示和定期教学，人们开始更多地接触这些档案。

尽管有些内容看似自相矛盾，但赖特仍为解读现代建筑和 20 世纪的美国文化提供了宝贵的视角。无论是建成的建筑还是未建成的方案，赖特的项目都一直吸引着我们。他的作品中涉及的问题与当代土地利用和规划之争形成了呼应。本书的配套展览“弗兰克·劳埃德·赖特诞辰 150 周年：档案重启”（Frank Lloyd Wright at 150: Unpacking the Archive）在赖特诞辰日开幕，这证明了现代艺术博物馆和艾弗里图书馆的共同信念：即使是赖特这样多变且被深入研究的艺术家，仍然可以引起当代人的兴趣。自 1932 年赖特被列入现代艺术博物馆的首届建筑展览人物以来，没有任何建筑师像他这样被展览频繁且持续地青睐。1940 年，五十三街大楼举办的第一次建筑展就是关于赖特的，艾弗里图书馆在线目录包含了近 1400 本与他有关的出版物。然而，本书和此次展览不是对赖特的职业生涯进行全面解读，虽然对成千上万的图纸、信件、手稿和照片进行解密的重任即将完成，但对赖特的学术思想进行解释的任务还将持续开展。因此，本次展览既是相关研究的催化剂，也是展示档案收藏本质的一种途径。

我非常感谢巴里·伯格多尔（Barry Bergdoll）在詹妮弗·格雷（Jennifer Gray）的协助下精心策划的此次展览和学术实验。该项目的调研、规划和准备过程都受到艾弗里图书馆的帮助。我们向图书馆馆长卡萝尔·安·法比安（Carole Ann Fabian）和图纸与档案部负责人珍妮特·帕克斯（Janet Parks）致以最诚挚的谢意，感谢他们对档案的管理和无私奉献的精神。我谨代表信托基金的受托人和博物馆的职员感谢韩国现代信用卡公司（Hyundai Card）对这次展览的大力支持。苏·瓦亨海姆和埃德加·瓦亨海姆三世（Sue and Edgar Wachenheim Ⅲ）、格雷厄姆美术高等研究基金会（Graham Foundation for Advanced Studies in the Fine Arts）及年度展览基金（Annual Exhibition Fund）还为此次展览提供了额外的慷慨支持。

同时也非常感谢戴尔·S. 莱夫和诺曼·米尔斯·莱夫（Dale S. and Norman Mills Leff）出版基金、由安德鲁·W. 梅隆（Andrew W. Mellon）基金会慷慨设立的现代艺术研究和学术出版物博物馆捐赠基金、爱德华·约翰·诺布尔（Edward John Noble）基金会、佩里·R. 巴斯（Perry R. Bass）夫妇和美国慈善基金会人文挑战助学金计划对本出版物的大力支持。

格伦·D. 劳里（Glenn D. Lowry）
纽约现代艺术博物馆馆长

戈登 · 斯特朗汽车观象天文台（Gordon Strong Automobile Objective and Planetarium），马里兰州舒格洛夫山（Sugarloaf Mountain），设计于 1924—1925 年，未建成。透视图，用铅笔和彩色铅笔绘于描图纸上，50.2 cm × 78.1 cm

前言

经过多年的努力，现代艺术博物馆和艾弗里图书馆联合收购了赖特基金会档案。此次收购汇聚了美国最著名、最有影响力的建筑师的作品与美国主要建筑图书馆的研究力量，以及美国历史最悠久的博物馆建筑与设计部门的展览项目。因此，由这三方组成的指导委员会带着赖特的档案遗产从威斯康星州农村和亚利桑那州沙漠的两个基地开始向东行进。在这两个地方，赖特在设计、写作以及用自己的理念和设计方法训练未来建筑师等方面迸发出很多创意。在纽约，赖特的图纸和文章不仅有著名且为人熟知的建筑师藏品作陪［特别是现代艺术博物馆关于路德维希·密斯·凡·德·罗（Ludwig Mies van der Rohe，1886—1969，美国人，生于德国）的建筑藏品，以及艾弗里图书馆关于路易斯·沙利文（Louis Sullivan，1856—1924，美国人）的建筑藏品］，同时也找到一种制度性基础设施，以支持赖特的作品继续获得学术和公众的关注。

档案的规模非常可观：大约有 55 000 张图纸、125 000 张照片和其他摄影作品、285 部影像记录、30 万份信件、2 700 份手稿，后来随着艾弗里图书馆工作人员对资料的不断整理，这些数据还在持续增长。这些存放在哥伦比亚大学的资料很快便对研究人员开放了，这是当初转移和拆封数量如此庞大的藏品时人们始料未及的。此外，档案中还有几十种模型，包括广亩城市（Broadacre City）的纪念模型（1929—1935 年），以及用于材料研究的一些建筑节点模型，这些与现代艺术博物馆的建筑模型藏品一起存放，并定期用于展览。1959 年，在赖特去世的那一年，资料首次被转移，直到 2016 年最后一批塔里埃森建筑事务所（Taliesin Associated Architects，TAA）的资料转移完毕，这才完成了将两个塔里埃森的原有藏品整合在一起的委托。这是美国建筑师在机构环境中馆藏最完整和最重要的档案之一，它在规模和复杂性上能与用于研究现代建筑的“形式赋予者（form givers）”的主要档案相媲美：现代艺术博物馆和美国国会图书馆的密斯·凡·德·罗档案，哈佛大学的瓦尔特·格罗皮乌斯（Walter Gropius）档案，巴黎勒·柯布西耶（Le Corbusier）基金会的勒·柯布西耶档案，以及芬兰的阿尔瓦·阿尔托（Alvar Aalto）档案。与那些档案一样，赖特基金会档案提供了从 19 世纪 90 年代到 20 世纪 60 年代这段时期有关建筑文化的深刻见解。这些档案不仅记录了这位建筑师建成的和未建成的作品，还记录了一个持续进行的重要教育实验的创造和运营，即塔里埃森学社。

这次展览和出书是为了庆祝赖特的档案从字面意义和隐喻意义上的打开：物理上的拆封与收藏管理，以及对内容进行新的解读。这些活动不是连续的，而是与前几个月从亚利桑那州和威斯康星州的大量资料转移交织在一起。无论是图书馆还是博物馆，都决定将赖特的物质遗产和精神遗产整合在一起，结束了这位建筑师生前以及之后在奥尔吉瓦娜·赖特（译者注：Olgivanna，赖特的第三任妻子）带领下的几十年来主要以专题形式展示赖特作品的偏好。哥伦比亚大学和现代艺术博物馆都是藏品保护领域的佼佼者，其优势互补。保护纸质作品的工作几乎立刻在哥伦比亚大学图书馆展开，那里的保护实验室在处理纸质文件方面有公认的专业实力。现代艺术博物馆也迅速开始了对档案中的建筑节点模型和建筑模型的保护评估工作。两年来，在安德鲁·W. 梅隆基金会的资助下，一个专门的研究机构研究并保护了赖特的模型，这不仅使模型的状况稳定下来，而且使许多关于赖特设计和使用模型的新思路的实践成为可能，这些新思路的落实大部分是出于展览和宣传的目的，而不是用于设计开发。埃伦·穆迪（Ellen Moody）在报告中介绍了这项保护工作的第一个成果，涉及赖特最著名的两个纽约项目的模型：圣马克大楼（St. Mark's Tower，1927—1929 年）和所罗门·R. 古根海姆博物馆（Solomon R. Guggenheim Museum，1943—1959 年）。她与哥伦比亚大学历史保护项目的学生一起，对各种节点模型、建筑物以及赖特的材料实验进行了调查。在艾弗里图书馆和现代艺术博物馆，数字成像的新标准正在改变藏品的使用方式。

艾弗里图书馆正在与现代艺术博物馆的注册服务商和技术团队协商，主导对档案的跨机构数据开发项目。资料的信息控制首先是通过项目级的盘点和登记入册来实现的，其次是通过使用几种核心记号类型的层次结构进行分类来实现的：按格式类型的藏品级记号、单个作品的项目级记号、追踪材料位置和使用的事物处理记号以及档案查找辅助记号，以建立一个有组织的结构和持有概况。编目档案需要记录作品的物理特性（格式、材料、尺寸、程度等）；识别不明显的元素，这些元素往往需要大量的研究来获取确切的数据（学名和俗称、日期、出处和已建 / 未建工程的状态）；厘清跨格式（绘图、信件、摄影）项目之间的关系。这些工作记录了档案中所有项目的详情，跨越了从馆长、馆员、档案管理员到注册人员、技术人员的专业实践的界限，提供了有价值的描述信息和技术信息。这些信息必须能在艾弗里图书馆和现代艺术博物馆的多个平台上便捷流动，而这两个机构之间复杂数据系统的集成对于共同管理数量如此庞大的资料至关重要。编目数据也为通过发现中易于理解的点向公众揭示档案内容奠定了基础。卡萝尔·安·法比安在本卷中关于数据可视化的文章证明了数字化管理藏品新模式的潜力。

在本次大规模展览之前，藏品已在研究、教学、展览中使用。除了在本科和研究生阶段开设长达一整个学期的赖特专题研究之外，学者们还举办了许多单独的课程，并开展了许多研究项目。其中，巴里·伯格多尔教授的课程直接推动现代艺术博物馆在 2014 年举办了“弗兰克·劳埃德·赖特和城市：密集与分散”（Frank Lloyd Wright and the City：Density vs. Dispersal）展览。那次展览对赖特关于 20 世纪美国城市扩散的复杂观点提出新的疑问，特别是将他在广亩城市中对农村分散城市的迷恋与他对摩天大楼高度的毕生追求（最终在 1956 年伊利诺伊大厦项目中达到顶峰）放在一起，也正是那个比当前这个保守得多的展览将赖特的档案迎接进入了纽约。此外，为纪念赖特的学徒、原塔里埃森档案馆馆长布鲁斯·布鲁克斯·法伊弗，艾弗里图书馆和现代艺术博物馆单独或一起定期开设一系列纪念讲座，目前已经开始。在 2013 年，哥伦比亚大学的坦普尔·霍因·比尔（Temple Hoyne Buell）美国建筑研究中心举行了赖特专题学术研讨会，这表明了在一所研究型大学存放赖特档案的迫切愿望，这将会促进年轻学者以自己的方式研究赖特作品的历史意义和持续存在的重要性。同期于哥伦比亚大学曼哈顿维尔（Manhattanville）新校区的伦费斯特艺术中心（Lenfest Center for the Arts）的米丽娅姆·瓦拉赫和伊拉·D.瓦拉赫美术馆（Miriam and Ira D. Wallach Art Gallery）举办的展览上也体现了比尔中心对档案研究的持续参与。这个展览在2017年的秋天提供了了解赖特广亩模型的另一个背景，同时在本书一篇由戴维·斯迈利（David Smiley）所著的文章中有所体现。

本书和这次展览并没有提出一个全面的观点或对赖特漫长而多变的职业生涯进行总体解释。相反，它们颂扬的是档案馆的制度设置可能带来的新发现。如果说这些藏品先前主要由赖特学者所使用的话，那么它们存放在艾弗里图书馆和现代艺术博物馆使其能够经常可以接触到新的声音、新的环境和新的问题。因为大多数对本书作出贡献的历史学家、档案保管员、图书馆管理员和艺术保护者先前并没有把注意力放在赖特身上，是以他们的调查提出了原创性的视角和研究途径。学术界称他们为第二代“解读者”。第一代“解读者”是以艾弗里图书馆图纸与档案部负责人珍妮特·帕克斯为首的队伍，她在本书的文章中用自己深厚的知识论证了众多参与赖特的图纸绘制的设计者们的贡献。第二代“解读者”则由在许多问题上拥有专业知识的学者组成，而这些问题对于研究弗兰克·劳埃德·赖特至关重要。他们中只有少数人多年来一直研究赖特，如尼尔·莱文（Neil Levine）和迈克尔·德斯蒙德（Michael Desmond）。每位学者在档案中选择了一个他们感兴趣的对象，有时会与他们在其他学术研究和写作中提到的主题产生共鸣。这些对象是了解档案的切入点，有的甚至会启发其他领域，如卡洛·金兹伯格（Carlo Ginzburg）或罗伯特·达恩顿（Robert Darnton）的著名微观历史领域，展览和书中记录了相关历史探究和阐释的过程以及由此带来的思考。赖特作品中很多鲜为人知的方面被发掘出来。例如，为了探究赖特关于本土植物与外来植物的辩论，景观历史学家特蕾泽·奥马利（Therese O’Malley）开始研究他曾在布法罗的达尔文·D.马丁住宅（Darwin D. Martin House，以下简称“马丁私人住宅”，1903—1906年）所实施的被称为“花环”（Floricycle）的不同寻常的种植计划；梅布尔·O.威尔逊（Mabel O. Wilson）研究了赖特受朱利叶斯·罗森沃尔德基金会（Julius Rosenwald Fund）的委托，所设计的一个非裔美国儿童学校的原型。与此同时，利用以前被忽视的文件，著名的项目也受到新的关注。比如大岛正（Ken Tadashi Oshima）通过研究档案中所发现的极为稀有的影像资料，重新审视东京著名的帝国饭店（1913—1923年）。这是赖特在20世纪10年代后期和20年代初期这段艰难岁月中最重要的设计，也是他职业生涯中最大的设计委任之一。

本次展览是进入这个丰富宝库的一封邀请函，也是关于美国著名的建筑历史学家、景观历史学家，以及负责管理赖特这一建筑史上伟大人物的记录档案的专业人士思想过程的报告。

巴里·伯格多尔
纽约现代艺术博物馆建筑与设计部部长
卡萝尔·安·法比安
哥伦比亚大学艾弗里图书馆馆长

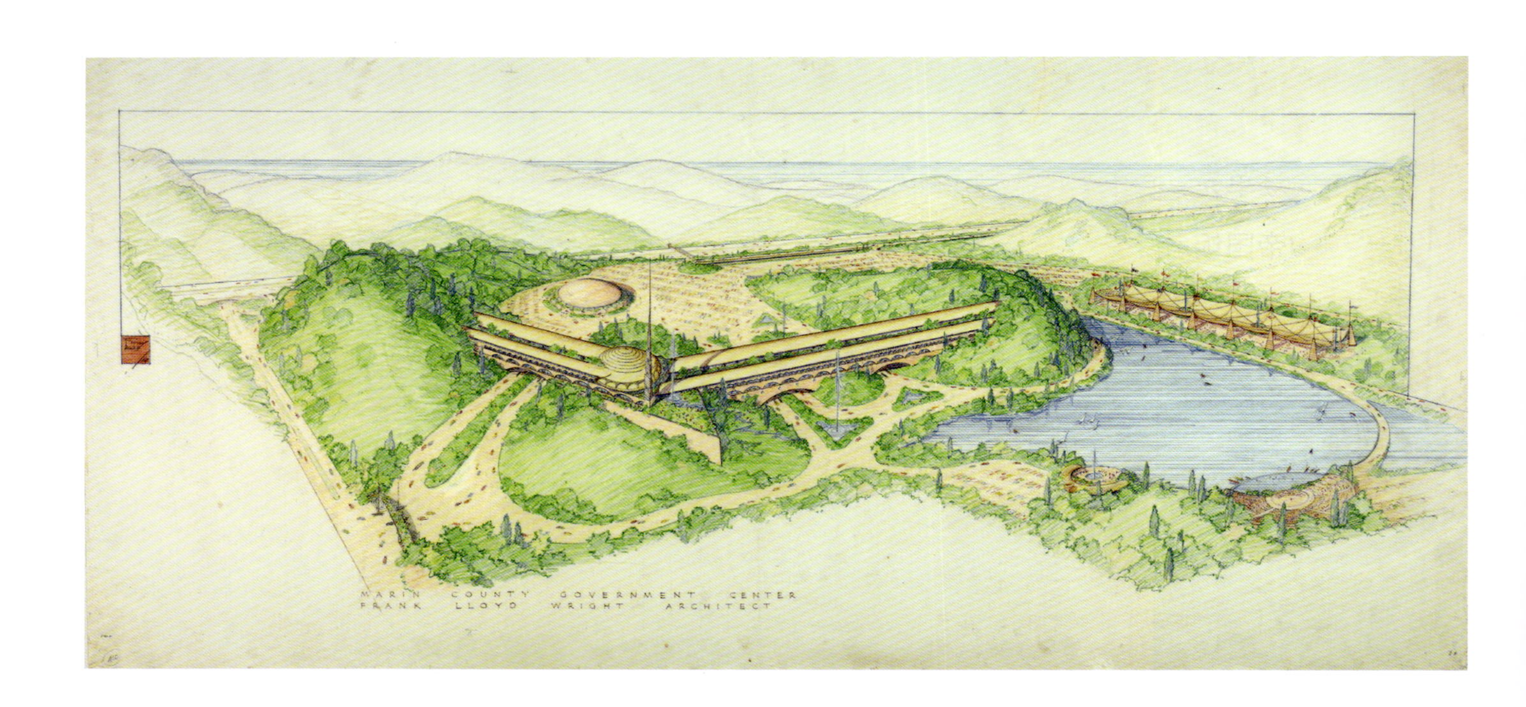

马林县市政中心和露天市场（Marin County Civic Center and Fairgrounds），加利福尼亚州圣拉斐尔（San Rafael），1957—1970 年。鸟瞰图（自东向西看），用墨水、铅笔和彩色铅笔绘于描图纸上，87.6 cm × 188.9 cm

目录

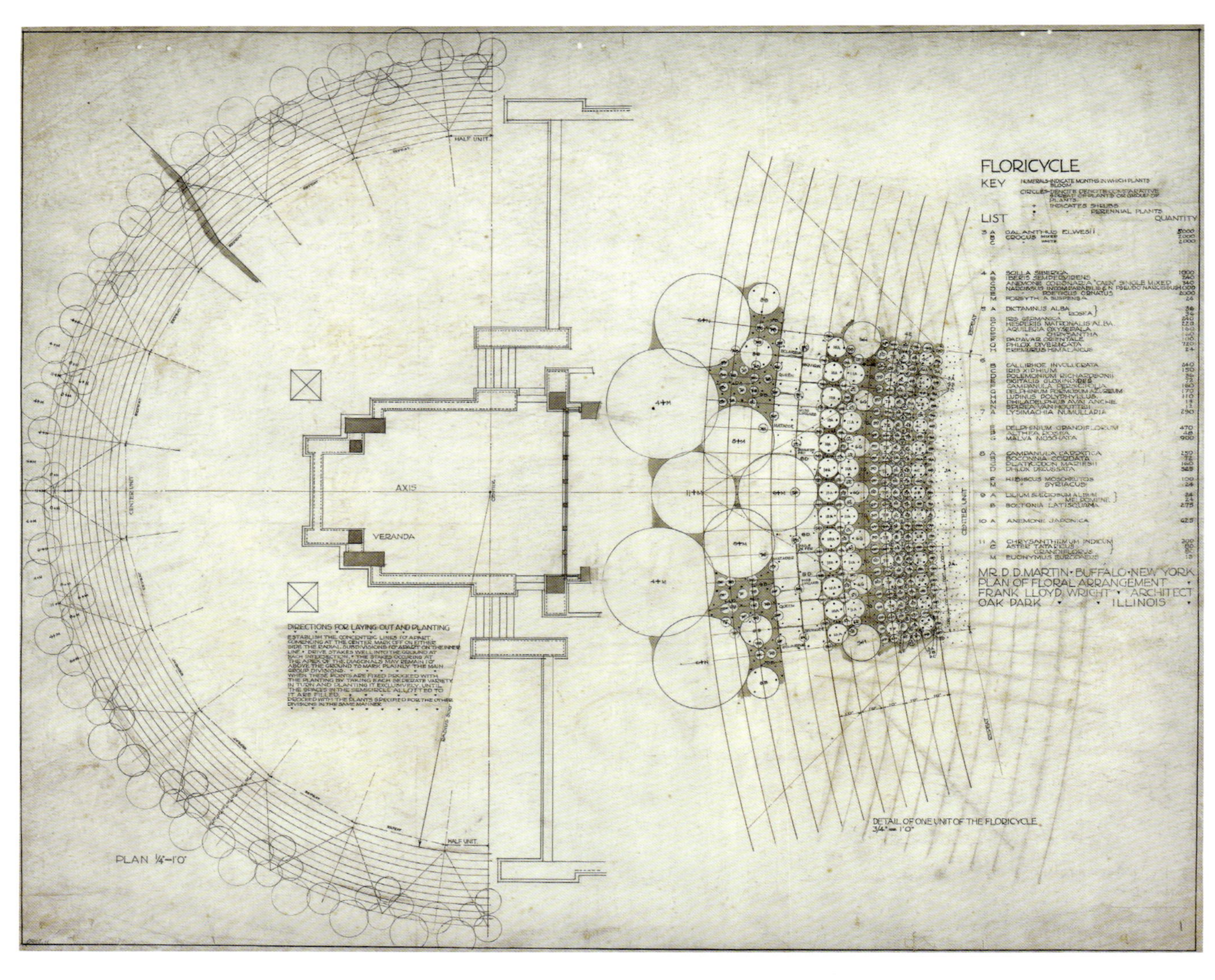

章前图　马丁私人住宅，纽约州布法罗，1903—1906 年。“花环”方案平面图，用墨水绘于绘布上，81.6 cm × 100.1 cm

1
用本土和外来植物所设计的“花环”方案

特蕾泽·奥马利

弗兰克·劳埃德·赖特设计的名为“花环”的方案（见章前图），是为马丁私人住宅所做的一个非同寻常的种植规划，它使人们得以仔细研究建筑师在花园设计中对植物的使用，以及景观在创造统一的艺术作品中的作用。在景观设计专业兴起以及本土化与外来同化的价值争论不休之际，这个方案提出了本土植物和外来植物的地位问题。[1]建于1903—1906年的马丁私人住宅位于帕克赛德（Parkside），帕克赛德是纽约州布法罗市的一个街区，根据老弗雷德里克·劳·奥姆斯特德（Frederick Law Olmsted，Sr）的设计于19世纪80年代建成。“花环”图纸详细展示了植物的种类和数量，提出了将上万株本地及外来的球根植物、多年生植物、二年生植物、开花灌木和树木种植在住宅主体东部门廊的一个半圆区域内。像这样带有植物名称的图纸，很少被发表或展出，但它们在一定程度上说明了赖特的花园设计方法，这是很少受到关注和研究的部分。

虽然有些人声称赖特对园艺设计知之甚少或兴趣有限，但有几个事实却指向相反的方向：在许多项目中，他在设计过程的早期就注重花园空间及其种植设计，而当时建筑仍处于开发阶段；他在1900年发表了题为“关于景观建筑”的演讲，阐述了他对当下趋势的认识；在职业生涯的关键时期，他与最重要的景观建筑师保持着联系，包括奥姆斯特德夫妇、沃尔特·伯利·格里芬（Walter Burley Griffin）、小弗兰克·劳埃德·赖特（Frank Lloyd Wright,Jr，赖特的儿子）、延斯·延森（Jens Jensen，1860—1951，美国人，生于丹麦）和J. 埃利奥特·威尔金森（J. Elliot Wilkinson）。他们都直接或间接地通过自己的项目与赖特保持互动。要理解赖特的花园设计，我们必须将视线从赖特个人转向与他合作的客户和其他设计师。

这幅未注明日期、未署名的“花环”平面图呈现了以半圆形的形式被重新规划的现有花坛。这份图纸是施工过程中的示意图，存在3种版本——用钢笔和墨水绘制的绢本草图和两份蓝图。其高度概略的图表特征，让人想起了埃比尼泽·霍华德（Ebenezer Howard）在1898年绘制的影响很广的花园城市（Garden City）图纸，特别是第三份图纸，其中一个楔形区域被提取出并放大以解释细节。值得一提的是，1901年加入赖特工作室的沃尔特·伯利·格里芬曾负责监督马丁私人住宅项目建筑和花园的设计部分，他对霍华德的出版物特别感兴趣。[2]在“花环”方案中，楔形代表了绕半圆重复11次的单元，并且在半圆的两端各加半个单元。

半圆形花园特征出现在马丁私人住宅项目的早期，包括1904年赖特手绘的一幅街区平面图（见第21页附图1–1）。格里芬在1905年绘制的一幅草图，上面标示着手写的植物名称，也显示了本地和外来植物的密集种植情况（图1–1）。达尔文·马丁、赖特和格里芬的通信显示，在1906—1913年（见第21页附图1–2）期间，“花环”的种植计划逐步施行，取代了原先不

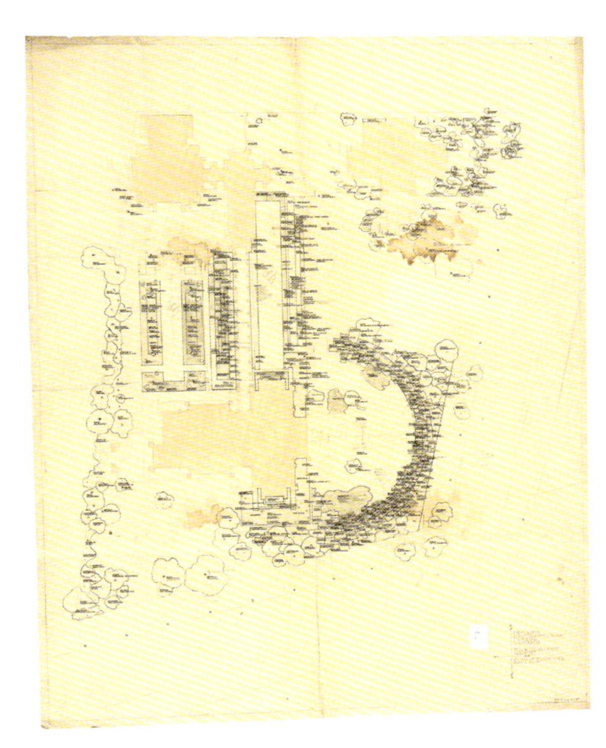

图1–1　马丁私人住宅，纽约州布法罗，1903—1906年。沃尔特·伯利·格里芬绘制的种植平面图，用墨水和铅笔绘于亚麻布底纹描图纸上，101 cm×79.7 cm。藏于纽约州立大学布法罗分校档案馆

成功的种植方案。赖特将马丁私人住宅的平面图和透视图收入了瓦斯穆特作品集（Wasmuth Portfolio），并于 1910 年在德国出版。在该作品集中，“花环”方案被称为“花半圆”（Blumen Halbkreis），与原先的种植方案相比，植株显得不那么繁茂。

巨大的半圆形种植区的功能似乎是为走廊创建一个私密屏障，以防止空间的过度开敞。与赖特其他设计中出现的风车形或圆形的种植景观区不同的是，在那些形状中创造出的是全景或依序变化的远景，而在这里茂密高挺的植物打造了一面生态墙，从公共空间中围合出一块私人空间。1910 年，格里芬回到这个项目中，设计了一片缓冲灌木丛，以应对日益膨胀的交通和商业开发，为私人住宅提供更多的保护。[3]

在此期间，赖特工作室的其他项目的种植计划也同样通过图纸展示了打造私家花园的复杂提案。格里芬在伊利诺伊州海兰帕克（Highland Park）的威利茨住宅（Willits House）中设计了一个布满缤纷交错的开花植物的半圆形景观（1902—1903 年）以及两个环形车道（见第 22 页附图 1–3）。伊利诺伊州皮奥里亚的利特尔住宅（Little House）的种植计划（1902 年）也出自格里芬之手，其中的直线边界上标记着不规则分布的本土植物和外来植物。当景观设计师兼园艺师延斯・延森在伊利诺伊州的格伦科（Glencoe）为赖特的布斯之家（Booth House）规划场地（1911—1912 年）时，他详细地制定了一份种植计划，将植株重叠且不规则地栽种在按颜色排列的种植带中，并且所选植物有鲜明的季节性花期。[4] 赖特基金会档案中还藏有一份位于伊利诺伊州里弗赛德（Riverside）的艾弗里・孔利和奎恩・孔利住宅（Avery and Queene Coonley House）的本土和外来植物的手写清单，里弗赛德是另一个由奥姆斯特德设计的社区，种植有贴梗海棠（*Chaemomeles speciose*）和东方罂粟（*Papaver orientalis*）。在孔利花园中，延森遵照赖特的硬质景观设计理念，在场地中心设置了一个“围起来的花园”（见第 22 页附图 1–4）。房子的正前方种有一片原生桦树和蕨类植物，与位于室内的乔治・尼德肯（George Niedecken）的壁画遥相呼应（图 1–2）。这种重复出现的植物图案，无论是天然的还是人造的，建筑物外部的还是室内的，都是赖特合成方法的一大特点，或者说是一种总体艺术的创作。

这些种植计划是研究格里芬、延森和赖特设计中的景观和园林环境的线索。从 20 世纪

图 1–2　孔利住宅，伊利诺伊州里弗赛德，1906—1909 年。桦树和蕨类植物图案壁画装饰下的室内景观

初开始，赖特的项目就经常与草原学派的景观设计联系在一起。这个概念是由威廉·米勒（Wilhelm Miller）定义的，他的论文强调了要使用本土植物。[5] 米勒称赞格里芬和延森是遥遥领先的实践者。事实上，他们的种植计划里除了山楂（*Craetageous*）、鹿角漆树（*Rhus typhina*）、假紫菀（*Boltonia latisquama*）等本土植物，还包括许多外来植物，如产自东亚的日本鸢尾（*Iris kaempferi*）、蜀葵（*Althea rosea*）、沙伦玫瑰（*Hibiscus syriacus*）、山梅花（*Philadelphus avalanche*）、虎百合（*Lilium auratum*）和地锦（*Parthenocissus tricuspidata*），此外还有许多植物来自欧洲和非洲。这些外来物种是设计中不可或缺的一部分，相对于我们根据延森和他的追随者的本土主义言论而联想到的方法而言，这个方法不那么传统。这种更具包容性的实践代表了菲利普·保利（Philip Pauly）所称的“生态世界主义”。这是一个有影响力的运动，其鼓励增加美国人驯化景观的多样性，并促进外来植物的本土化。[6]

20 世纪的前几十年里，针对赖特设计中出现了如此多的亚洲植物，也许还有另一种解释。这些植物都是日本版画中常见的种类：蜀葵、牡丹、鸢尾、木兰、荚蒾和金银花。关于日本版画对橡树园工作室建筑设计、装饰艺术和图示绘画风格的影响，已经有了许多描述。[7] 在赖特的工作室里，建筑师和平面设计师玛丽昂·马奥尼·格里芬（Marion Mahony Griffin）拥有标志性的风格，其创作灵感来自日本版画的色调和构图（见第 23 页附图 1–5）。对日本版画的热衷是否会影响花园中使用的鲜活植物的种类呢？

尽管对日本园林和植物的喜好在工艺美术运动中就被培植出来，但直到 19 世纪 90 年代，美国和日本的苗圃才大规模地建立起来，得以在进出口贸易中确保植物的稳定供应。[8] 在世界博览会中，日本展馆及其花园带来的灵感激发了更多观众的兴趣。[9] 马丁和赖特工作室在 1904 年 10 月的通信表明，格里芬在前往圣路易斯参加路易斯安那购地博览会期间，正在为马丁私人住宅的种植计划敲定最后的细节。[10] 赖特还在展会上参观了美国第一个完全建成的日式漫步花园（图 1–3），里面种满了大量从亚洲直接运来的植物。尽管在 1893 年芝加哥世界博览会上，位于奥姆斯特德设计的自然景观中的日本展馆凤凰殿（Ho–o–den），常被认为对赖特的建筑产生了影响，然而 11 年后的路易斯安那购地博览会上的日式漫步花园，用外来植物更全面地展示了花园和房屋的相互交融。同样需要重视的是，

图 1–3　路易斯安那购地博览会上的日本馆及其花园，密苏里州圣路易斯，1904 年。藏于圣路易斯密苏里历史博物馆

日本馆的场地周围环绕着美国的乔木和灌木，其中许多来自当地的林地，此例塑造了本土植物和外来植物的融合，这在赖特工作室做的项目中也可以看到。

在赖特的设计发展过程中，委托人对植物种类的选择起着至关重要的作用。1905 年，威利茨夫妇和赖特一起去了日本。利特尔夫妇和马丁夫妇成了日本版画的狂热收藏者，这些版画大多数都从赖特那里获得，赖特是当时主要的收藏家和交易商。[11] 在马丁私人住宅项目中，日本版画是大厅、接待室和起居室中唯一的装饰。在利特尔住宅中，歌川广重（Utagawa Hiroshige）的作品挂在赖特设计的特别展位上，上面还可以摆放"杂草花瓶"和插花。[12] 在先锋派建筑的时期，装饰与建筑设计和谐融合，室内与外部空间动态交互，花园完善了整个艺术作品并促使统一特征回归到基本的元素：有生命的植物。

赖特的许多委托人都对园艺和花园设计艺术感兴趣。例如，马丁夫妇是热衷于园艺的人，而奎恩·费里·孔利（Queene Ferry Coonley）是 D. W. 费里（D. W. Ferry）的女儿，后者是底特律一家种子公司的创始人，该公司日后成了世界上最大的种子公司。他们也被卷入了一场自然保护运动中，这场运动席卷了他们所属的进步改革派。[13] 这些客户在园林美学方面的偏好与国际工艺美术运动的偏好相同，这个运动在美国非常活跃，尤其是在芝加哥地区。赖特本人是芝加哥工艺美术学会的成员，该学会成立于 1897 年。[14] 在景观设计方面，这一运动反对人工移栽温室植物，并提倡种植本土和外来的植物，允许植物自然生长，减少修剪和人为塑形的干预。

在这场运动中，有影响力的女性园艺作家、设计师和园艺师格特鲁德·杰基尔（Gertrude Jekyll）公开了对本土植物和外来植物的自然处理方法。[15] 在她的许多极富创意的方法中，她将重点放在植物的色彩和纹理的处理上。这一点在实践中具体体现在她利用摄影和绘画手法，并通过色彩的冷暖色调展现植物自身的自然纹理走向。[16] 在 1900 年关于景观建筑的演讲中，赖特推荐了杰基尔的新书《家与花园》（*Home and Garden*），因为它"很好地展示了我们对主题的态度，而且应该遍布所有图书馆供人阅读"。赖特提到的主题是花园和建筑的共生，这是现代设计方法的一部分："景观建筑有一个明确的建筑基础——这是一种安排和划分的建筑规划，根据植物的真实性质对它们进行集合和分组——也就是说，因为自然的生长促成了其作为植物最美的样子，无论是丁香花还是榆树、橡树和枫树。"[17] 赖特称维多利亚式模式是一种"退化"，在这种模式中，紫杉和黄杨木被修剪成动物的形状，饱受折磨和摧残。他主张一种集成建筑的构成理念，使得"植物与人生活的环境相协调……建筑不再被允许进入植物领地，以及破坏植物的自然优雅"。[18] 墙、台阶、水池、藤架和阳台都是赖特和杰基尔用来连接房屋和花园的要素。

在赖特做讲座的同一年，《建筑评论》杂志评价了杰基尔的书。[19] 这篇评论强调了两个似乎与赖特有关的问题：将房屋延伸到花园，以及建筑和有机形式的协调。赖特看到过这篇评论吗？这似乎很有可能，因为这期杂志其余部分的内容是关于赖特第一次全面出版的作品。小罗伯特·克洛森·斯宾塞（Robert Closson Spencer, Jr.）是一名建筑师，作为朋友他与赖特共享办公室，还写了一篇题为"弗兰克·劳埃德·赖特的作品"的文章，据称部分文字和图片由赖特提供。[20] 这篇文章在开篇的句子中使用了原住民与外国人的生态隐喻："本世纪（19 世纪）的最后一年，我们大多数杰出和成功的建筑师仍在忙于移植外来物种。从每一个有利的外国资源起，各种风格和时期的外在形式正在被'改写'、被剽窃或被揶揄。"[21] 相比之下，斯宾塞这样称赞赖特："一个年轻人……在他自己国家的森林和鲜花盛开的草原上悠闲地荡来荡去。"作者认为，赖特的作品是"原汁原味的本土杰作"，为了实现"伟大的民族建筑"，我们的建筑必须是

“坚韧生长的本土植物，其根深扎于土壤中，自然地绽放”。[22] 这些年来，本土和异域的比喻在文本和设计中得到体现，丰富多样的理论和美学环境中诞生出赖特工作室的花园。[23]

尽管在种植计划中体现了包容性，但围绕赖特设计的华丽“辞藻”却更有利于本土物种的使用。赖特发表了关于当地“杂草”的一些照片，还用野花装饰了房屋。在伊利诺伊州斯普林菲尔德（Springfield）的达娜之家（Dana House）里，他委托乔治·尼德肯创作的壁画描绘了草原鹿角漆和紫菀的景象（见第 24 页附图 1–6）。提及漆树，正如威廉·米勒所写，这是一种“红色的勇气勋章，通常被认为是不屈不挠的西方精神的象征”。它曾经是一种“被农民看不起的杂草，现在由于其在秋季呈现的绚丽景色，在中西部的家庭中多有种植”。[24] 据称延森在塔里埃森的整个山坡上种满了漆树，而漆树的“叶冠”，根据延森的说法，“被秋天的霜冻变成了……火焰般的红色”。[25] 漆树的羽状叶也能够作为装饰元素来统一内部和外部空间。抽象的植物装饰物，例如赖特工作室独特的艺术玻璃和灯光屏幕，标志着流动空间内外的界限。甚至在这一地区漫长又难熬的冬季，抽象的植物图案也能创造花园景观。

赖特偏爱另一种花——蜀葵，这种花通常用于草原花园，但也用于新英格兰殖民复兴式建筑和英国的村舍花园。事实是，它不是真正的本土植物，而是来自亚洲，这并不妨碍人们将它视为传统花卉。甚至延森也无法抗拒这种顽强的花并且为其使用提供了诗意的理由：“虽然蜀葵不是真正的本土植物，但作为外来物种却真正成为我们乡村的一部分，拓荒者深深喜爱着蜀葵，将它种植在自己的小木屋和休憩室门前。当我们在西部平原上旅行时，可以看到一大片蜀葵或者丁香树丛，还有几棵苹果树，这些都是早期定居者与自然斗争的遗迹，后来由于某种原因，他们不得不放弃斗争，继续前进。”[26] 作为既能唤起先驱者的草原情怀，又能唤起日本美学情趣的植物，蜀葵为赖特提供了多种象征和设计目的，成为他的花园范例和装饰图案的源泉。

1917 年，赖特搬到洛杉矶，同他的儿子劳埃德——一位景观建筑师合作。赖特及其工作室在经济上、社会上和生态上都面临着一个新的环境：环太平洋地区。赖特正在研究一种圆形、三角形和正方形的“形式语言”，而他或他的助手对植物的细致研究，持续产生了激发内部和外部的基础结构与和谐作品的灵感。[27] 植物学的意象，一如既往地推动了赖特的演讲。赖特在自传中回忆到，1923—1924 年米勒德住宅（Millard House，也作 La Miniatura）的建造正如“仙人掌的生长”。[28] 他将自己设计的演变与树形仙人掌的生长进行了比较：一个强壮的主干，支干向外伸出。这栋房子建在一个树木繁茂的桉树峡谷中，形成了一个下沉的花园，阳台和露台从房子的核心伸出来。[29] 赖特将这座建筑描述为“像树木一样屹立在本土的树林之中”。[30] 本土的修辞再一次作为基本准则出现，然而并不准确。在 19 世纪末到 20 世纪初，从澳大利亚引进的、高度易燃的桉树在加利福尼亚种植了数百万棵，当时被认为是一种对景观的破坏。[31] 赖特所提及的巨人柱仙人掌（*Carnegiea gigantean*），似乎被认为是一种本土植物，并将其作为设计的隐喻来源，它很可能也不是起源于这个沿海地区，而是在亚利桑那州和墨西哥的南部。

位于洛杉矶的巴恩斯达尔住宅（Barnsdall House，1918—1921 年）被命名为“蜀葵之家”（Hollyhock House），因为房主艾琳·巴恩斯达尔（Aline Barnsdall）对延森的论点持赞同态度，对这种来自中西部地区的“草原”之花很感兴趣。这种标志性植物启发了建筑装饰和室内装饰的灵感（见第 25 页附图 1–7）。其中的生活花园包括了一片半圆形的区域，种植了外来树种如意大利石松（*Pinus pinea*）、蓝桉树（*Eucalyzptus globulus*）和橄榄树，它们都是有序种植的。[32] 此时此刻，加州人正在用适应太平洋海岸气候的来自地中海、南非和南美洲的植物来改造当地的景观。为了满足对仙人掌和多肉植物日益增长的需求，园艺师们在附近的索诺拉沙漠和安沙波列哥沙漠大量买入。正如人们所说的那样，如果赖特在这个项目的建筑中探索了一种浪漫的原始主义，那么他也在景观中创造了一个充满异域风情的浪漫环境。[33]

在 1927 年，赖特和他的学徒们遇到了一个对他们而言新的生态环境——索诺拉沙漠，在接下来的 30 年里，这片沙漠成为他们的冬季家园。20 世纪 20 年代末，赖特的绘图员和摄影师乔治·卡斯特纳（George Kastner）拍摄了一系列的照片，记录了被转移的木制和帆布帐篷工作营，并以一种普通的沙漠植物墨西哥刺木（*Fouquieria splendens*）命名它，叫作奥卡蒂拉（Ocatilla）。[34] 一张照片显示了关键景观元素的位置，居高临下的高大仙人掌，以它为中心分布的营地，以及拟建的圣马科斯沙漠酒店（San Marcos-in-the-Desert Hotel）的垂直锯齿状混凝土砌块模型（图 1-4）。[35]

尤金·马塞林克（Eugene Masselink，1910—1962，美国人，生于南非）在 1933 年加入学社，他用文字和图像捕捉了他们每年秋天离开威斯康星州前往西塔里埃森时所经历的感官革命。他描述了第一次到达亚利桑那沙漠时的情景："高大古老的树形仙人掌、优雅舞动的墨西哥刺木、沙漠地面上鲜艳的绿色，以及远处的紫色山脉。这是一个我从未见过的花园，一个我做梦也没想到的沙漠。"[36] 马塞林克对鹿角仙人掌、苔藓和岩石的研究，证明了其持续的灵感来自自然形态（见第 26 页附图 1-8~ 附图 1-11）。在图形表现方面，这些研究中的三维图形特质与早期对植物和风景的单调描述，以及对诸如塔里埃森学社建筑群（Taliesin Fellowship Complex）壁画（见第 59 页附图 3-9）与幕布和《自由》杂志封面的描绘形成鲜明对比。马克·特里布（Marc Treib）写道，现代主义的园林实践将从植物在设计环境中的生态作用转变为将植物更多地用作雕塑实体。这毫无疑问就是赖特沙漠作品中对待大型仙人掌的方式，即将其作为单独的纪念标本。[37]

在最早的住宅设计中，赖特就对设计中的生活元素表现出了浓厚的兴趣。在与同事和客户合作的过程中，他创造了一套新语汇，以表达植物纹理、色彩，以及形状和寓意巧妙交融所激发的状态。无论是在伊利湖还是在亚利桑那州的沙漠，植物和植物意象都被证明是连接建筑内部、花园和更广阔景观的重要桥梁。赖特本人完美地总结了他作品中似乎不变的东西："我们不再……将室外和室内作为两个独立的个体看待。现在室外可能会与室内相连，室内可能也会径直通向室外，它们是相互作用的。形式和功能在设计和材料特性的执行中融为一体，方法和目的是统一的。"[38]

图 1-4　奥卡蒂拉（赖特工作营），亚利桑那州菲尼克斯，凤凰城南山［原索尔特河（Salt River）］，1929 年。中央场地的背景是圣马科斯沙漠酒店的混凝土砌块模型（1928—1929 年）

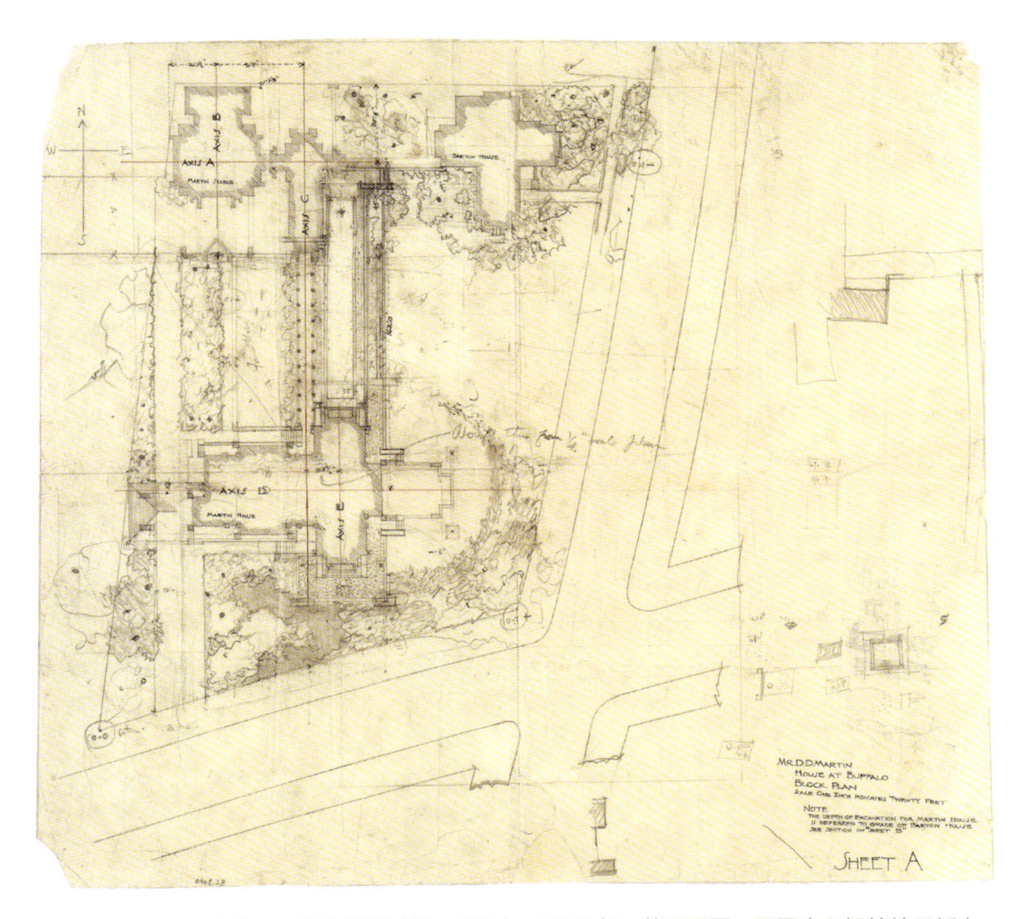

附图 1–1　马丁私人住宅，纽约州布法罗，1903—1906 年。总平面图，用墨水和铅笔绘于纸上，52.1 cm × 56.8 cm

附图 1–2　马丁私人住宅，纽约州布法罗，1903—1906 年。从东南方向看“花环”的场景

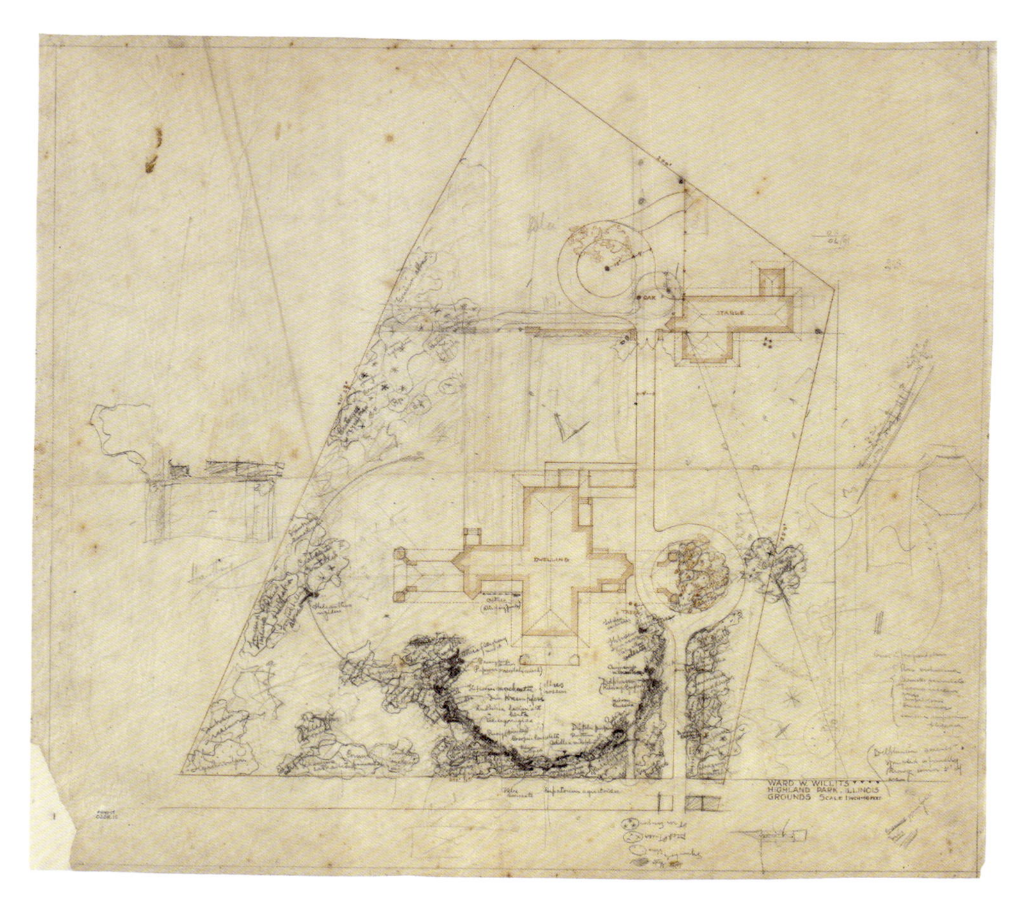

附图 1–3　威利茨住宅，伊利诺伊州海兰帕克（Highland Park），1902—1903 年。沃尔特·伯利·格里芬绘制的种植平面图，用墨水和铅笔绘于描图纸上，68.9 cm × 75.2 cm

附图 1–4　孔利住宅，伊利诺伊州里弗赛德，1906—1909 年。花园景观

附图 1-5　德罗德斯住宅（DeRhodes House），印第安纳州南本德（South Bend），1906 年。
玛丽昂 · 马奥尼 · 格里芬绘制的透视图，用墨水、铅笔和彩色铅笔绘于纸上，47 cm × 65.4 cm

附图 1-6　达娜之家，伊利诺伊州斯普林菲尔德，1902—1904 年。乔治·尼德肯的壁画设计，用墨水、水彩和蛋彩绘于纸上，27.9 cm × 41.3 cm

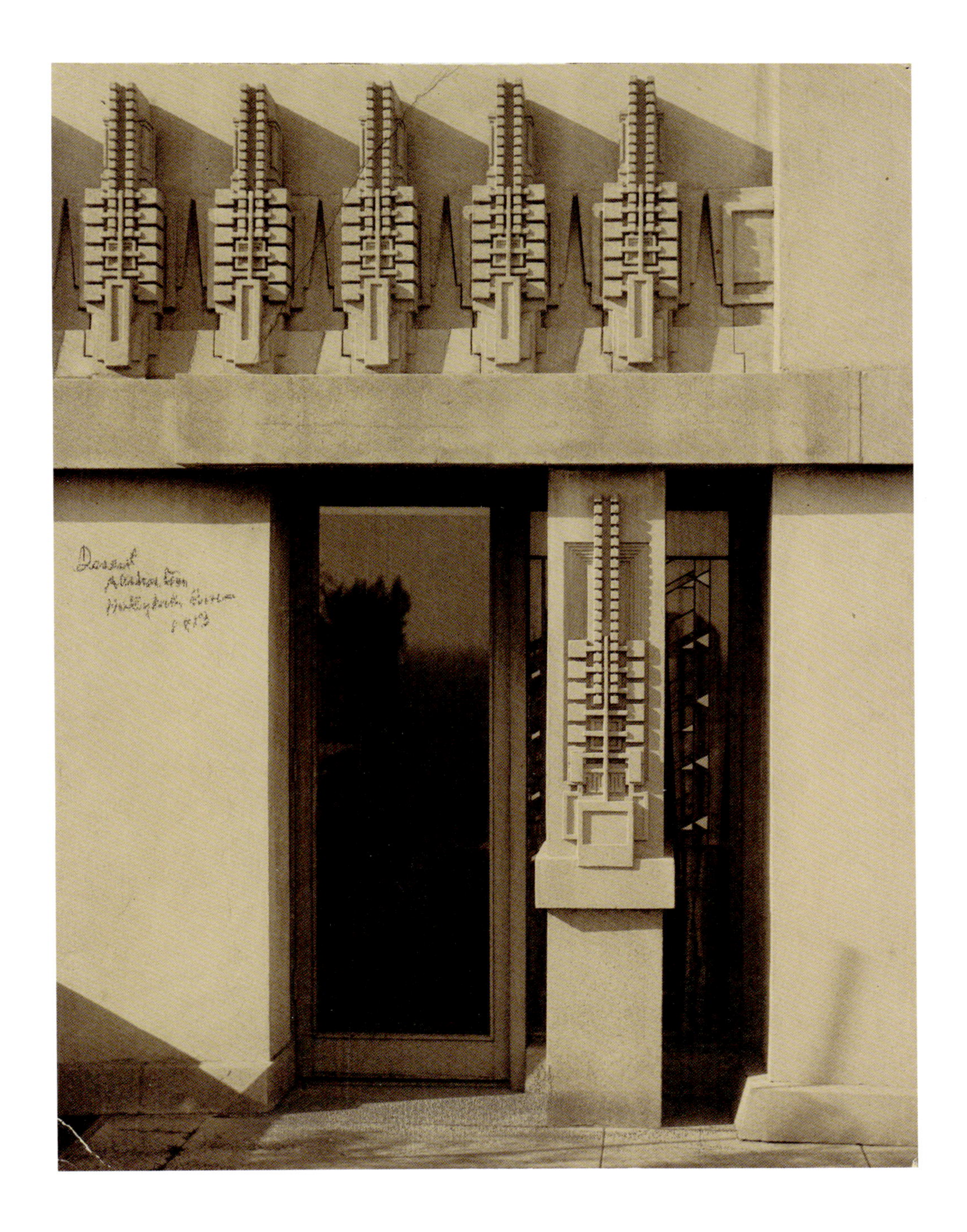

附图 1–7　巴恩斯达尔住宅（蜀葵之家），加利福尼亚州洛杉矶，1918—1921 年。西南阳台的细部

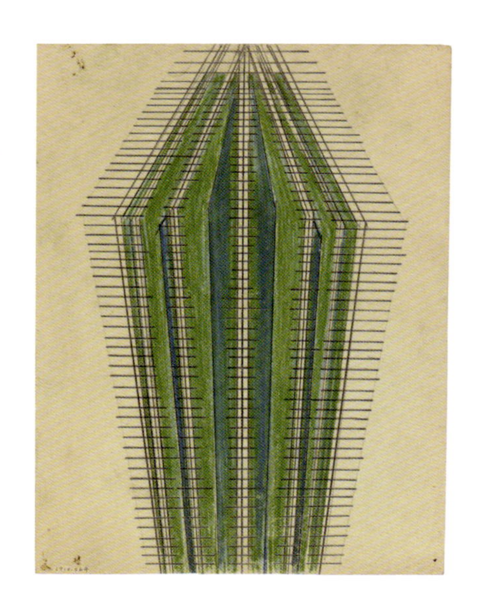

附图 1–8　尤金 · 马塞林克对桶形仙人掌的图案研究。用铅笔和彩色铅笔绘于纸上，30.5 cm × 22.9 cm

附图 1–9　尤金 · 马塞林克对沙漠岩石的图案研究，1948 年。用铅笔和彩色铅笔绘于纸上并装裱，47.9 cm × 63.5 cm

附图 1–10　尤金 · 马塞林克对鹿角仙人掌的图案研究 ,1936 年。用铅笔和彩色铅笔绘于纸上并装裱，62.9 cm × 37.8 cm

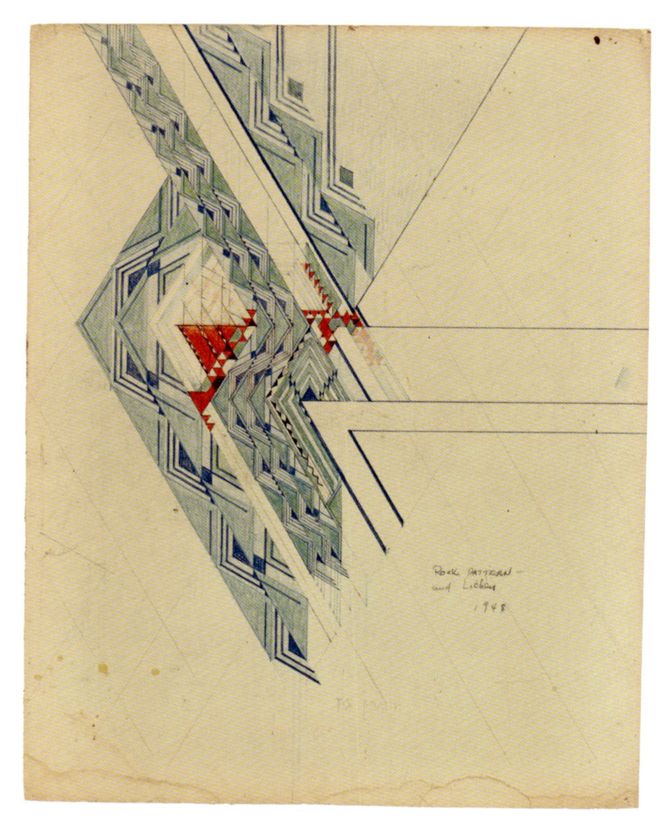

附图 1–11　尤金 · 马塞林克对岩石和地衣的图案研究 ,1948 年。用铅笔和彩色铅笔绘于纸上，66 cm × 50.8 cm

注释

1 对此项目的深入研究，参见查尔斯·阿瓜尔（Charles E. Aguar）和贝蒂安娜·阿瓜尔（Berdeana Aguar）的《赖特景观：弗兰克·劳埃德·赖特的景观设计》（*Wrightscapes: Frank Lloyd Wright's Landscape Designs*. New York: McGraw-Hill, 以下简称《赖特景观》，2002），第87—96页；以及马克·H. 拜尔（Mark H. Bayer）和扎克瑞·D. 斯蒂尔（Zakery D. Steele），拜尔景观建筑有限责任公司（Bayer Landscape Architecture, PLLC），《马丁私人住宅，文化景观报告》（*Darwin D. Martin House, Cultural Landscape Report*. Buffalo. N. Y. : Martin House Restoration Corporation, 2014）。

2 埃比尼泽·霍华德爵士（Sir Ebenezer Howard），《明日花园城市》（*Garden Cities of Tomorrow*. London: Swan, Sonnenschein, 1902）；克里斯托弗·弗农（Christopher Vernon），《"以最大可能表达自然条件"：沃尔特·伯利·格里芬的美国景观艺术》（"Expressing Natural Conditions with Maximum Possibility": The American Landscape Art of Walter Burley Griffin），载于《园林历史期刊》（*Journal of Garden History*）第15期（1995年），第26—28页；兰斯·内克尔（Lance Necker），《快速发展的文化与景观：霍勒斯·威廉·谢勒·克利夫兰与中西部的花园》（Fast-tracking Culture and Landscape: Horace William Shaler Cleveland and the Garden in the Midwest），载于《美国的区域花园设计》（*Regional Garden Design in the United States*. Washington, D. C. : Dumbarton Oaks, 1995），特蕾泽·奥马利和马克·特里布主编，第69页注释3；戴维·范赞滕（David Van Zanten），《芝加哥进步建筑师的抱负和影响》（The Ambition and Reach of Chicago's Progressive Architects），载于《勾画未来：国际舞台上的芝加哥建筑》（*Drawing the Future: Chicago Architecture on the International Stage*. Evanston, Ill.: Northwestern University Press, 2013），第45、47页。

3 拜尔和斯蒂尔，《马丁私人住宅，文化景观报告》，第75页。

4 查尔斯·阿瓜尔与贝蒂安娜·阿瓜尔，《赖特景观》，第143—149页。

5 威廉·米勒，《风景园林中的草原精神》（*The Prairie Spirit in Landscape Gardening*），重印于奥马利和特里布的《美国的区域花园设计》，附录，第271—310页。

6 菲利普·J. 保利（Philip J. Pauly），《生物学家与美国生活的前景》（*Biologist and the Promise of American Life*. Princeton, N. J. : Princeton University Press, 2000），第72—74页。

7 克里斯托弗·弗农，《山的寂静与海的乐音：玛丽昂·马奥尼·格里芬的风景艺术》（The Silence of the Mountains and the Music of the Sea: The Landscape Artistry of Marion Mahony Griffin），载于德波拉·伍德（Debora Wood）主编的《玛丽昂·马奥尼·格里芬：画出形式的本质》（*Marion Mahony Griffin: Drawing the Form in Nature*. Evanston. Ill. : Museum of Northwestern University, 2005），第9页；马戈·斯蒂普（Margo Stipe），《赖特与日本》（Wright and Japan），载于安东尼·埃罗弗森（Anthony Alofsin）主编的《弗兰克·劳埃德·赖特：欧洲与其他地区》（*Frank Lloyd Wright: Europe and Beyond*. Berkeley: University of California Press, 1999），第24页。

8 朱迪丝·M. 泰勒（Judith M. Taylor），《观赏植物的全球迁移》（*The Global Migrations of Ornamental Plants*. St. Louis: Missouri Botanical Garden Press, 2009），第154—158页。

9 凯茜·珍·马洛尼（Cathy Jean Maloney），《世界博览会花园：塑造美国景观》（*World's Fair Gardens: Shaping American Landscapes*. Charlottesville: University of Virginia Press, 2011），第22页；参见后藤圣子（Seiko Goto），《西方世界中第一个日本花园：路易斯安那购地博览会上的花园》（The First Japanese Garden in the Western World: The Garden in the Louisiana Purchase Exposition），载于《花园和景观设计史研究》（*Studies in the History of Gardens and Designed Landscapes*）第27卷，第3期（2007年7—9月），第244—253页。

10 查尔斯·阿瓜尔与贝蒂安娜·阿瓜尔，《赖特景观》，第93页。

11 小埃德加·考夫曼（Edgar Kaufmann, Jr.），《弗兰克·劳埃德·赖特的建筑展览》（Frank Lloyd Wright Exhibited），出自《弗兰克·劳埃德·赖特在大都会艺术博物馆》（Frank Lloyd Wright at the Metropolitan Museum of Art），《大都会艺术博物馆公报》（*Met Bulletin*）第40卷，第2期（1982年秋季刊），第32页。

12 朱莉娅·米奇-派卡里克（Julia Meech-Pekarik），《弗兰克·劳埃德·赖特与日本版画》（Frank Lloyd Wright and Japanese Prints），见小考夫曼，《大都会艺术博物馆公报》第40卷，第2期（1982年秋季刊），第52页。利特尔夫妇买了300幅赖特收藏的版画。

13 艾丽斯·T.弗里德曼(Alice T. Friedman),《女孩的谈话:弗兰克·劳埃德·赖特的橡树园工作室中的女权主义与住宅建筑》(Girl Talk: Feminism and Domestic Architecture at Frank Lloyd Wright's Oak Park Studio),载于戴维·范赞滕(David Van Zanten)主编的《玛丽昂·马奥尼的反思》(*Marion Mahony Reconsidered*. Chicago: University of Chicago Press, 2011),第23—50页。

14 安德鲁·圣(Andrew Saint),《赖特与大不列颠》(Wright and Great Britain),载于《弗兰克·劳埃德·赖特:欧洲与其他地区》,第123页。

15 朱迪丝·B.坦卡德(Judith B. Tankard),《美国人对格特鲁德·杰基尔遗产的看法》(An American Perspective on Gertrude Jekyll's Legacy),重印于《新英格兰花园历史学会期刊》(*Journal of the New England Garden History Society*)第6期(1998年秋季刊)。

16 朱迪斯·B.坦卡德和迈克尔·R.范·瓦尔肯堡(Michael R. Van Valkenburgh),《格特鲁德·杰基尔:花园与树林的美景》(*Gertrude Jekyll: A Vision of Garden and Wood*. New York: Harry N. Abrams, 1988)。

17 弗兰克·劳埃德·赖特,《关于景观建筑》(Concerning Landscape Architecture),载于布鲁斯·布鲁克斯·法伊弗(Bruce Brooks Pfeiffer)主编的《弗兰克·劳埃德·赖特文选》(*Frank Lloyd Wright: Collected Writings*. New York: Rizzoli,1992),第54—57页。

18 出处同注释17,第56页。

19 《家与花园,格特鲁德·杰基尔作》(Home and Garden, by Gertrude Jekyll),载于《建筑评论》(*Architectural Review*)第7卷,第6期(1900年6月),第76页。

20 小罗伯特·C.斯宾塞(Robert C. Spencer, Jr.),《弗兰克·劳埃德·赖特的作品》(The Work of Frank Lloyd Wright),载于《建筑评论》第7卷,第6期(1900年6月),第59—72页。约瑟夫·康纳斯(Joseph Connors),《赖特论自然与机器》(Wright on Nature and the Machine),载于卡萝尔·R.宝龙(Carol R. Bolon)、罗伯特·S.纳尔逊(Robert S. Nelson)、琳达·塞德尔(Linda Seidel)主编的《弗兰克·劳埃德·赖特的本质》(*The Nature of Frank Lloyd Wright*. Chicago: University of Chicago Press, 1988),第3页。

21 斯宾塞,《弗兰克·劳埃德·赖特的作品》,第59页。

22 出处同注释21,第59页、第61—62页。

23 威廉·米勒,《风景园林中的草原精神》(The Prairie Spirit in Landscape Gardening),重印于罗伯特·格雷泽(Robert E. Grese)主编的《本土景观读物》(*The Native Landscape Reader*. Amherst: University of Massachusetts Press, 2011),第117页。

24 出处同注释23。

25 引自德里克·菲尔(Derek Fell)的《弗兰克·劳埃德·赖特的庭园设计》(*The Gardens of Frank Lloyd Wright*. London: Frances Lincoln Limited, 2009),第113页。

26 延森,引自格雷泽主编的《本土景观读物》,第7页。

27 安东尼·埃罗弗森,《弗兰克·劳埃德·赖特与现代主义》(Frank Lloyd Wright and Modernism),载于特伦斯·莱利与彼得·里德合编的《建筑师弗兰克·劳埃德·赖特》(*Frank Lloyd Wright, Architect*. New York: The Museum of Modern Art, 1994),第37页。

28 弗兰克·劳埃德·赖特,埃德加·考夫曼与本·雷伯恩(Ben Raeburn)合编的《弗兰克·劳埃德·赖特:文章与建筑》(*Frank Lloyd Wright: Writings and Buildings*. Cleveland: Meridian Books,1960),第211页。

29 戴维·G.德朗(David G. DeLong),《弗兰克·劳埃德·赖特:为美国景观做设计》(*Frank Lloyd Wright: Designs for an American Landscape*. New York: Harry N. Abrams, 1996),第41页。

30 弗兰克·劳埃德·赖特,《弗兰克·劳埃德·赖特:文章与建筑》,考夫曼与雷伯恩主编,第216页。查尔斯·阿瓜尔与贝蒂安娜·阿瓜尔,《赖特景观》,第192页、第211—219页。引自凯瑟琳·豪威特(Catherine Howett)的《现代主义与美国景观建筑》(Modernism and American Landscape Architecture),载于马克·特里布主编的《现代风景园林建筑:批判性评论》(*Modern Landscape Architecture: A Critical Review*. London: MIT Press, 1993),第23页。

31 贾里德·法默(Jared Farmer),《天堂中的树木:加利福尼亚州的历史》(*Trees in Paradise: A California History*. New York: W. W. Norton, 2013),第130页。

32 查尔斯 · 阿瓜尔与贝蒂安娜 · 阿瓜尔，《赖特景观》，第 182 页。

33 德朗，《弗兰克 · 劳埃德 · 赖特：为美国景观做设计》，第 36 页。

34 弗兰克 · 劳埃德 · 赖特，《一部自传》（*An Autobiography*. New York: Horison, 1977），第 312 页。彭妮 · 福勒（Penny Fowler），《弗兰克 · 劳埃德 · 赖特：平面艺术家》（*Frank Lloyd Wright: Graphic Artist*. San Francisco: Pomegranate, 2002）。

35 菲尔，《弗兰克 · 劳埃德 · 赖特的庭园设计》，第 74 页。

36 伦道夫 · C. 亨宁（Randolph C. Henning）主编，《在塔里埃森：弗兰克 · 劳埃德 · 赖特和塔里埃森学社报刊专栏，1934—1937 年》（*At Taliesin: Newspaper Columns by Frank Lloyd Wright and the Taliesin Fellowship, 1934—1937*. Carbondale: Southern Illinois University Press, 1992），第 109—110 页。引自安妮 · 惠斯顿 · 斯派恩（Anne Whiston Spirn）的《景观建筑师弗兰克 · 劳埃德 · 赖特》（Frank Lloyd Wright, Architect of Landscape），载于德朗的《弗兰克 · 劳埃德 · 赖特：为美国景观做设计》，第 149 页。

37 马克 · 特里布，《加利福尼亚州区域性与现代（主义）花园的面貌》[Aspects of Regionality and the Modern(ist) Garden in California]，载于奥马利和特里布的《区域花园设计》（*Regional Garden Design*），第 6 页。在 1925—1928 年，圣保罗就有现代主义仙人掌花园的记录。1931 年，赖特前往巴西并参观了那些花园。安妮特 · 孔代洛（Annette Condello），《仙人掌花园从原始到先锋派的转变：巴西与墨西哥的现代景观建筑》（Cacti Transformation from the Primitive to the Avant-Garde: Modern Landscape Architecture in Brazil and Mexico），载于《园林与景观史研究》，第 34 卷，第 4 期（2014 年 10—12 月），第 339—351 页。

38 弗兰克 · 劳埃德 · 赖特，《一部自传》，第 363 页。

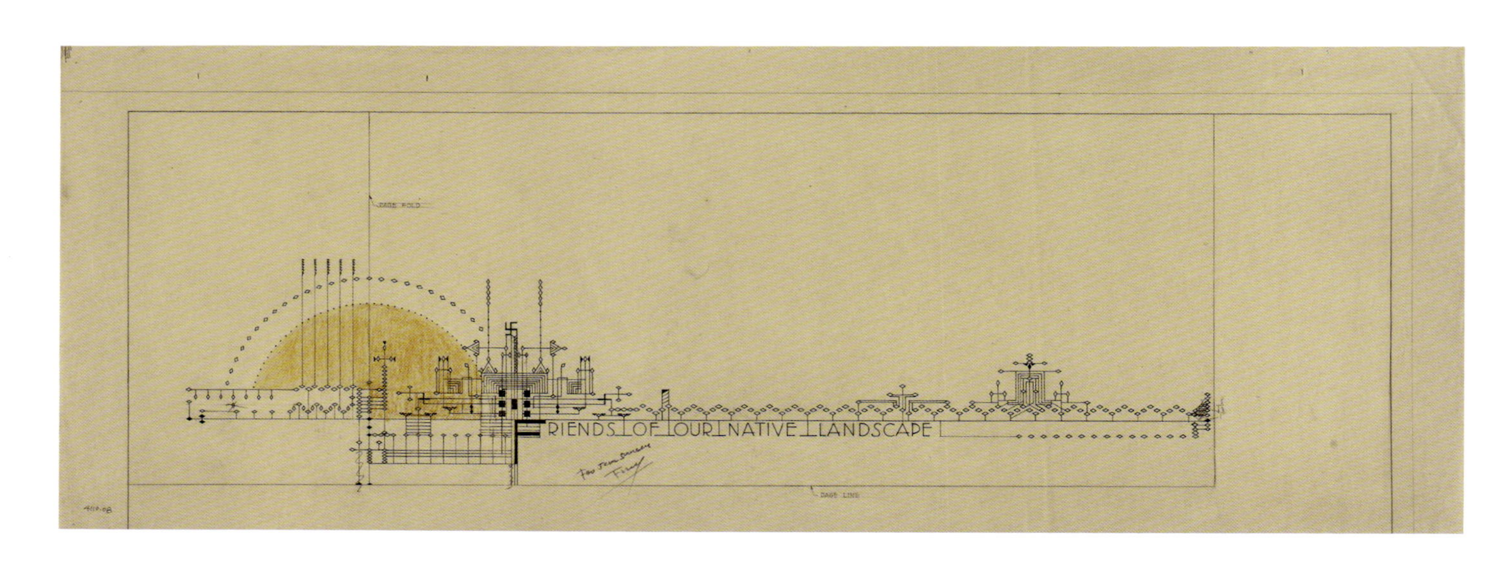

章前图　为延斯·延森做的平面设计。用墨水、黑色铅笔和彩色铅笔绘于描图纸上，30.2 cm × 83.8 cm

2
现实主义背后的模式：延森图案

詹妮弗·格雷

在1913—1927年的某个时间，弗兰克·劳埃德·赖特为景观建筑师延斯·延森设计了一个图形，无论图形的几何设计还是诠释其象征意义的大量手写注释，都体现了赖特对自然的真实看法，尤其是它的政治意义。这个设计将草原地形抽象为“我们本土景观之友”组织（the Friends of Our Native Landscape，FONL）的标志，这个宣传组织是延森于1913年为促进自然保护事业创立的，其成员包括许多有影响力和出身名门的人物，其中有几位是赖特的客户。[1] 草原被描绘成一条水平线，还有月亮、一棵开花的树和一簇带着种荚的干野草（见章前图）。在初步草图中，赖特为延森做了冗长的注释来解释组合的象征意义（图2-1）。赖特解释说，草原是基本的元素，“因为延森和我都喜欢它”。月亮表示人类无法理解的“自然之谜”。这棵开花的树“悲悯地装饰着草原”，而干野草和种荚则是“大自然最有效的现成装饰”。在野草的顶端是一个古印度符号“卍”，赖特将其等同于繁殖力和生产力，是一个“早于孔子时期的大地的象征”，这个符号也与美国原住民的流离失所有关，正如他所解释的那样，“我们正从印第安人那里夺取土地和信任”。这样呈现的大草原是存在主义的，是地球的，存在着普遍性和历史特定性，它揭示了自然是一个有争议的领域，在那里，相互竞争的政治利益在发挥作用。

关于这个设计的源头，我们知之甚少，它装饰着“我们本土景观之友”组织出版的时事通信或其他文学作品。构图的变化以及在其多次迭代中纸张类型和情况的变化表明，该图形可能在多年间已被重做了许多次。这个设计似乎从来没有被落实过，也从来没有成为分析研究的对象。事实上，尽管赖特被选为荣誉会员，但他从来没有加入过“我们本土景观之友”组织。[2] 为什么这个看似无关紧要且从未被执行的标志意义重大？关于赖特和自然的研究论文实际上是层出不穷的，其中大部分都集中在对自然世界的存在主义解读、对中西部大草原的英雄式解读，以及赖特对两者的非凡敏感性上。无论事实如何，“我们本土景观之友”的标志使这些公认的叙述变得复杂，尤其是在它揭示自然的意识形态本质的方式上。它提出了关于区域生态和本土植物的政治问题——而且通常不加批判地被认为是积极的，以及20世纪早期，在政治和建筑讨论中普遍存在的关于殖民、移民和流离失所的争论。它也揭示了赖特一生与延森的关系，这一关系得到广

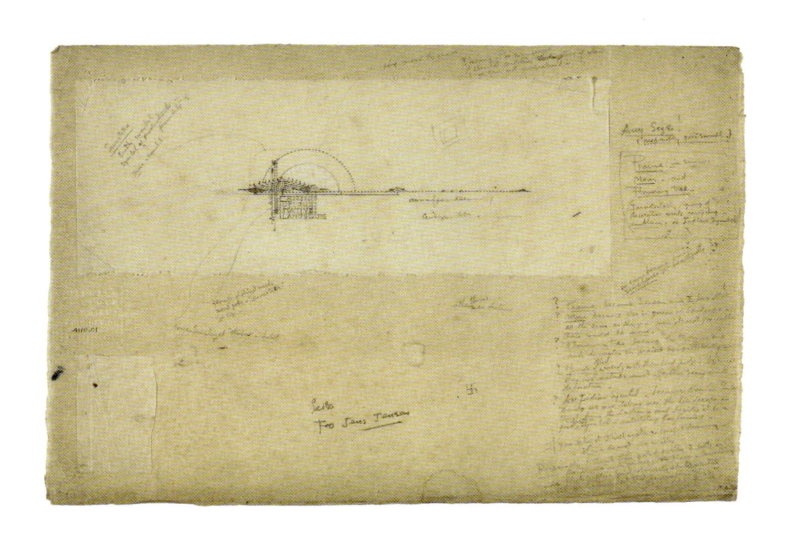

图2-1　为延斯·延森做的平面设计。用铅笔绘于描图纸上，25.1 cm × 37.1 cm

泛承认，但鲜有人去探索。[3] 最终，这个设计引发了人们对自然与赖特的更大的社会项目——民主复兴之间关系的质疑。

鉴于图形的基准是一个抽象的大草原，通过询问“这一时期草原的意义是什么”来开始我们的探究似乎是合理的。对于赖特和延森，以及这些年来在芝加哥的许多其他建筑师、活动家和思想家来说，广阔并且据称是本土的草原景观不仅代表着美国民主的开放、自由和独特性——弗雷德里克·杰克逊·特纳（Frederick Jackson Turner）于1893年提出的著名理论——而且积极地在公众中培养着类似的政治信仰。[4] 这样的想法在芝加哥同一办公室的一群思想进步的设计师之间传播，包括赖特、延森、德怀特·铂金斯（Dwight Perkins）、欧文（Irving）和艾伦·庞德（Allen Pond）、罗伯特·斯宾塞和沃尔特·伯利·格里芬，促使历史学家将他们视为草原建筑学派，这可以通过诸如水平线条和横向长窗等共用的隐喻来辨别，尽管在实践中不存在这种界定清晰的学派。这些想法也在赞美草原风光和本土植物的出版物中得到了体现，比如威廉·米勒的开创性书籍《风景园林中的草原精神》（1915年），也体现在无数的慈善机构、假期学校和步行俱乐部中，这些机构会组织草原游览，使芝加哥地区的人们，特别是移民和儿童感悟这个民主之地的精神。[5]

然而，草原是一个神话。20世纪早期，工业化已经摧毁或从根本上改变了中西部的大部分草原。[6]“我们本土景观之友”组织是一个政治工具，用于加强人们对现存濒危自然景观的认识和保护。自19世纪90年代以来，由于经济和环境原因，延森一直是自然花园和本土植物物种的支持者。延森与芝加哥大学的植物学家亨利·C.考尔斯（Henry C. Cowles）一起开创了新兴的生态学领域——当时叫作“植物社会学”，该领域将植物作为“有生命的社区”进行研究，在这个社区中，植物群落在生态上共存，而不是作为独立的有机体。[7] 这对构建多种类型的民主社区是种显而易见的隐喻，许多社会活动家希望借用这种理念来融合1900年芝加哥市存在的大部分外国出生且种族、民族和意识形态不同的混合人群。延森和“我们本土景观之友”组织开展环境调查，举行草原散步活动，发表保护建议，并就自然保护事宜游说政府官员。出人意料的是，相比于他们的目标受众——工薪阶层移民，中产阶级改革家对此兴趣更浓。“我们本土景观之友”组织在伊利诺伊州、威斯康星州和密歇根州设有分会，并取得了巨大成功，保护了中西部的几十个著名地点，例如为芝加哥西南的印第安纳沙丘制定了农村规划和公路美化计划，并在40年间推动其环境立法。

该设计中央的图案是一个抽象的草原景观，概括了赖特和延森对待大自然的关键差异。赖特在大自然中看到了有序的几何形状和底层结构（一种建筑）的本质，而不是特定的植物。在拉尔夫·沃尔多·爱默生（Ralph Waldo Emerson）的传统教育下，赖特理解的自然形式，如一片叶子或一朵美丽的花，是一种内在的、神圣秩序的外在表现形式，这种哲学在他接触弗里德里希·福禄贝尔（Friedrich Froebel）的教学法后得到证实。福禄贝尔坚持认为，学生在直接从真实物体和大自然中取材之前，应该熟练掌握正规的几何练习法。[8] 在赖特的自传中，他将“自然”与“源于自然的事物”这两个概念区分开来，他将自然描述为“对动物、草木和户外的一些敏锐的感触”。[9] 赖特认为艺术家通过“传统化”的过程来接近自然，[10] 他批评延森是一个“现实主义的风景画家”，而自己是“一个追求现实主义背后模式（即内部结构）的抽象主义者，而不是你喜欢的相对肤浅的表面效果（原文如此）”。[11]

因此，赖特经常把植物和景观放在关键的

位置。在 1896 年，他为他的再版作品《美丽的房子》（*The House Beautiful*）作了序言，用一系列凹版照片阐述了野草和荚果的抽象秩序——这正是他在“我们本土景观之友”图标中使用的“现成的装饰品”（图 2-2）。[12] 在 20 世纪早期的先锋派艺术实验语境中，赖特使用的“现成的”这个词尤其尖锐，这表明野草和原生植物都是天然的艺术品，它们的艺术品质取决于它们创造性的秩序或令人意想不到的场景。尽管赖特在唯一一篇关于景观建筑问题的文章中称规整式花园是歪曲的、颓废的、滥俗的[13]，他在《美丽的房子》里所展示的野草，从它们的自然栖息地被移走，并被安排为抽象的设计，是真正的现成品，而垂直剪裁和负空间促成的错位，是明显的日式构图。4 年后，也就是 1900 年，赖特创作了一系列珂罗版作品，描绘了威斯康星州琼斯山谷（Jones Valley）的风景，为“山坡家庭学校”（Hillside Home School）提供宣传材料。这是一个由他的姑妈们创办，开设农业、园艺和自然学科课程的进步教育中心。大概是为了宣传学校的富饶环境，许多图片描绘的是冬天的山谷（图 2-3）。因为赖特更喜欢荒芜草原的朴素，这个时候地里几乎看不到农作物，更别提农业实践了。他在“我们本土景观之友”图形设计注释中指

图 2-2　野草与荚果。印在日本和纸上的凹版照片，19.1 cm × 7 cm。威廉 · C. 甘尼特（William C. Gannett）《美丽的房子》［伊利诺伊州里弗福里斯特：奥弗涅出版社（River Forest, Ill. : Auvergne Press），1896—1898 年］。藏于纽约艾弗里图书馆

出，所描绘的抽象草原被白雪覆盖，这完美地简化了它。的确，线性的设计让人想起了珂罗版风格，光秃乔木和灌木的深色嶙峋枝条点缀着白色的田野。[14] 相对于延森分类学性质的摄影特写——赖特总是在特定情境中记录特定物种的特写镜头，这种抽象概念则是形式及概念性的实践。

图 2-3　琼斯山谷，威斯康星州。日本和纸珂罗版印刷，8.9 cm × 23.8 cm。弗兰克 · 劳埃德 · 赖特拍摄于 1900 年前后，藏于麦迪逊市威斯康星州历史学会

尽管对延森的现实主义持批评态度，赖特还是多次与他合作，包括谢尔曼·布斯（Sherman Booth）、艾比·比彻·罗伯茨（Abby Beecher Roberts）和艾弗里·孔利的住宅设计。布斯庄园是一个特别有雄心的合作项目，一方面它有两个火车站均可到达的公共公园，另一方面它揭示了看似自然或现实的景观可以是人为的、人造的环境这一现象。布斯不仅是“我们本土景观之友”组织的创始成员和秘书，还是格伦科公园地区（Glencoe Park District）的成员和董事会主席。他在伊利诺伊州格伦科精选了 6 hm^2 土地建设他的地产项目，这是一个由冰川沟壑和一条流入附近密歇根湖的支流割裂开的充满戏剧性的环境。[15] 庄园位于一个幸存的草原森林旁边。延森这些年一直游说保护这片森林，他计划在保护环境的同时创造了尽可能多的自然风光，并提议通过整合下水道、公园道路和铁路来实现自然环境的现代化。[16] 如果该计划完全实现的话，布斯庄园将成为延森和“我们本土景观之友”组织设想的改变社会关系的自然保护区和公园网络的一部分。

布斯庄园的景观设计集中体现了延森标志性景观概念（见第 38 页附图 2–1）。密集的原生植物群几乎掩盖了悬崖、绝壁和沟壑，尤其是场地的东北部分，只有弯曲的车道和各种小径穿过这片堪称植物园的区域。一片开阔的草地被延森赋予了形而上的联想，它是森林中的空地，也是心灵中的空地，穿插于植物繁茂之地。[17] 中央菜园的南边是一个形状不规则的温泉泳池。延森以水文景观设计而闻名，蜿蜒的“草原河流”和铺满分层岩石的天然泳池，让人想起了前工业化时期大草原不断蒸发的河床，这是一种自然艺术的传统，可以追溯到弗雷德里克·劳·奥姆斯特德乃至更早。[18] 两团营火（延森称之为“议会圆环”），一个与房子相邻，另一个在树林中，为户外聚会提供场所。对延森来说，“议会圆环”是美国身份的标志，源自美国原住民和先驱的宗教仪式（图 2–4）。在他看来，它促进了民主的社会关系：“在这个友好的圈子里，围着篝火……没有社会等级。所有人都是平等的，面对面看着对方。”[19] 像许多荒野保护主义者一样，延森把与当地风景的直接接触浪漫化了，因为它们与拓荒生活和美国民主的起源有关 [20]，甚至把它们描述为“白人发现的一片土地”[21]——这是一个与人造世界截然不同的世界。这是赖特在他一年一度的亚利桑那州朝圣之旅以及奥卡蒂拉和西塔里埃森露营式住所中所演绎的神话。

赖特为布斯庄园绘制的效果图（见第 39 页附图 2–2、附图 2–3）特别引人注目，从描绘的景观、基础设施和建筑的交织中可以解读出有机整体性或超验统一性。这些表现形式的纯粹之美——它们打动人心的“自然性”就是赖特的学问。事实上，赖特将透视图作为他所谓

图2–4　儿童游乐场里的“议会圆环”，伊利诺伊州芝加哥，哥伦布公园，1916 年。由延斯·延森设计，弗兰克·A. 沃（Frank A. Waugh）拍摄，藏于马萨诸塞大学阿默斯特分校 W. E. B. 杜波依斯（W. E. B. Du Bois）图书馆特殊藏馆和大学档案部

的“简单性”的一个例证，这是一种所有部分和谐统一共存的平衡状态：“没有任何东西本身就很简单……但必须作为某个有机整体中完美实现的一部分来达到艺术家所说的简约。”[22]然而，在令人陶醉的表面之下，布斯庄园内世外桃源般的花园坐落在一个完全人工建造的环境中——只能将建筑建造在岩石沟壑上，且没有现代化基础设施难以进入。这一具有挑战性的地形需要大量的土地勘测和基础设施建设，以确定道路和桥梁的位置和坡度，还需要一个“雄心勃勃”的再造林项目，以重建由于开垦和耕作而毁坏的原生景观。[23]步入桥面，映入眼帘的是分布在远景中突出位置的蜀葵，这暗示了第二层虚构，一种以本土植被和当地风光的真实性为中心，甚至涉及道德属性的虚构。蜀葵并非原产于美国的中西部。大多数自然园林的倡导者使用本土和外来的混合物种，以在四季变化里达到不同的景观效果。延森也很乐于承认，可以将蜀葵和紫丁香、天竺葵以及马鞭草作为能够很好地适应中西部大草原环境的非本土植物的例子——可以这么说，它们被当地环境同化了。[24]

当然，构建自然并不是一个新想法。[25]赖特本人经常参与大型环境规划项目，如大坝、疏浚、运河和其他类型的硬基础设施，这些项目重塑了景观。然而如今人们普遍认为，这种重塑，即使不是毁坏，也是一种对当地生态环境的破坏。赖特在 1895 年首次接手此类项目，当时爱德华·沃勒（Edward Waller）委托他在沃尔夫湖（Wolf Lake，密歇根湖的内陆湖）的湖滨湿地沼泽上建造一个游乐园。赖特设想了一个宏大的计划：摊位、博彩、划船、花园以及举办音乐会的演奏台坐落在根据对称和轴向关系的人造艺术原理而设计的巨型结构中（见第 40 页附图 2-4）。他几乎没有尝试去回应自然的湿地环境，而是提出疏浚湖泊，在附近的海德湖（Hyde Lake）建造一个宽敞的环形堤，从而与当时现有的通勤铁路建立联系，并挖一条连接沃尔夫湖和密歇根湖的运河，以容纳大型游船。该项目既是一项土地开垦工程，也是一项建筑工程，赖特将现有的湖滨景观改造成亭台楼阁、基础设施等。[26]1893 年芝加哥世界博览会是一个工程和基础设施的奇迹，它将沼泽荒地变成了一个具有世界性视野的地方，甚至在它的中心地带有一个被称为“森林之岛”的被改造的荒野。紧随其后的沃尔夫湖项目显示，赖特仍在消化博览会上的所学。事实上，位于“森林之岛”的日本神庙凤凰殿对赖特产生的传奇般的影响，与他遇到的这个环境规划特例对他的影响不相上下。

位于亚利桑那州钱德勒（Chandler）附近的豪华度假村——圣马科斯沙漠酒店，可以说是赖特最具雄心的环境规划项目之一。该项目包括数千英亩的“纯山地沙漠”，必须让它变得可接近、宜居且舒适。[27]赖特早年间为 A. M. 约翰逊（A. M. Johnson）设计的一个在加州死亡谷的沙漠建筑群项目中，尝试在干旱的环境中创造凉爽的微气候。为了完成这项任务，他设想了一套庞大的混凝土墙系统，将周围的地形、道路甚至灌溉系统整合在一起，后者能够实现在不适合农业生产的环境中种植苜蓿和其他作物（图 2-5）。[28]但圣马科斯的客户亚历山大·钱德勒博士（Dr. Alexander Chandler）设想建

图2-5　A. M. 约翰逊沙漠建筑群和神殿，加利福尼亚州，死亡谷，设计于 1924—1925 年，未建成。在照片上画的初步草图

设一个“无须灌溉的沙漠度假村”，鉴于大多数高端旅游目的地的高用水需求，这是一个相当大的挑战。[29] 赖特设计了一个巨大且复杂的梯级空间，将其与清凉花园、瀑布池和喷泉交织在一起，所有这些都跨越了一个现存的河谷，他将其改造成一条车道，直接通向塔下的建筑物（见第 40 页附图 2-5）。[30] 这些水景，以及赖特打算建造的酒店几乎完全是由带图案的混凝土模块构成（不仅是墙壁，还有内部和外部的装修，以及结构层和天花板，都是由酒店周围的沙漠土壤制成的）的这一事实，让人们对酒店的规划有了更多的解读：圣马科斯就像一座真正的水坝。它的混凝土结构是为了收集和重新引流大量的水以便在酒店后面建娱乐水池，它可以将该地区冬季偶发但强烈到足以雕蚀河谷的暴雨所产生的山洪中流失的水分全部收集。这些水将被引导到酒店下面，大概是给小型游泳池和喷泉供水，然后在前面倾泻而出形成瀑布（见第 41 页附图 2-6、附图 2-7）。[31] 赖特长期以来对大坝非常着迷，他在塔里埃森进行的广为人知的水电试验证明了这一点。他对亨利·福特（Henry Ford）未实现的亚拉巴马州马斯尔肖尔斯（Muscle Shoals，Alabama）设计项目和后来与田纳西流域管理局一起实施的试验项目也证明了这一点，这两个项目将基础设施和自然融入新的现代景观，并努力通过重新构思产业关系来推动社会民主。[32] 虽然批评者对圣马科斯计划的可行性持怀疑态度，但这个想法对于如何有效地利用和回收径流水，以及在此过程中推进更加可持续的生态旅游而言是非常卓越的。[33]

无论他为约翰逊和圣马科斯所做的设计遇到多少干涉因素，赖特都痴迷于亚利桑那沙漠的分层地质环境，称其为“巨大的自然力量的战场”——因为它的独特地形十分“建筑化”。[34] 沙漠的构造可以扩展到当地的植物形态，特别是树形仙人掌、多刺仙人掌和鹿角仙人掌，因为它们的细胞结构提供了节约建造方面的经验，如“完美的晶格……和集合管状结构都存在于树形仙人掌或鹿角仙人掌的茎秆中”。事实上，赖特认为，树形仙人掌是“加固建筑结构的完美典范”，它是圣马科斯建筑的鼻祖。整个酒店使用的有图案的混凝土砌块在沙漠阳光的折射下形成了一条纹路，其灵感来自这种沙漠植物：“圣马科斯沙漠酒店中的每条水平线都是一条虚线……其罗缎花纹像树形仙人掌本身……整个建筑的概念是山区和仙人掌生活的抽象形态。”赖特的学徒尤金·马塞林克进行的模式研究，最能说明沙漠生态与建筑之间的生成关系，其中各种仙人掌、岩层甚至地衣都被提炼成基本的组织模式（见第 26 页附图 1-8~附图 1-11）。然而，这些非同寻常的抽象概念背后的设计过程并非源自沙漠，而是来自美国中西部地区，在那里赖特首次将自然概念化。赖特将亚利桑那州描述为一个“似乎在呼唤自己中意的建筑空间……其中必须包括直线和平面”的环境。这表明，笔直的线条和平坦的表面已经存在于其他地方，甚至可能存在于繁茂且起伏平缓的草原上，也就是赖特以设计几何抽象房屋而闻名的地方。事实上，赖特总是拼错“saguaro（树形仙人掌）”这个词，让人怀疑他对这种荒漠植物或其生态环境的忠诚度。所有这些都带我们回到了图形本身。将草原植物、自然景观、直线或平面的物理特征暗喻为舞台艺术之后，人们一定会再次发问：对于赖特、延森和他们的渐进式环境来说，草原的意义是什么？对本土植物和土地的呼吁，既是一场环境运动（草原的政治化），也是资产阶级（盎格鲁 – 撒克逊人）的主流文化受到城市化工人阶级（主要是移民）威胁的一种反映。最近的学术研究提出了关于种族主义和法西斯主义动机的问题，这些动机驱使包括延森以及在阿道夫·希特勒（Adolf Hitler）领导下工作的德国景观设计师在内的本土植物提倡者，根据德意志帝国的社会政策，清除天然花园中的外来物种。[35]

尽管有反驳，但关于这个问题的争论仍在继续[36]，赖特和 FONL 等组织提出的关于本土主义、保护主义和土地改革的广泛政治观点，在他们所谓的民主目标方面引发了令人不安的问题。FONL 图形中最有说服力的证据是“卍”标志，赖特将它作为古老的地球符号，与他对普遍的、形而上的自然的观点一致，但他也将这个符号与印第安人的流离失所以及作家哈姆林·加兰（Hamlin Garland）联系在一起，这两种关联具有特定的历史和地理上的共鸣。加兰是 FONL 的创始成员之一，也是美国原住民权利的拥护者，他花费数年时间在西部保留地记录那些流离失所者的经历。他还带头发起了一项联邦项目，根据各州的标准重新命名所有美洲印第安人，这是由土地所有权的扩张以及伴随着盎格鲁 – 撒克逊人殖民统治的契约、所有权和税收扩张而带来的必然行动，因为他认为这是同化土著民族并促其进步的先决条件，甚至冒着失去文化遗产的危险。[37] 赖特既批判造成印第安人流离失所的行为又支持加兰的激进主义，这证明了当时渐进式改革存在潜在的矛盾性。这种矛盾体现在 FONL 会议中一场正式的化装舞会上。这场演出再现了美国原住民被驱逐出他们的土地、开拓进取的先驱者的神话以及工业化的进步，其突出之处就在于它再现了美国的帝国主义。[38] 这一场景转向 FONL 希望保护的各种濒危景观，从而使种族灭绝、仇外心理和伴随有明显命运色彩的暴力自然化。在这种背景下，本土景观没有体现存在主义的本质，也没有体现原始特性的残存；它们成为统治阶级强化政治野心的工具，会再次造成而不是消除社会结构性的不平等。

民主推进的本质缺陷对赖特及他对于这些理念的贡献意味着什么？一个答案出现在他关于“景观建筑”一文的结尾，他并没有以植物或园林设计的评论作为结论，而是讨论了社会关系——自然界的共同性——也就是说，尽管有私有产权，但每个人都有一种社会责任来为他们邻居的幸福而培育景观。[39] 赖特构筑了公民身份意义上的景观框架。也许是了解到所有的自然都已被构建，他把话题从生态系统转移到社会系统上来。事实上，当布斯项目失败后，赖特为该地设计了另一种方案——房屋的一种细分， 其中“严格的建筑限制将与土地一起保护”整个街区，从而在私人的和公共的、个人的和社会的优先事项之间进行谈判，这正是民主交流的关键所在。[40] 在这种情况下，有关原生植物和草原景观的神话就不那么重要了，重要的是认识到任何一种接近自然的途径都是不平等的。正是在意识到景观和自然与社会政治体系相互嵌套，并由其创造的过程中，赖特最接近于实现他的民主抱负。

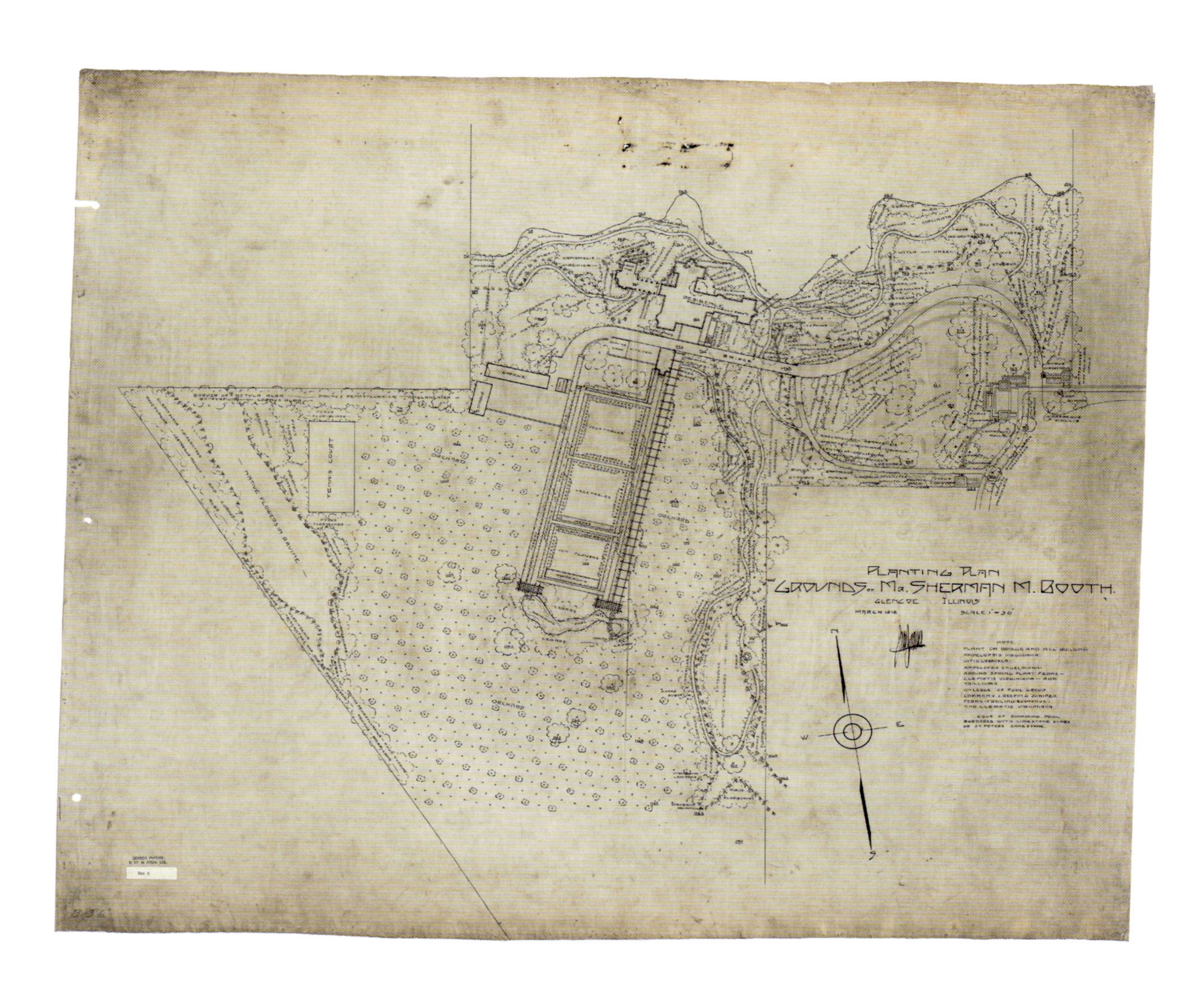

附图 2-1　布斯庄园，伊利诺伊州格伦科，设计于 1911—1912 年，未建成。延斯 · 延森为第一个方案制定的种植平面图，用墨水绘于亚麻布上，95 cm×80 cm。载于《延斯 · 延森的绘图与论文》，藏于美国密歇根大学安娜堡分校本特利历史图书馆

附图2-2 布斯庄园，伊利诺伊州格伦科，设计于1911—1912年，未建成。第一方案的透视图，1911年，用铅笔和彩色铅笔绘于描图纸上，50.8 cm × 69.5 cm

附图2-3 谢尔曼·布斯的峡谷峭壁开发（Ravine Bluffs Development）项目，伊利诺伊州格伦科，1915年。西尔万路（Sylvan Road）大桥的透视图，用水粉和铅笔绘于纸上，44.1 cm × 59.4 cm

附图 2-4　沃尔夫湖游乐园，伊利诺伊州芝加哥，设计于 1895 年，未建成。
平面图，用水彩、墨水和铅笔绘于纸上，68.6 cm × 74.6 cm

附图 2-5　圣马科斯沙漠酒店，亚利桑那州菲尼克斯，凤凰城南山（原索尔特河），设计于 1928—1929 年，未建成。入口透视图，用墨水、铅笔和彩色铅笔绘于纸上，50.2 cm × 88.9 cm

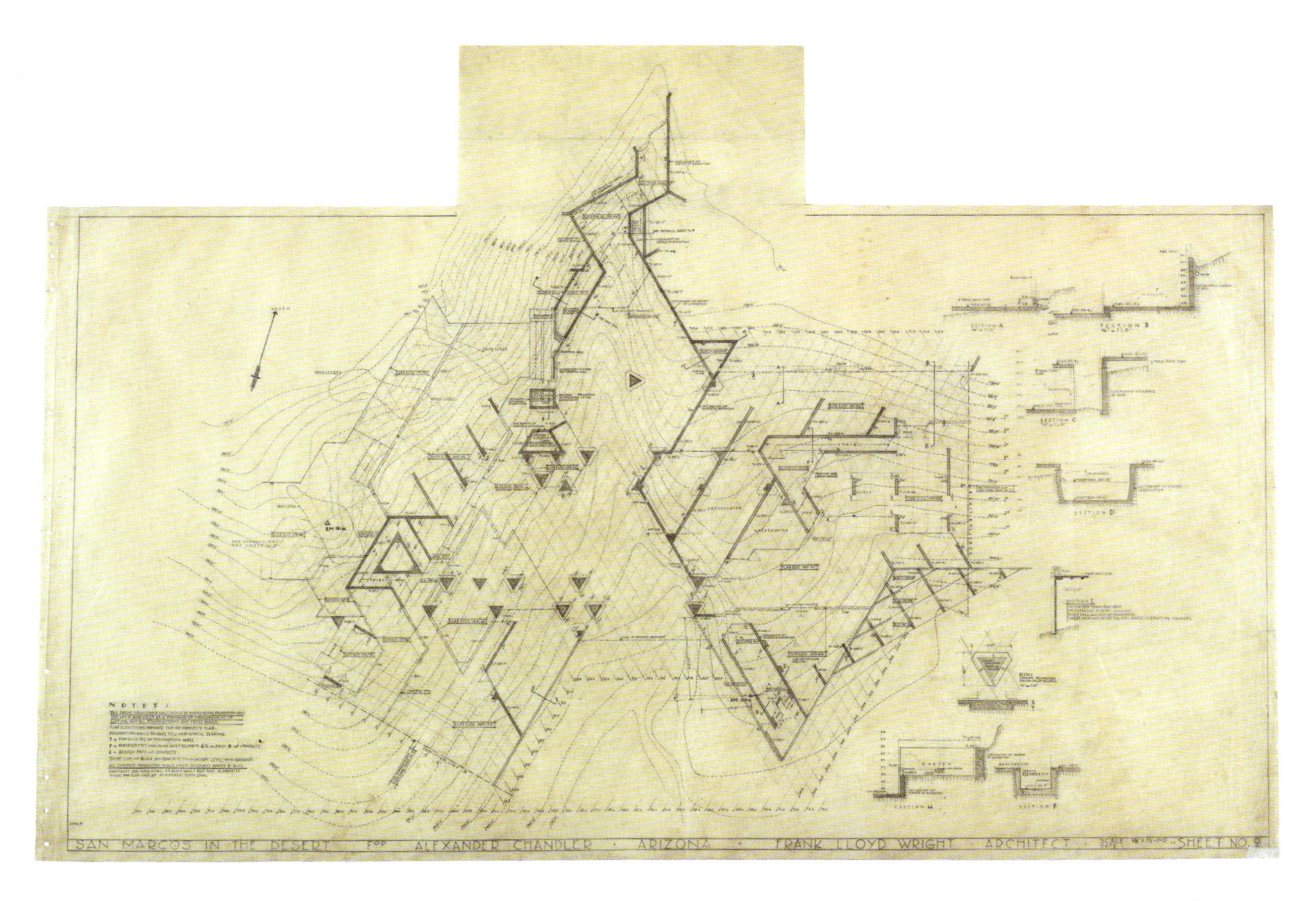

附图 2-6　圣马科斯沙漠酒店，亚利桑那州菲尼克斯，凤凰城南山（原索尔特河），设计于 1928—1929 年，未建成。地形平面图与剖面详图，用铅笔绘于描图纸上，94.2 cm × 137.5 cm

附图 2-7　圣马科斯沙漠酒店，亚利桑那州菲尼克斯，凤凰城南山（原索尔特河），设计于 1928—1929 年，未建成。透视图，用水彩绘于木板上，57.5 cm × 163.2 cm

注释

1 谢尔曼·布斯、艾弗里·孔利和奎恩·孔利以及慈善家朱利叶斯·罗森沃尔德的妻子奥古斯塔·罗森沃尔德（Augusta Rosenwald）都是 FONL 的成员，也是赖特的客户。参见《我们本土景观之友——年鉴》（1913 年）；芝加哥莫顿植物园延斯·延森档案馆和密歇根大学本特利历史图书馆；威廉·H. 蒂什勒（William H. Tishler）和埃里克·M. 根诺尤（Erik M. Ghenoiu），《保护先锋：延斯·延森和我们本土景观之友》（Conservation Pioneers: Jens Jensen and the Friends of Our Native Landscape），载于《威斯康星州历史杂志》（*Wisconsin Magazine of History*）第 86 卷，第 4 期（2003 年夏），第 2—15 页。

2 弗朗茨·欧斯特（Franz Aust），威斯康星大学景观系教授，于 1920 年创办"我们本土景观之友"威斯康星州分会。他于 1927 年 10 月 8 日写信给赖特，请求在 FONL 出版物上使用该图形设计，这表明在 1927 年该图形已经存在。虽然有些工作图纸标注了威斯康星州分会，但其他图纸上只笼统地标注了 FONL，没有提及具体的分会，却明确地注明了交给延森。这表明，赖特可能是在 1913 年延森创建 FONL 和 1920 年该组织在各州都有分会之间的某个时间段设计了这个图形。

3 弗吉尼亚·L. 拉塞尔（Virginia L. Russell），《亲爱的首席女歌手：弗兰克·劳埃德·赖特和延斯·延森的书信》（You Dear Old Prima Donna: The Letters of Frank Lloyd Wright and Jens Jensen），载于《风景杂志》（*Landscape Journal*）第 20 卷，第 2 期（2001 年 1 月），第 141—155 页。

4 弗雷德里克·杰克逊·特纳，《美国边疆论》（The Significance of the Frontier in American History，1893），重印于《重读弗雷德里克·杰克逊·特纳的〈美国边疆论〉及其他随笔》（*Rereading Frederick Jackson Turner: The Significance of the Frontier in American History and Other Essays*. New York: Henry Holt, 1994），附约翰·马克·法拉格（John Mack Faragher）的评论，第 31—32 页。

5 威廉·米勒，《园艺中的草原精神》（*The Prairie Spirit in Gardening*. Urbana: University of Illinois, 1915; repr. Amherst: University of Massachusetts Press in association with Library of American Landscape History, 2002）。

6 参见威廉·克罗农（William Cronon），《自然的大都市：芝加哥与大西部》（*Nature's Metropolis: Chicago and the Great West*. New York: W. W. Norton, 1991）。

7 罗伯特·格雷泽，《延斯·延森：自然公园和花园的缔造者》（*Jens Jensen: Maker of Natural Parks and Gardens*. Baltimore: Johns Hopkins University Press, 1998），第 52 页。

8 威廉·克罗农，《变化无常的统一：弗兰克·劳埃德·赖特的热情》（Inconstant Unity: The Passion of Frank Lloyd Wright），载于特伦斯·莱利主编的《建筑师弗兰克·劳埃德·赖特》，第 13—16 页。

9 弗兰克·劳埃德·赖特，《一部自传》，第 89 页。

10 弗兰克·劳埃德·赖特 1909 年在芝加哥艺术学院建筑联盟的演讲记录《艺术的哲学》，重印于布鲁斯·布鲁克斯·法伊弗主编的《弗兰克·劳埃德·赖特文选》，第 42 页。

11 赖特写给延森的信，1943 年 3 月 1 日，载于布鲁斯·布鲁克斯·法伊弗主编的《弗兰克·劳埃德·赖特：写给建筑师的信》（*Frank Lloyd Wright: Letters to Architects*. Fresno: The Press at California State University, 1984），第 104 页。

12 威廉·C. 甘尼特，《美丽的房子》（*The House Beautiful*. River Forest, Ill. : Auvergne Press, 1896—1898），由弗兰克·劳埃德·赖特和威廉·温斯洛（William Winslow）重新设计并重印。

13 弗兰克·劳埃德·赖特，《关于风景园林的思考》（Concerning Landscape Architecture，1900），在伊利诺伊州橡树园联谊会上宣读，未出版。重印于法伊弗主编的《弗兰克·劳埃德·赖特文选》，第 54—57 页。

14 赖特在自传的开篇描述了白雪覆盖的草原。

15 查尔斯·E. 阿瓜尔与贝蒂安娜·阿瓜尔，《赖特景观》，第 143—145 页。

16 参见德怀特·希尔德·珀金斯（Dwight Heald Perkins）的《公园特别委员会向芝加哥市议会提交的关于都市公园系统的报告》（*Report of the Special Park Commission to the City Council of Chicago on the subject of a Metropolitan Park System*. Chicago: W. J. Hartman Company, 1905），尤参见延斯·延森，《景观建筑师报告》（Report of the Landscape Architect）；詹妮弗·格雷，《日常荒野：德怀特·珀金斯和库克县森林保护区》（An Everyday Wilderness: Dwight Perkins and the Cook County Forest Preserve），载于《未来前路》（*Future Anterior*），2013 年夏季刊。

17 格雷泽，《延斯·延森：自然公园和花园的缔造者》，第 136—137 页；空地（the Clearing）也是延森给他位于威斯康星州埃里森湾的"土壤学校（school of the soil）"起的名字。

18 出处同注释 17，第 172—173 页。

19 莱斯特·波廷杰（Lester Pottenger），《延森眼中的议会圆环》（The Council Ring as Jensen Sees It），从《远景》（Vistas）复制的打印稿，为一篇学生论文，发表于威斯康星大学，芝加哥莫顿植物园的《景观议会圆环》；延森，《营火或议会之火》（The Camp Fire or Council Fire），载于《草原俱乐部的户外》（1941 年）。重印于威廉·H. 蒂施勒（William H. Tischler）主编的《延斯·延森：受自然启发的写作》（*Jens Jensen: Writings Inspired by Nature*. Madison: Wisconsin Historical Society Press, 2012），第 121—122 页。

20 延斯·延森，《思想》（*Thoughts*，1940 年 11 月 3 日和 12 月 3 日），打印稿，第 1、3、5 页，芝加哥莫顿植物园。

21 延斯·延森，《大西部公园系统》（*A Greater West Park System*. Chicago: West Chicago Park Commissioners, 1920），第 15 页。

22 弗兰克·劳埃德·赖特，《一部自传》，第 144 页。

23 查尔斯·阿瓜尔与贝蒂安娜·阿瓜尔，《赖特景观》，第 146 页。

24 延斯·延森，《来自拉纳·埃斯基尔未发表的节选》（*unpublished excerpt from Ragna Eskil*），未注明出版日期，芝加哥莫顿植物园。

25 参见威廉·克罗农主编的《不寻常的土地：走向重塑的自然》（*Uncommon Ground: Toward Reinventing Nature*. New York: W. W. Norton & Company, 1995）。

26 查尔斯·阿瓜尔与贝蒂安娜·阿瓜尔，《赖特景观》，第 41—43 页。

27 弗兰克·劳埃德·赖特，《一部自传》，第 306 页。

28 戴维·德朗，《弗兰克·劳埃德·赖特：为美国景观做设计，1922—1932 年》，第 74 页。

29 弗兰克·劳埃德·赖特，《一部自传》，第 306 页。

30 查尔斯·阿瓜尔与贝蒂安娜·阿瓜尔，《赖特景观》，第 210 页。

31 出处同注释 30，第 210 页。

32 阿尔文·罗森鲍姆（Alvin Rosenbaum），《理想城：弗兰克·劳埃德·赖特为美国所做的设计》（*Usonia: Frank Lloyd Wright's Design for America*. Washington, D. C. : The Preservation Press, National Trust for Historic Preservation, 1993），尤参见第 45—62 页、第 83—94 页。

33 查尔斯·阿瓜尔与贝蒂安娜·阿瓜尔，《赖特景观》，第 210 页。

34 弗兰克·劳埃德·赖特，《一部自传》，第 315 页。本段中其余的所有引文都来自这本书，依次引自第 308—309 页、第 309 页、第 314 页、第 309 页。

35 迈克尔·波伦（Michael Pollan），《反对本土主义》（Against Nativism），载于《纽约时报杂志》，1994 年 5 月 15 日；格特·格罗宁（Gert Groening）与约阿希姆·沃尔施克·布尔马（Joachim Wolschke Bulmahn），《政治、规划与自然保护：德国早期生态思想的政治滥用，1933—1945》（Politics, Planning, and the Protection of Nature: Political Abuse of Early Ecological Ideas in Germany, 1933—1945），载于《规划视角》（*Planning Perspectives*）第 2 期（1987 年），第 127—148 页；《对德国本土植物的一些狂热评论》（Some Notes on the Mania for Native Plants in Germany），载于《景观杂志》（*Landscape Journal*）第 11 卷，第 2 期（1992 年秋季刊），第 116—126 页；格罗宁和沃尔施克·布尔马，《回应：如果鞋子合适，就穿上它！》（Response: If the Shoe Fits, Wear It!），载于《景观杂志》第 13 卷第 1 期（1994 年春季刊），第 62—63 页。

36 金·索维格（Kim Sorvig），《土著和纳粹：生态设计中的虚构阴谋》（Natives and Nazis: An Imaginary Conspiracy in Ecological Design），载于《景观杂志》第 13 卷第 1 期（1994 年春季刊），第 58—61 页；戴夫·伊根（Dave Egan）和威廉·H. 蒂施勒，《延斯·延森关于本土植物和北欧优越性的概念》（Jens Jensen, Native Plants, and the Concept of Nordic Superiority），载于《景观杂志》第 18 卷，第 1 期（1999 年春季刊），第 11—29 页。

37 朗尼·E. 昂德希尔（Lonnie E. Underhill），《哈姆林·加兰与印第安人》（Hamlin Garland and the Indian），载于《美洲印第安人季刊》（*American Indian Quarterly*）第 1 卷，第 2 期（1974 年夏季刊），第 103—113 页。

38 延森最初请加兰撰写剧本，但加兰拒绝了。剧本最终由肯尼思·索耶·古德曼（Kenneth Sawyer Goodman）撰写，首次在《我们本土景观之友——年鉴》（1913 年）上发表，随后在该组织的历年年鉴、小册子和资料手册上再版；另见拉纳·B. 埃斯基尔（Regina B. Eskil）的《假面具笔记》（*Notes on the Masque*），打印稿，未注明出版日期；以及卡萝尔·L. 多蒂（Carol L. Doty）的《假面具的故事》（*The Story of the Masque*），打印稿，未注明出版日期。均藏于芝加哥莫顿植物园。

39 弗兰克·劳埃德·赖特，《关于景观建筑》，第 57 页。

40 档案编号 1516. 015，赖特基金会档案馆（现代艺术博物馆和艾弗里图书馆）。

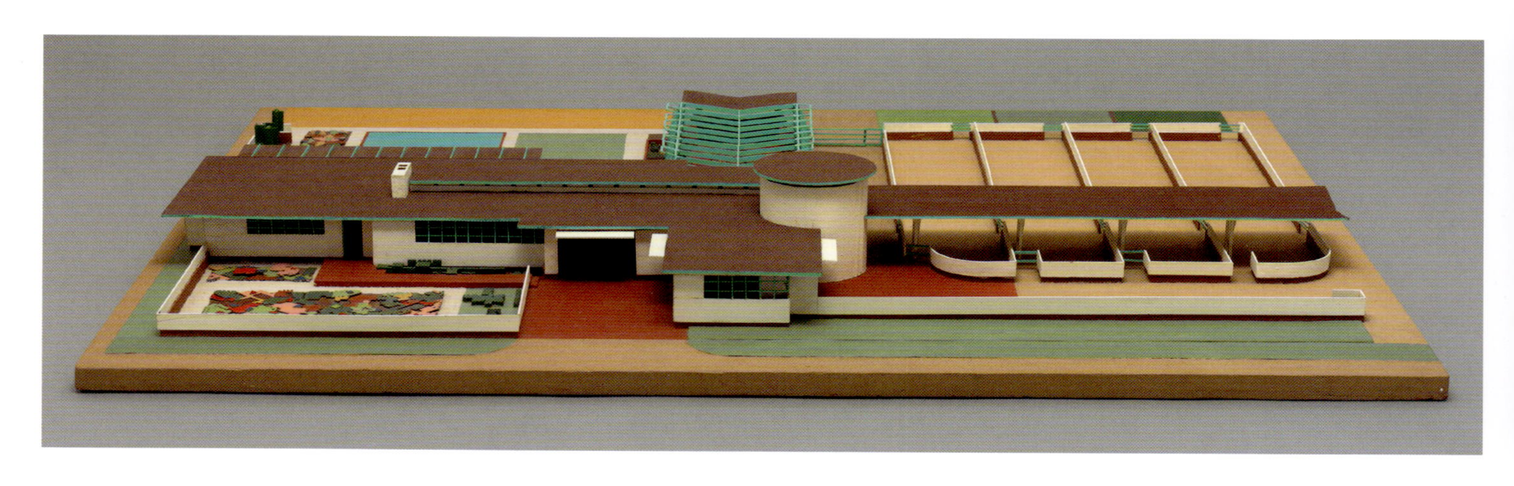

章前图　戴维森（Davidson）小农场单元，设计于 1932—1933 年，未建成。模型由涂漆木材和刨花板制成，139.1 cm × 177.8 cm × 19.7 cm

3
小农场单元：自然、生态与社区

朱丽叶·金钦

在大萧条期间，美国神话般的国家形象的核心受到冲击。在这个从土地上创造文明的拓荒者之地，许多人对农业的看法发生了改变。农业既是复杂问题的根源，又预示着美好时代的到来。经济学家、政界人士、环保主义者、规划师、企业家和社会活动家都在绞尽脑汁地出谋划策，来获取食物，减轻农村贫困状况，降低城市失业率，遏制止赎，逆转自然资源的枯竭和污染。在 1932 年 9 月首次出版的《消失的城市》一书中，赖特通过一段文字性描述阐明了自己在这些问题上的立场：从烟雾缭绕的纽约海滨到“漩涡之外”沐浴阳光的农田远景，一个女人正穿过一片麦茬地走向一辆满载干草的运货车（图 3–1）。赖特预言，“城市的牢笼即将打开”，迎来一个具有良好公民意识和新的身心自由的时代。[1] 现代农场是实现这一愿景的关键。在城市和环境更新的过程中，人们可以从与自然的恢复性接触中获益，过上独立且丰饶的生活（见章前图）。

这些想法及其在建筑形式上的具体化的灵感源于 1932 年早些时候一位名叫沃尔特 · V. 戴维森（Walter V. Davidson）的客户的委托，他是赖特早年在布法罗时的朋友兼客户。[2]“我一直在稳步完善戴维森市场这一想法”，戴维森兴奋地写道，“这封信很长，因为我想让你‘仔细考虑’你对这个计划至关重要的贡献。在塔里埃森某个风雨交加的日子里，你可以拿着信坐下来仔细研究各种可能性”。[3] 在 4 张密密麻麻写满字的信纸中，戴维森概述了该计划的资金基础和综合运作方案，并附上自己画的一个典型小农场单元和路边市场的带标注的平面图（见第 53 页附图 3–1、附图 3–2）。他当时已经把目光投向长岛中部一块 259 hm^2 的土地，用于建设 200 个农场，每个农场占地 0.4 ~ 2 hm^2，每天由卡车将农产品运送到中心市场。这些小农场并非试图与中西部地区的大规模粮食业和饲养业竞争，而是为了自给自足，同时在当地合作社的安排下留出一些用于种植经济作物的土地。“你看，弗兰克，没有中间人，农民没有寻找市场的成本，没有送货成本，没有铁路运输成本，没有浪费，也没有付款托收的损失……市场规模巨大，因为当天采摘的农产品和鲜花将拥有无可匹敌的竞争力。”[4]

每个集约型农场单元将 5 个要素结合在一起：生活区、车库、包装站、马厩及其围栏、

图 3–1　“漩涡之外”（Beyond the Vortex），摘自弗兰克 · 劳埃德 · 赖特的《消失的城市》（*The Disappearing City*）

带蘑菇地窖的温室。为了阐述这个简案，戴维森还写了一本名为《小农妇玛丽的日记》（“玛丽”成为该项目的昵称）的虚构日记。[5] 在戴维森致信一周后，纽约州州长富兰克林·D. 罗斯福（Franklin D. Roosevelt）谈到了他的州政府试图“培植”一种切实可行的区域主义，将生产者和消费者聚集在他们自己的耕地上。他最后指出：“只要我们愿意做试验，只要我们能够说：‘这个建议听起来不错。我们无法保证是否奏效，但我们可以小范围试试看。’这个国家就会保持进步。”[6] 赖特立即给戴维森写了一封信：“带着你的计划去找富兰克林·罗斯福，告诉他我支持你。”[7]

在接下来的 3 年里，戴维森和赖特详细阐述了他们倡导的“激进农业救济”的概念，与此同时，时任总统的罗斯福致力于推行新政（图 3-2）。这是一次风险合作，在 1929 年经济崩溃后，两人处于各自事业的成败关头，个人的生活、经济和思想都深深牵绊其中。戴维森正在努力维持食品分销和仓储的管理咨询服务，而赖特沉寂于威斯康星州农田上，没有建筑佣金收入，在破产的边缘艰难生活。随着戴维森争取资金支持的希望愈发渺茫，“玛丽”计划最终一无所获，他们之间开始出现意识形态上的裂痕。这个相对较小的项目在当时或之后的学术界都没有得到足够重视，但它显然是赖特的广亩城市、塔里埃森学社和美国风住宅的重要催化剂，也是他反对功能主义者的现代主义的辩论立足点。戴维森在所有这些成果中的作用显而易见、可以衡量，尤其是从 1932 年出版的《消失的城市》到 1958 年出版的《宜居之城》（*The Living City*）中，戴维森的理念被赖特反复使用，却没有得到承认。

路边市场

客户和建筑师为“玛丽”项目带来了互补的技术和经验。戴维森曾是一位成功的工程师，后来转型为会计师和企业家，是食品行业的管理顾问，专门从事库存控制以及零售和仓库运营的实际规划。[8] 从布法罗的拉金公司（Larkin Company）开始，他负责为大企业捋顺原材料、商品和服务环节，也就是在那里他第一次遇到了赖特。像他的好朋友克莉丝汀·弗雷德里克（Chistine Frederick）一样—— 她因将弗雷德里克·泰勒（Frederick Taylor）的时间和运动研究应用到厨房设计中而享誉全球——戴维森是一位“效率专家”和“包装工程师”。[9] 在 1927 年，他负责的一个客户是“第一全国商店”，

图 3-2 “农业工作——农村电气化管理局”（Farm Work - Rural Electrification Administration）海报，1937 年。由莱斯特·比尔（Lester Beall，1903—1969，美国人）设计。丝网印制图，102 cm × 76.2 cm。印制于美国华盛顿特区政府印刷局，藏于现代艺术博物馆，设计者捐赠

据说这是世界上最大的食品包装和仓库综合体，当时其总部刚刚建立在马萨诸塞州萨默维尔福特汽车公司装配厂的旁边。机动交通正在改变食品行业，人们对路边市场越来越感兴趣，这是一种将新兴的流动消费者与当地新鲜食品联系起来的方式。

戴维森一心想创立自己的包装品牌和 15 个连锁食品市场，他最初在 1927 年接触赖特就是为了让其提供商标设计，以帮自己筹集 150 万美元的资金。[10] 戴维森希望赖特能为“骄阳”（Blazing Sun）、“闪亮之星”（Shining Star）和“银月亮”（Silver Moon）设计令人过目难忘的商标，这些商标将在商店装潢中反复出现（见第 54 页附图 3–3）。[11] 他还详细说明了每个罐头或商品包装的标签应在距离底部相同的位置处打上一个条码，这个条码可以一直延伸到自助通道的货架上。赖特花了 18 个月才完成这个项目的设计工作，却赶上 1929 年的股市崩盘，项目不得不暂停。3 年后，戴维森卷土重来，提出了更雄心勃勃的想法，要涵盖食品生产和分销的市场。

在 1929—1932 年担任纽约州州长期间，罗斯福委托戴维森编写了一份关于分散市场的报告，并做了大量的工作，将运送农产品的干线——土路——并入提议建设的全州“农场 – 市场”体系中来。[12] 亨利・福特也沿着相似的思路做过工作，他将亚拉巴马州的马斯尔肖尔斯规划为一个布满小农场和工厂的网格城市，沿着田纳西河绵延 120 km。赖特宣称这是“我听说过的最好的事情之一”。[13] 克拉拉・福特（Clara Ford）对她丈夫的愿景所做的贡献是支持乡村女性在路边市场直接向城市民众销售农产品，无需通过批发商和代销商。福特夫人展出了她博采众长的全尺寸模型设计，农民可以学着用白色的板子建造自己的商铺。[14] 相比之下，戴维森和赖特的路旁市场规模更大，更具有建筑雄心。戴维森和赖特的路旁市场规模更大，更具有建筑雄心。戴维森热衷于发展“室外效果的室内化”[15]。赖特明白景观的重要性，并将戴维森早期的设计发展成一个栽满绿色植物的梯田状的金字塔式建筑——一个由铜、玻璃和钢筋混凝土构成的名副其实的消费主义殿堂（见第 55 页附图 3–4）。市场内部空间环绕在置于悬浮的硕大金鱼池下方的喷泉周围。金字塔形式是前哥伦布时期美洲原住民的经典建筑风格之一，它似乎是从土地上自然生长出来的，并持续受到玛雅文化的影响，从楼层平面图的互锁模式中可见一斑（见第 55 页附图 3–5）。戴维森可能缺乏赖特的农业经验和美学意识，但他了解零售食品和鲜花，他为赖特设计了详细的楼层平面图以适合这些产品的售卖（见第 53 页附图 3–2）。市场内部是一块块场地，有售卖鲜花和农产品的店铺，有熟食店和面包店，有贩卖爆米花、糖果、甜甜圈和花生酱等食品的机器，还有高中低三档餐厅、家庭用品杂货铺和模型厨房、美容院、托儿所和女士休息室，以及电话订购室和会计办公室。环绕于市场外部的交通系统接收来自附近小农场（见第 56 页附图 3–6）的货物并为购物者提供停车和加油服务。农产品、休闲设施和各色商品的集中是为了使市场成为出行目的地和社区中心，而不是让购买少量蔬菜的驾车者停车休息的服务区。

农场生活

赖特本人也是大萧条时期“回归土地运动”的一份子。[16] 1928 年，在与银行据理力争保有对塔里埃森的产权后，他和新任妻子奥尔吉瓦娜・米拉诺夫（Olgivanna Milanoff）回到了赖特母亲的家族自 19 世纪初一直耕种的山谷。在那里，他觉得自己和树木、红色谷仓、鸟儿或其他动物一样，都是风景的一部分。在之后的 4 年里，他写了一本自传，但农耕生活的季节性节奏不时打断着他的创作。在自传中，他将塔里埃森的复兴描绘为一幅丰饶的景象：“我看到屋后的山头有一大片盛开的苹果树……成排生长的芦笋和大片色彩艳丽的大黄……还有我将拥有的畜群！温和的荷斯坦牛……那些哼哼唧唧的母猪消化掉所有的食品垃圾，将其变成了‘纯金’。”（见第 57 页附图 3-7、第 58 页附图 3-8）[17]

为了应对中西部大部分地区由化学品过度使用以及风蚀和水蚀带来的危害，赖特提出一种替代方案：维持多样化的耕种模式，平衡山谷生态环境并尊重土地的自然形态。[18] 然而，作为一个自治的单位，塔里埃森的复兴在经济上不具有可行性，即使这里从 1932 年就开始招收付费学生作为免费劳动力。[19]

赖特关于自给自足的实践观念植根于童年时期在家庭农场的贫苦经历。他在自传中重温了收获季节的田地上尘土飞扬、泥泞不堪和苍蝇乱飞的场景，年幼的自己做着单调乏味的农活，劳累不堪，汗水滴落在热气蒸腾的土地上，正是这样的劳作给予了他在实践和精神上的教育（图 3-3）。与此同时，他将农耕意识作为一种以音乐节奏和几何图案为结构的多感官动感体验传达出来："整个区域正在成为一种线性的工作模式……节奏是规律的，模式化的秩序在收获的工作中无处不在（见第 59 页附图 3-9）。"[20] 在这场宇宙戏剧中，农民成为英雄，以亲密、创造性的方式融入景观，而不是远离大自然。赖特的建筑思想和耕种方式之间的频繁类比，让人想起了他的舅舅詹金·劳埃德·琼斯（Jenkin Lloyd Jones）——20 世纪初芝加哥的一位一神论派牧师——所宣扬的"农场的福音"。[21] 无论是颂扬牛、农机、草原拓荒者，还是描述播种、除草、收割和搭建谷仓等方面，两人都强调控制物质和精神现实过程的统一。

图 3-3　人们在詹金·劳埃德·琼斯的农场收割，威斯康星州斯普林格林（Spring Green）。藏于威斯康星州麦迪逊威斯康星州历史学会

农场作为有机建筑、社区价值观和简单文明生活的典范，也参照了国际工艺美术运动的规则。"回归土地！"英国建筑师 C. R. 阿什比（C. R. Ashbee）自 1898 年起就是赖特的密友，他曾这样描述 1902 年他的手工艺品协会从拥挤不堪的伦敦东部迁往奇平卡姆登（Chipping Camden）乡村的过程。阿什比把工作重心放在耕作土地上，种植自己吃的食物，很快便陷入财政困难。但是在 1908 年，在费城慈善家的帮助下，阿什比购买了一个 28.3 hm^2 的农场，以确保他的小社区的未来。[22] 赖特认为自己是在延续姨妈埃伦·劳埃德·琼斯和简·劳埃德·琼斯（Ellen and Jane Lloyd Jones）开办的山坡家庭学校的传统。自 19 世纪 90 年代以来，他们的进步课程将农业囊括进来，认为其有助于"身体发育、心理训练和道德成长"。[23] 他们重视劳逸结合，农场生活提供了真实的场景。植物学、地质学、地理学、物理学和动物学是通过直接观察来教授的，同时还学习赫伯特·斯宾塞（Herbert Spencer）和爱德华·克洛德（Edward Clodd）等人的进化和生态学研究著作。本着边干边学的精神，学生们每天花 1 小时在谷仓、鸡舍、花园或厨房进行手工作业。先进的教育工作者"开始意识到，农场是一个伟大的实验室，将使科学研究变得清晰有趣"，赖特的姨妈们在 1907 年的招生简章中如是宣称。[24] 这个"农场 – 实验室"的想法在赖特的广亩城市计划（1929—1935 年）中再次出现，即农业研究综合体，其中包括大量的实验田、工程实验室和一个图书馆，可作为当地小农的教育资源（见第 59 页附图 3-10）。

在戴维森小农场工作期间，赖特和塔里埃森招入的第一批收费学徒都在体验可持续的小规模农业。作为 1932 年与奥尔吉瓦娜一同设计的塔里埃森办学计划的一部分，土地上的体力劳动要与学徒的建筑和环境研究相结合。无论是在马铃薯播种机前、手堆的干草垛旁，还是在绘画工作室里，赖特都与他们一同工作并享受亲自销售塔里埃森牛奶、奶牛和马匹的乐趣（图 3–4，3–5）。“整个农场对赖特先生来说是一种滋养”，前学徒约翰·德科文·希尔（John de Koven Hill）回忆说，“每天都距离目标更近一步，无论是做计划还是真的去做些什么。”[25] 像贝蒂·鲍尔（Betty Bauer）这样的城市居民，就在这里亲身体验了材料和自然过程，并与同为学徒的鲁道夫·莫克（Rudolf Mock）结为伉俪，她后来成为现代艺术博物馆建筑部门主任。“贝蒂穿着蓝色的工作服站在沟渠中，所有在户外劳作的人都像小马一样汗涔涔的”，赖特在给一位朋友的信中写道，“大部分‘纽约客’都已经流下了汗水。”[26] 另一位现代艺术博物馆策展人小埃德加·考夫曼于 1934 年进入塔里埃森学社。他和鲍尔很有可能都参与了这一时期塔里埃森学徒制作小农单元的两个模型的工作（见第 44 页章前图）。赖特热衷于在塔里埃森建立一个全尺寸的试点农业单元，这一举措可能会为塔里埃森作为戴维森计划的实验“引擎”奠定稳定的财务基础，重塑拉尔夫·沃尔多·爱默生在 20 世纪 30 年代提出的可持续农业愿景。一位诗人作于 1858 年的散文《荷锄人》成为山坡家庭学校的研读材料并且是贯穿赖特一生的试金石。文中的一段话出现在赖特最后一本书《宜居之城》的附录中：“农民的荣耀体现在劳动的分工中，创造是他的一部分。一切贸易追根溯源都建立在他的原始劳动之上。然而食物却是他劳作的动机。”[27]

图 3–4　学徒们在塔里埃森堆干草。摘录于《埃德加·塔费尔建筑记录和论文》（*Edgar Tafel Architectural Records and Papers*），藏于纽约艾弗里图书馆

图 3–5　赖特在收割。摘录于《埃德加·塔费尔建筑记录和论文，1919—2005 年》，藏于纽约艾弗里图书馆

走向有机生物技术的建筑

小农场不应该成为解决大萧条时期农场问题的程式化快速方案，而是对赖特构想的更好的生活、工作和社区建设方式的建筑方面的建议。小型方案的标准化部件和内置功能旨在实现成本效益，并围绕人、畜、农作物和机械的平衡及健康共存而建立。赖特估计，单独建造由戴维森指定的设施将花费大约 10 850 美元，“一堆垃圾都需要永久维护并且很快会被‘淘汰’”。[28] 赖特觉得，他可以用同样或者更少的钱来扩建农民的工作设施和休闲设施，同时通过合理化统一农场布局，降低维护成本以及不必要的时间和劳动力支出。这样的农场将成为任何社区中最理想、最美丽的单元之一。这种创新设计提供了一种复杂精巧且实用的替代方案，用于单独建造农舍、没有灵魂的工业化规模单元以及政府住房救济机构建立的那种“应急”农场。

开放的十字形设计以一个圆柱形筒仓为中心，并配以正方形、圆形和矩形的和谐组合。这种几何形式反映了赖特的理念：“材料本身的自然图案和自然纹理通常会接近传统化或抽象化。”[29] 和他设计的草原风格房屋一样，拥抱大地的布局将农场与景观融为一体，营造出亲密又广阔的效果。围栏中各种牲畜的示意图表明了赖特如何协调动物的颜色和体形，以此作为移动装饰的一种形式，从而在景观中创造出由他最喜爱的品种组成的变化模式。规则种植的作物所呈现的地毯般的纹理和色彩在季节更替中变化，如同赖特为塔里埃森设计的壁画一样（见第 59 页附图 3–9）。

赖特相信，日常接触各色农作物会提高农民的审美情趣，这在房子附近的蔬菜园和花园（这是农场的“灵魂”）中体现得最为明显。面向花园和露台的落地玻璃幕墙成为室内季节性变化风景的电影屏幕。整个单元就像一个活的有机体，其中田地和花园的新鲜农产品通过包装区进行加工处理，或直接送到农家消费。赖特将这一复合计划构想为各种元素的灵活组合，可以进行修改以适应各种地形和作物与牲畜组合。像在塔里埃森一样，他的最终关切是鼓励生物多样性和自然生命力的生态管理。从一开始戴维森就认为农场要拥有自己的下水道系统和发电厂，可以为每个小农场输送热水，集中供热和制冷。蘑菇地窖中先进的加湿器和温室内的太阳灯将通过电气技术帮助自然生长，而不是使用污染性化学物质。每个单元都有一辆卡车和一辆汽车，但是拖拉机和其他农用设备要共享使用。

1932 年，美国钢结构学会积极推动小型住宅的工厂化生产和销售。[30] 自 1915—1917 年赖特对美国“系统建造”房屋进行试验以来，预制房屋一直是他关注的焦点，他最初为小农场绘制的图纸恰当地标记了“标准化钢板结构”（见第 56 页附图 3–6）。戴维森在这个领域也有相关经验。在第一次世界大战期间，他在一家飞机制造公司和费城的霍格岛（那里有世界上最大的造船企业之一）上短暂地工作过，负责管理美国战争所需的预制船的试验设计。他热衷于将小农场与钢铁公司联系起来，但赖特却不这么认为：“工厂要根据它的布局来找房子，而不是房子去找工厂。”[31] 赖特相信汽车是潜在的扩散和凝聚力的媒介，但并没有梦想过像福特的 T 型车那样从工厂流水线上直接生产出成型的农场来。他偏向于现场组装预制件——这是一个建筑师可以控制的过程。[32] 在赖特的思想中，“工厂化的农场”与“工厂造的农场”是与商业公司的控股权益或与苏维埃式建筑和农业的集体化相联系的想法（图 3–6），两者都是没有前途的。[33]

在 1932 年 3 月 20 日，也就是戴维森发给赖特最初提议的一个月后，赖特在《纽约时报》杂志上撰文，想象了一幅场景：“精细的道路网络……经过路边市场，与 3 英亩、5 英亩和 10 英亩规格的集约化农场单元组合在一起。”[34] 针对像勒·柯布西耶和路德维希·密斯·凡·德·罗这样冷冰冰的功能主义和高楼都市主义建筑师的主张，有什么比彻底地将农场规划视为技术进步并将其放在重新定义的城市景观的核心位置上更好的辩论立场呢？由于菲利普·约翰逊（Philip Johnson）和亨利–罗素·希区柯克（Henry-Russell Hitchcock）在美国推行的严格的欧洲现代主义，赖特感觉自己被边缘化了，于是与建筑评论家和文化理论家路易斯·芒福德（Lewis Mumford）结成了有影响力的同盟并与他定期通信。1932 年 6 月芒福德从德国给赖特写信安慰道，他发现“（欧洲现代主义）公式多，教条多，论文多”，只有大约十分之一现代主义所做的工作名副其实。不过，他确实注意到吕贝克（Lübeck）附近一个由雨果·哈林（Hugo Hring，1882—1958，德国人）设计的农场，“这会让你感到高兴”（图 3–7）。[35] 哈林在 1922—1926 年期间的有机设计以及他将建筑作为材料、场所和人类活动景象的表达方式，与赖特当时正在发展的方向有许多共同之

图 3-6 《布尔什维克争取丰收的斗争就是争取社会主义的斗争》（*The Bolshevik Struggle for the Harvest Is the Struggle for Socialism*）。由古斯塔夫·克鲁特西斯（Gustav Klutsls，1895—1938，拉脱维亚人）和谢尔盖·森金（Sergei Senkin，1894—1963，俄罗斯人）设计，1931 年。平版印刷图，143.2 cm × 100.7 cm。藏于现代艺术博物馆，卡尔·格斯特纳（Karl Gerstner）捐赠

图 3-7 加考农庄，德国吕贝克附近，由雨果·哈林设计于 1922—1926 年，未建成。透视图，由彩色粉笔绘于纸上，50.2 cm × 65.1 cm。藏于现代艺术博物馆，纪念肯尼思·弗兰普顿（Kenneth Frampton）建筑设计委员会捐赠

处。在1933年夏天，戴维森找到了沉浸于创作《技术与文明》（*Technics and Civilization*）的芒福德，并送给他一本《小农妇玛丽的日记》，上面用赖特的图纸做了阐述。[36]芒福德被深深吸引了，大概是因为他从“农场－市场”体系中看到了自己正在广泛调查的技术变革对人类的影响和面临的道德困境。《技术和文明》深受芒福德的导师帕特里克·格迪斯（Patrick Geddes，一位苏格兰生物学家和博学家）的生态学观念的影响，还包括地点、人和工作之间的关系，以及格迪斯对从旧石器时代到新石器时代再到生物技术时代的文化演化的综合描述。[37]芒福德看到了他身边剥削人的资本家的负面行为，他们“把钱扔进河里，让钱化成一股烟消失在空气中，用自己产出的垃圾和污物画地为牢，过早地耗尽了他们赖以产出食物和织物的耕地”。[38]然而，在赖特的作品中，芒福德看到了“回归自然，以及对和谐、自我平衡的有机主义的新信心”的最初迹象。[39]1934年5月21日，他为《技术与文明》题词：“献给弗兰克·劳埃德·赖特。他明显区分了建筑中的机械与有机，从而开创了有机建筑时代。”[40]

戴维森提出最初提议的两年后，他的财力每况愈下，但他仍在疯狂地试图使自己的“农场－市场”项目与更大的商业和政府议程挂钩。在对朱利叶斯·罗森沃尔德——南部农村一个校舍项目的投资人，该项目由赖特设计——穷追不舍数月后，他们最终的面谈却“有些令人失望，因为他给我的感觉是，他对生活知之甚少，对农业是个门外汉，对花卉更是一无所知”。[41]最初戴维森满怀希望与托马斯·杜威（Thomas Dewey）、罗素·塞奇（Russell Sage）基金会、布鲁金斯学会（Brookings Institute）以及罗斯福所谓的“智囊团”成员斯图尔特·蔡斯（Stuart Chase）、沃伊·安德森（Wroe Anderson）和布鲁斯·梅尔文（Bruce Melvin）进行接触，最终都无疾而终。与此同时，建筑师和客户之间出现了无法弥补的裂痕，赖特感觉到戴维森正在向利益集团和官僚机关出卖自己。他们的纷争体现了芒福德在元层面（meta level）上所看到的资源匮乏的高新技术文明与根深蒂固的整体有机文明之间的冲突。芒福德认为农业不是一个迅速盈利的行业，把农业带入有机技术时代需要采取小举措并推动渐进的改变。赖特对戴维森咆哮道：“有机设计无论如何既不是预算观念的问题，也不是预算的问题……‘玛丽’项目正处在变成一辆锡利兹轿车（代指亨利·福特的T型车）的危险时刻，而不是成为一些有机的或人类尺度的更高价值的东西……如果你正在组建另一个公司，将‘玛丽’项目当作口头上的理想“诱饵”来快速赚钱，你会比其他人更糟糕，因为你会出卖智慧，变成另一种诅咒我们的东西。戴夫（Dave，戴维森的昵称），我相信旧公司就像旧的建筑类型和旧的建筑方式一样，已经死了，旧的商人不是已经死了，就是快要死了。”[42]

最后一句话在戴维森的身上应验了，他于1941年在穷困潦倒中去世。他的讣告中没有提到农场和市场，也没有提到它们被列入1940年11月赖特在现代艺术博物馆举办的回顾展“弗兰克·劳埃德·赖特：美国建筑师”（*Frank Lloyd Wright: American Architect*）中，这个展览将赖特推回到聚光灯下。然而，他深爱的“玛丽”却活了下来，尽管被无名地归入了赖特当时在进行的项目——广亩城市、美国风住宅以及塔里埃森学社。统一农场和路边市场的许多图景出现在赖特的最后一本书和最后一次展览《宜居之城》中，作为他独有的创造物，同时也是“撕裂漩涡的力量”的缩影。[43]

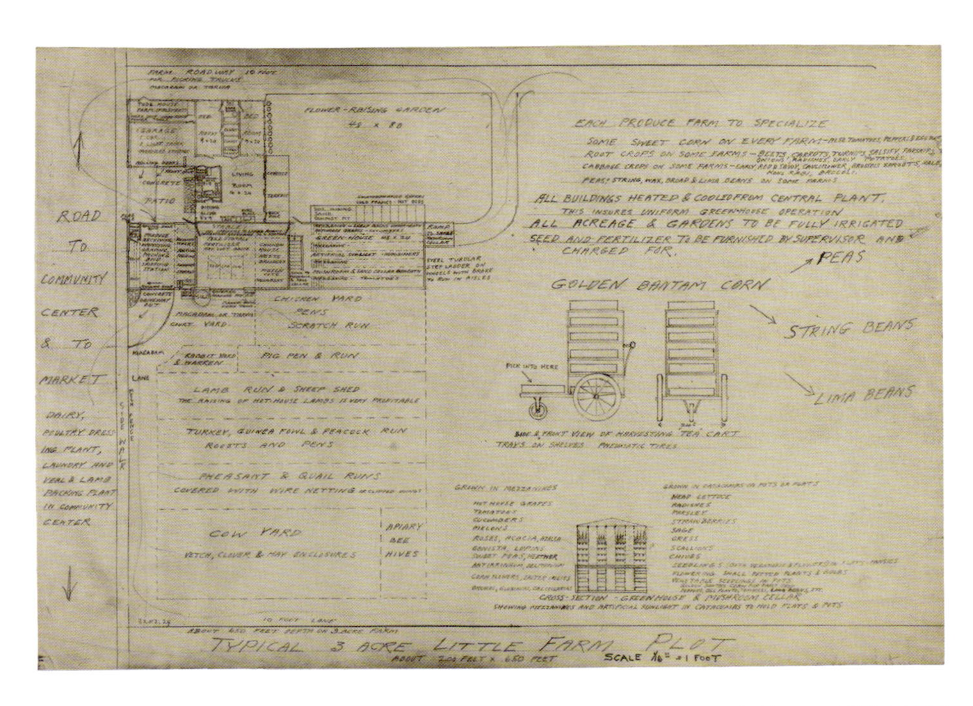

附图 3-1　戴维森小农场单元，设计于 1932—1933 年，未建成。沃尔特 · V. 戴维森绘制的标准 3 英亩土地的平面图和详图，用铅笔绘于复印照片上，35.9 cm × 50.8 cm

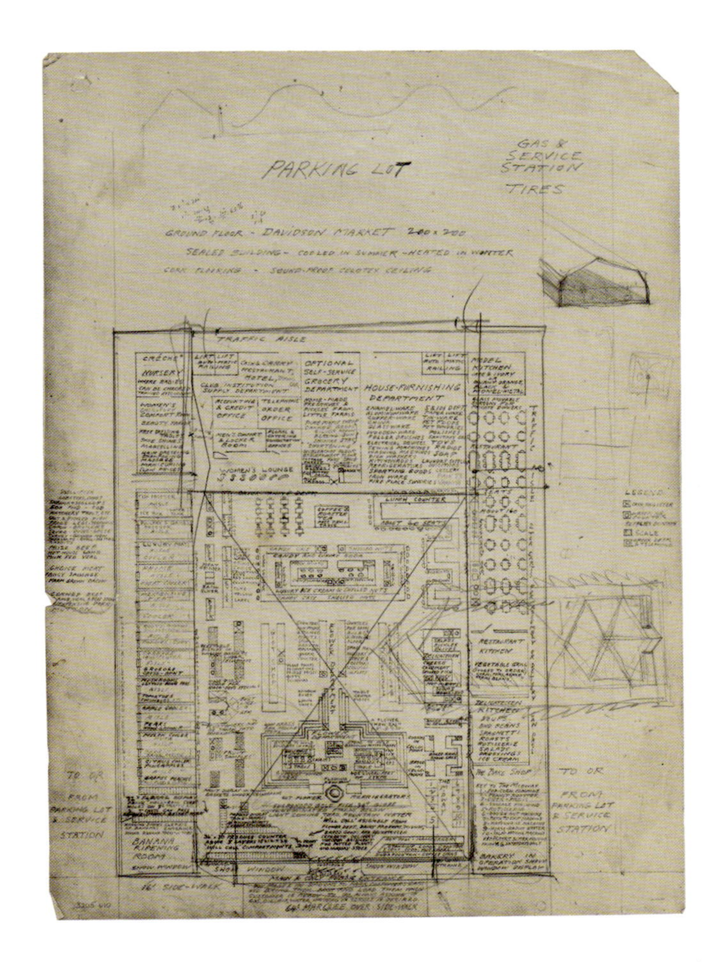

附图 3-2　戴维森路边市场，设计于 1932—1933 年，未建成。戴维森绘制的底层平面图，用铅笔绘于复印照片上，50.8 cm × 36.2 cm

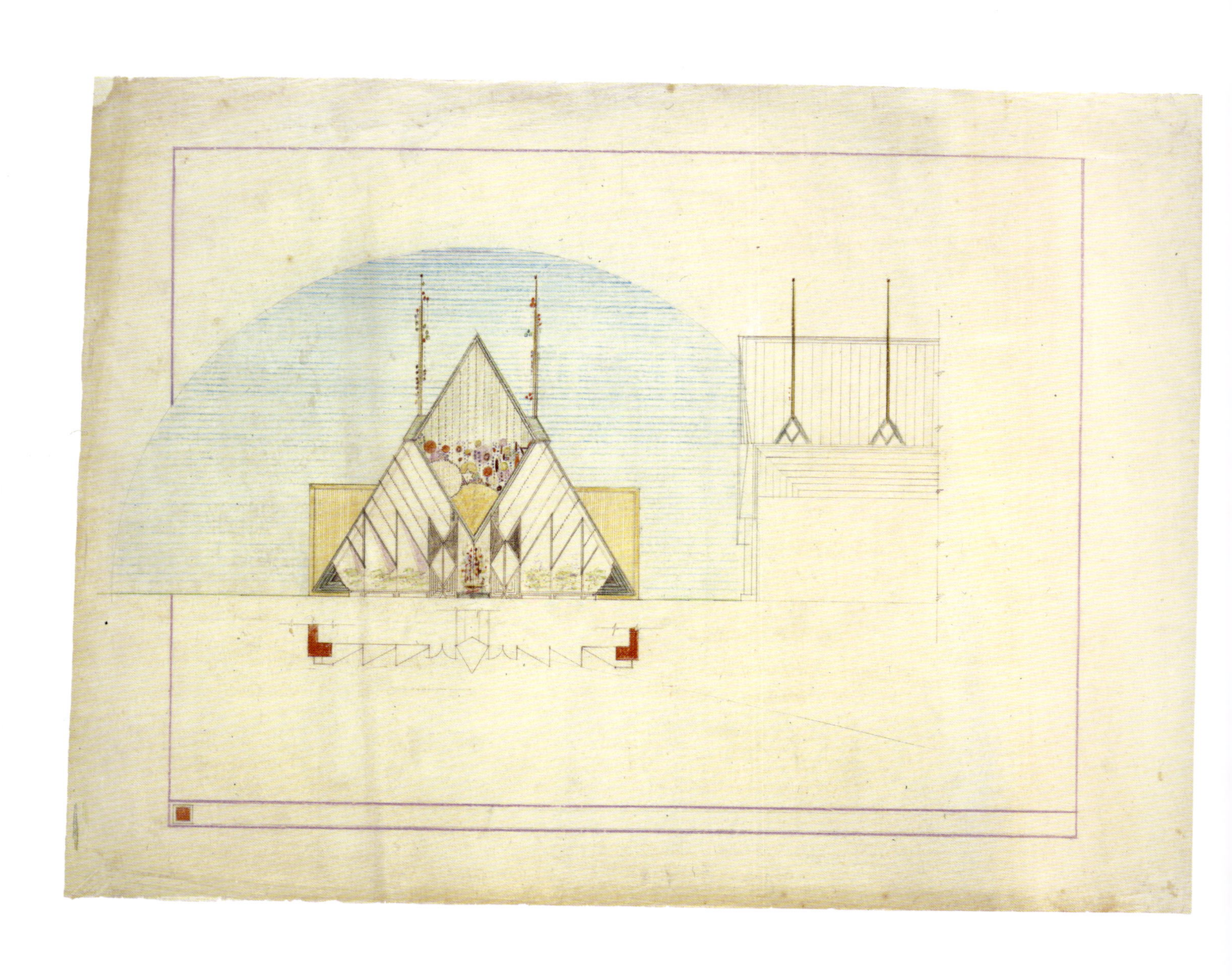

附图 3-3　戴维森路边市场的初步方案，设计于 1927 年，未建成。立面图和局部平面图，用彩色铅笔与铅笔绘于纸上，71 cm × 102 cm。藏于华盛顿特区国会图书馆，印刷品与照片部

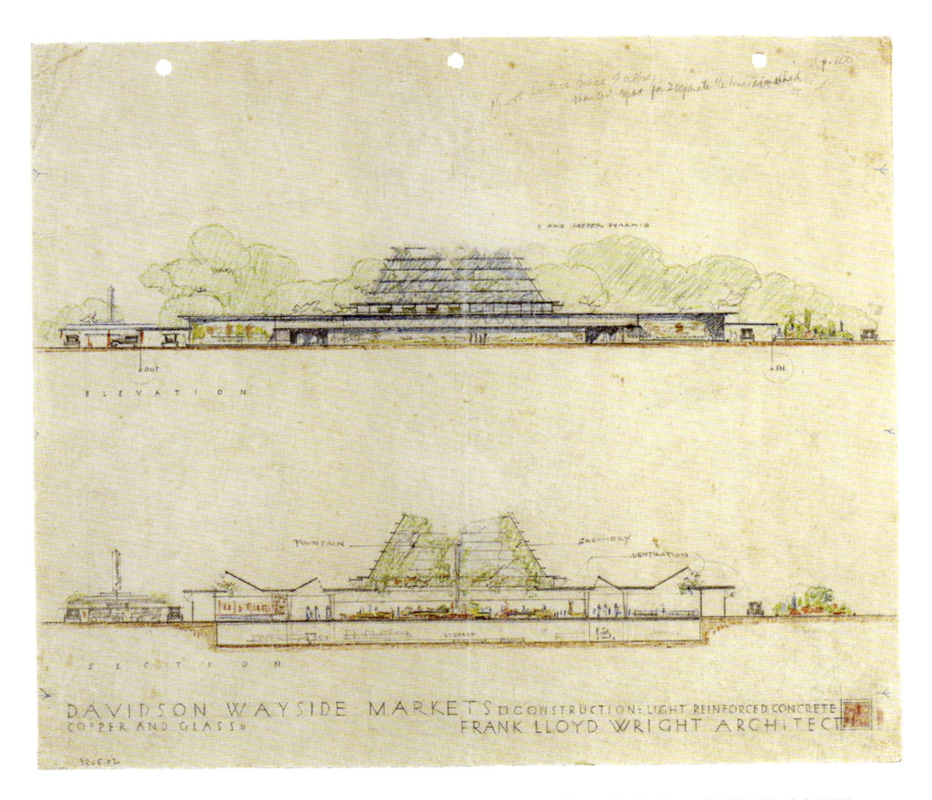

附图 3-4　戴维森路边市场，设计于 1932—1933 年，未建成。立面图和剖面图，用铅笔和彩色铅笔绘于纸上，28.3 cm × 35.6 cm

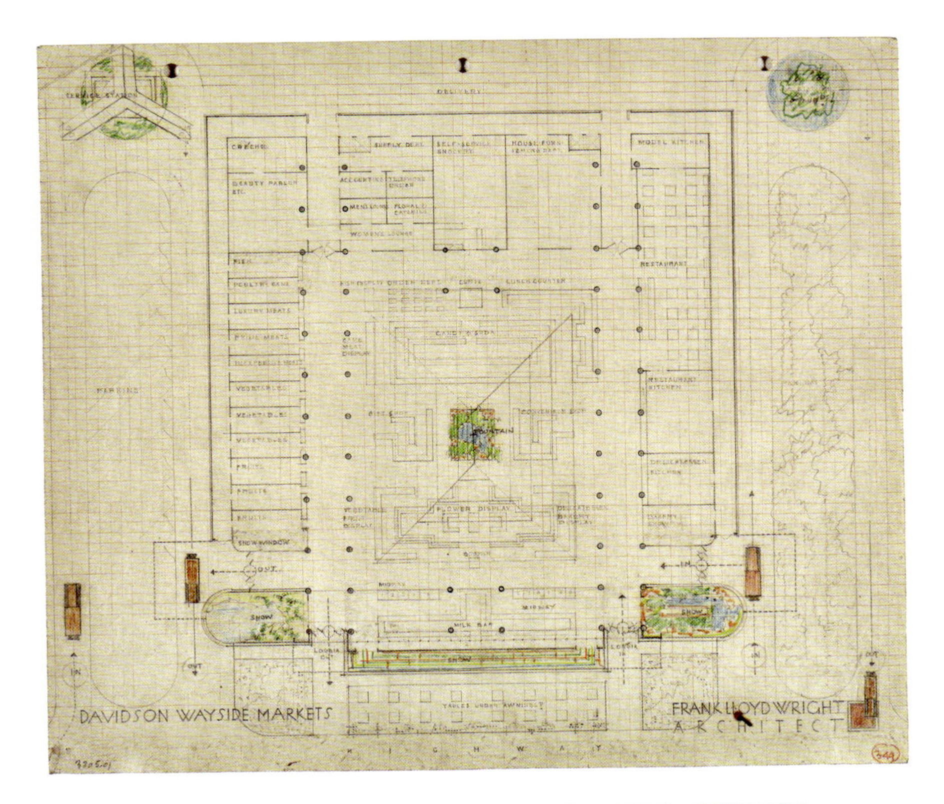

附图 3-5　戴维森路边市场，设计于 1932—1933 年，未建成。底层平面图，用铅笔、彩色铅笔和墨水绘于纸上，28.3 cm × 35.6 cm

附图 3-6　戴维森的小农场单元和市场，设计于1932—1933年，未建成。
鸟瞰图，用铅笔和彩色铅笔绘于描图纸上，29.5 cm × 58.1 cm

附图 3-7　塔里埃森学社建筑群，威斯康星州斯普林格林，始于 1932—1933 年。
鸟瞰图，用铅笔和彩色铅笔绘于描图纸上，43.5 cm × 51.1 cm

附图 3-8　塔里埃森学社建筑群，威斯康星州斯普林格林，始于 1932—1933 年。
农作物布局平面图，用铅笔和彩色铅笔绘于描图纸上，73 cm × 89.5 cm

附图 3-9　塔里埃森学社建筑群，威斯康星州斯普林格林，始于 1932—1933 年。前入口的壁画设计，用铅笔和彩色铅笔绘于描图纸上，67 cm × 84.5 cm

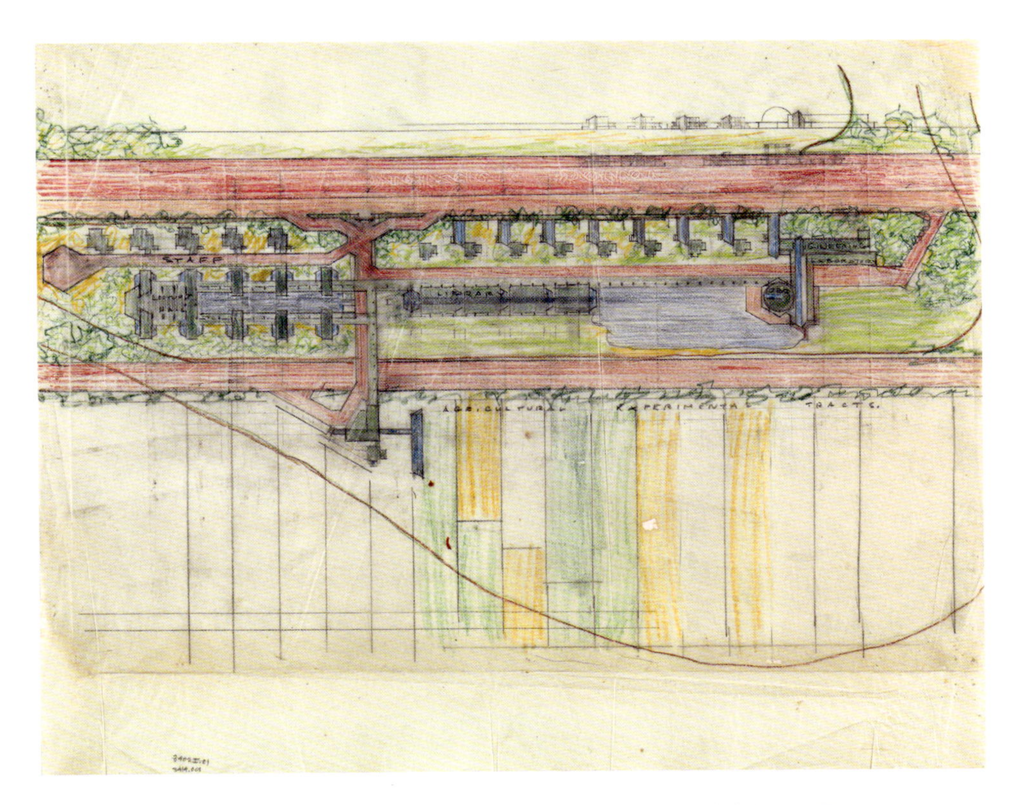

附图 3-10　广亩城市，设计于 1929—1935 年，未建成。农业研究中心平面图，用铅笔和彩色铅笔绘于描图纸上，42.5 cm × 53 cm

注释

1 弗兰克 · 劳埃德 · 赖特，《消失的城市》（New York: W. F. Payson, 1932），第 81 页。

2 1908 年，赖特在布法罗为戴维森设计了一所房子。关于他们关系最完整的描述出现在杰克 · 奎南（Jack Quinan）所著的《弗兰克 · 劳埃德 · 赖特在布法罗的冒险：从拉金大厦到广亩城市——建筑与项目名录》（*Frank Lloyd Wright's Buffalo Venture: From the Larkin Building to Broadacre City: A Catalogue of Buildings and Projects*. San Francisco: Pomegranate, 2012）中。

3 戴维森写给赖特的信，1932 年 1 月 18 日，档案编号 D010A06，赖特基金会档案馆（现代艺术博物馆和艾弗里图书馆）。

4 出处同注释 3，强调原创。

5 戴维森随后私下出版了 500 本“日记”，但没有任何一本被找到。

6 罗斯福的演讲标志着“纽约地区计划”的完成，正如在 1932 年 2 月的《调查图解》（*Survey Graphic*）“按计划成长”（Growing Up by Plan）一项中所述。

7 弗兰克 · 劳埃德 · 赖特写给戴维森的信，1932 年 1 月 25 日，档案编号 D008B02，赖特基金会档案馆。

8 档案编号 D016C09，赖特基金会档案馆。讣告显示“W. V. 戴维森，65 岁，工程师，死亡”，刊登于《纽约时报》，1941 年 3 月 9 日。

9 1930 年 1 月 25 日戴维森在写给赖特的信中，想引起赖特的兴趣，为弗雷德里克设计一所房子。档案编号 C009A06，赖特基金会档案馆。

10 戴维森写给赖特的信，1927 年 3 月 11 日，档案编号 D003B02，赖特基金会档案馆。

11 戴维森写给赖特的信，1927 年 4 月 4 日，档案编号 D003B05，赖特基金会档案馆。赖特设计的商标和市场内部的图纸已经丢失。

12 参见格特鲁德 · 阿尔米 · 斯利克特（Gertrude Almy Slichter）的《富兰克林 · D. 罗斯福在纽约州州长任期内的农业政策，1928—1932 年》（Franklin D. Roosevelt’s Farm Policy as Governor of New York State, 1928—1932），载于《农业历史》第 33 卷，第 4 期（1959 年 10 月），第 167—176 页。

13 弗兰克 · 劳埃德 · 赖特，《谈建筑：作品选集，1894—1940》（*On Architecture: Selected Writings, 1894—1940*. New York: Grosset and Dunlap, 1941），第 144 页。本 · 巴沙姆（Ben Bassham），《弗兰克 · 劳埃德 · 赖特，亨利福特和回到农场的路》（FLLW, Henry Ford and the Road Back to the Farm），载于《塔里埃森学社杂志》（*Journal of the Taliesin Fellows*）第 8 期（1992 年秋季刊），第 8—15 页；阿尔文 · 罗森鲍姆（Alvin Rosenbaum），《2. 马斯尔肖尔斯》（2. Muscle Shoals），载于《理想城：弗兰克 · 劳埃德 · 赖特为美国所做的设计》（*Usonia: Frank Lloyd Wright's Design for America*. Washington, D. C. : The Preservation Press, 1993），第 45—62 页。

14 1927 年克拉拉 · 福特成为“全国女性农场和花园协会”的主席。《福特夫人展出示范农庄商店》（Mrs. Ford Exhibits Model Farm Store），载于《纽约时报》，1929 年 11 月 5 日。

15 弗兰克 · 劳埃德 · 赖特写给戴维森的信，1928 年 4 月 17 日，档案编号 D003C01，赖特基金会档案馆。

16 报纸上满是关于创建小农场社区拯救失业者并开拓闲置农场的讨论，其中一位著名的发声人是拉尔夫 · 博尔索迪（Ralph Borsodi），著有《逃离城市：家庭安全新方式的故事》（*Flight From the City: The Story of a New Way to Family Security*. New York: Harper and Brothers, 1933）。

17 弗兰克 · 劳埃德 · 赖特，《一部自传》，第 169 页。

18 出处同注释 17，第 168 页。

19 赖特在给戴维森的信中写道，他急于寻找一批杂货，以补充他可以生产的东西，1933 年 7 月 19 日，档案编号 D016A10，赖特基金会档案馆。

20 弗兰克 · 劳埃德 · 赖特，《一部自传》，第 121 页。

21 参见詹金 · 劳埃德 · 琼斯和托马斯 · 格雷厄姆，《美国农业社会的福音：农场的福音》（*The Agricultural Social Gospel in America: the Gospel of the Farm Lewiston*. N. Y. : Edwin Mellen Press, 1986）；托马斯 · 格雷厄姆，《詹金 · 劳埃德 · 琼斯与“农场的福音”》（Jenkin Lloyd Jones and “The Gospel of the Farm”），载于《威斯康星州历史杂志》第 67 卷，第 2 期（1983—1984 年冬季刊），第 121—148 页。

22　百万富翁约瑟夫·费尔斯（Joseph Fels）是亨利·乔治（Henry George）提出的单一税制和土地国有化理论的拥护者。参见艾伦·克劳福德（Alan Crawford）的《C. R. 阿什比：建筑师、设计师和浪漫的社会主义者》（*C. R. Ashbee: Architect, Designer and Romantic Socialist*. New Haven, Conn.: Yale University Press，1985），第 148 页。

23　“山坡家庭学校”招生简章（1891—1892 年），第 4 页，载于《劳埃德·琼斯论文集》（Lloyd Jones Papers），威斯康星州历史学会。

24　“山坡家庭学校”招生简章（1907 年），第 3 页，《劳埃德琼斯论文集》，威斯康星州历史学会。

25　约翰·德科文·希尔（John de Koven Hill），在 1994 年 1 月 28 日接受戴安娜·巴尔莫里（Diana Balmori）录音采访的文字记录，赖特基金会档案馆。

26　弗兰克·劳埃德·赖特，1933 年 1 月 1 日写给路易斯·芒福德的信，载于布鲁斯·布鲁克斯·法伊弗主编的《弗兰克·劳埃德·赖特与路易斯·芒福德：三十年的通信》（*Frank Lloyd Wright and Lewis Mumford: Thirty Years of Correspondence*. New York: Princeton Architectural Press, 2001），第 153 页。

27　拉尔夫·沃尔多·爱默生，《农耕》（On Farming），附录于弗兰克·劳埃德·赖特著的《宜居之城》（New York: Horizon, 1958）的附录。

28　弗兰克·劳埃德·赖特写给戴维森的信，1934 年 2 月 2 日，档案编号 D018C08，赖特基金会档案馆。

29　弗兰克·劳埃德·赖特，《一部自传》，第 157 页。

30　参见 1932 年 5 月 29 日《纽约时报》的“普通人之家”研究所组织的小型住宅论坛的报告。

31　弗兰克·劳埃德·赖特写给戴维森的信，1934 年 2 月 15 日，档案编号 D018C03，赖特基金会档案馆。

32　出处同注释 31。

33　苏联农业大规模的快速工业化在美国被广泛宣传。1937 年 6 月，赖特参加了在莫斯科举行的第一届全苏联建筑师大会，期间参观了几个集体农场。见唐纳德·莱斯利·约翰逊（Donald Leslie Johnson）的《弗兰克·劳埃德·赖特在莫斯科，1937 年 6 月》（Frank Lloyd Wright in Moscow: June 1937），载于《建筑史学会会刊》（*Journal of the Society of Architectural Historians*）第 46 卷，第 1 期（1987 年 3 月），第 65—79 页；珍 - 路易斯·科恩（Jean-Louis Cohen），《有用的人质：在苏俄和法国建造赖特》（Useful Hostage: Constructing Wright in Soviet Russia and France），载于安东尼·埃罗弗森主编的《弗兰克·劳埃德·赖特：欧洲与其他地区》，第 100—120 页。

34　弗兰克·劳埃德·赖特，《广亩城市：一个建筑师的愿景》，载于《纽约时报杂志》，1932 年 3 月 20 日，第 9 页。这是赖特首次在出版物中介绍小农场和路边市场。勒·柯布西耶于 1932 年 1 月 3 日在同一本杂志中被突出报道。从当时写给路易斯·芒福德的信函中可清楚地看出，赖特认为自己在美国建筑论战中的前沿地位受到了损害。

35　路易斯·芒福德写给赖特的信，载于《弗兰克·劳埃德·赖特与路易斯·芒福德：三十年的通信》，第 148 页。

36　戴维森写给赖特的信，1933 年 7 月 22 日，档案编号 D016B01，赖特基金会档案馆。

37　赖特十分熟悉格迪斯的工作，甚至可能听过他于 1899 年在赫尔馆（Hull House）向芝加哥工艺美术学会进行的演讲，演讲的主题是“电力和环境控制是促进人类进步的重要因素”。

38　路易斯·芒福德，《技术与文明》（New York: Harcourt, Brace, 1934），第 255 页。

39　出处同注释 38，第 247 页。

40　《弗兰克·劳埃德·赖特与路易斯·芒福德：三十年的通信》，第 161 页。

41　戴维森写给赖特的信，1932 年 7 月 20 日，档案编号 D010D09，赖特基金会档案馆。

42　弗兰克·劳埃德·赖特写给戴维森的信，1934 年 2 月 2 日，档案编号 D018C08，赖特基金会档案馆。

43　弗兰克·劳埃德·赖特，《宜居之城》，第 57—61 页、第 99—101 页。

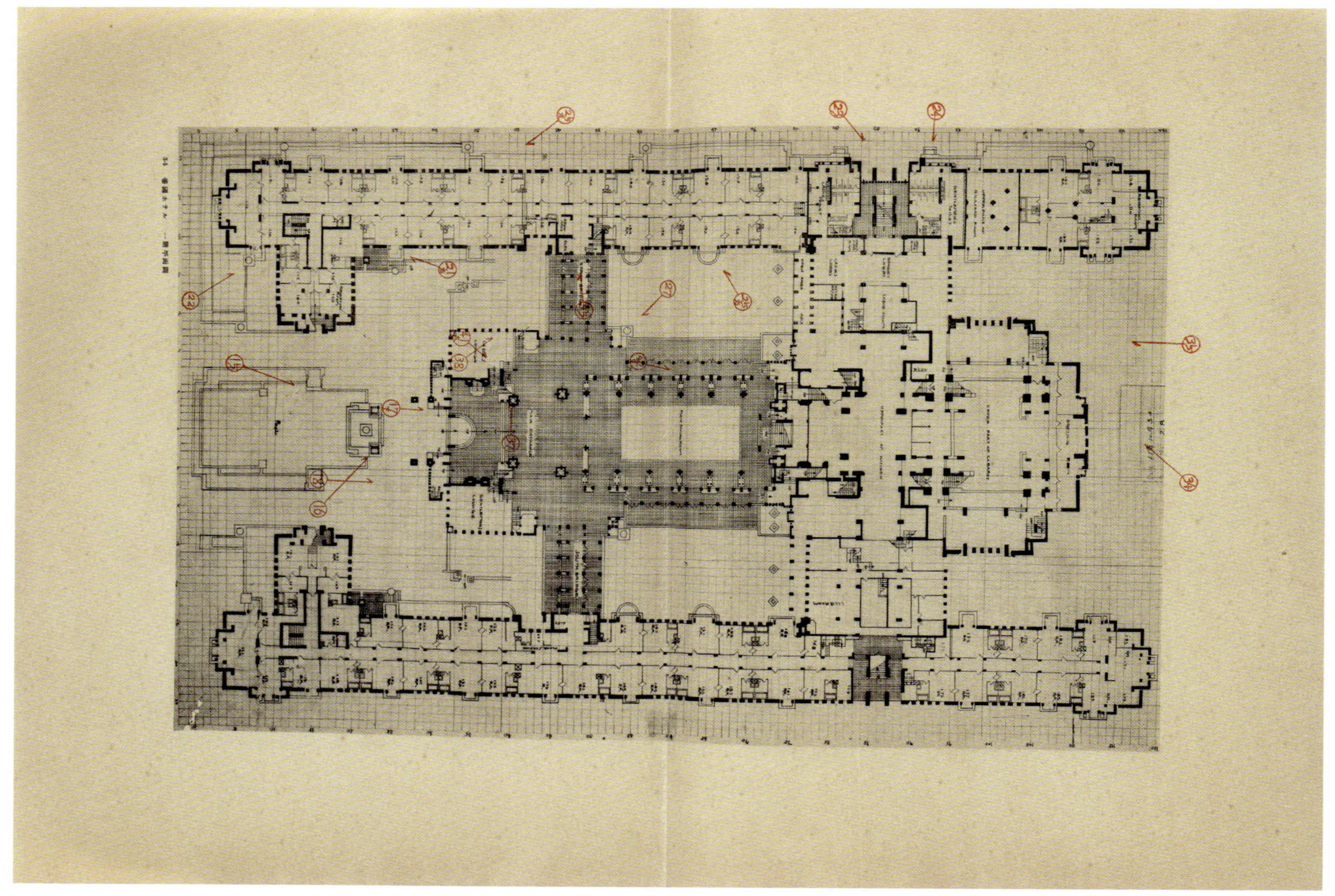

章前图　《帝国饭店》（Teikoku Hoteru）的封面和内文插图，高桥贞太郎（Takanashi Yūtarō）主编（东京：洪洋社，1923 年）

4
重构帝国饭店：在东方与西方之间

大岛正

由弗兰克·劳埃德·赖特设计的被称为史诗级杰作的帝国饭店（Imperial Hotel，1913—1923年），自项目诞生以来的大约一个世纪里，关于它的文化定义和诠释就一直没有固定答案。这座开创性的酒店被人们视为日本的象征，因为它的位置靠近皇宫，并由皇室投资；它也被人们认为是在这个现代化的西化国家中一个社交的场所。与赖特设计的转变——从设计开端到建筑形式再到第二次世界大战前后的演变——同时发生的是，酒店周围的城市环境和国家自身经历的快速且持续的变化。赖特将帝国饭店的委托视为对1914年塔里埃森发生的悲剧的"解脱"，在这场悲剧中，他在威斯康星州的房产被烧毁，妻儿被杀害。此次设计也是连接他职业生涯前期与后期的桥梁。[1] 人们对赖特设计的接受程度高低不一，该酒店在1968年遭到毁坏，导致后来的人们都无法体验到酒店最初的雄伟壮丽。

这本图文并茂的《帝国饭店》，展示了赖特在最初的酒店设计中所要实现的意象。书中收录了他在从塔里埃森到东京的10年多时间里创作的1100幅画作。这本书于1923年8月出版，也就是赖特在1922年7月27日离开日本的一年后，也正好在9月1日关东大地震发生之前。[2] 赖特通过这本珍贵出版物的副本向人们展示了整座酒店的情况（见章前图）。摄影的叙述手法，加上赖特自己的草图和视觉强化图，可以让人更加形象地理解酒店的建筑风格以及客人在酒店中的体验。这要比后来人们的描述更加生动，因为后来人们侧重于强调它是地震中唯一幸存下来的建筑而忽视了该建筑的其他属性。[3] 直到1922年离开日本时，赖特也没有看到竣工的酒店南翼和完全长成的绿化景观。随后，他在自己那本《帝国饭店》中的图片上进行绘制，强调了广泛种植植物的景观设计愿景，同时也勾勒出了他想要进一步实现的各种细节设计。尽管这本书是在黑白摄影时代出版的，书中一些着色照片还是突出了建筑元素的材质特征。与英文书从左往右的阅读方式相反，这本书遵循日本的阅读习惯，从右往左阅读，并将帝国饭店的建筑师错称为"弗兰克·劳埃德·勒格特（FRANK LLOYD WRGHIT）"。这样的错误和误解，必定给前后在日本待了长达4年之久的赖特造成过困扰。

这本书中的平面图都带有红色标记，精确地标明了每张照片拍摄的位置（见章前图）。每幅图片都呈现出一个带边框的场景，就像赖特长期收集的日本版画一样，他也承认这是他设计的灵感源泉。虽然酒店对称式的体块和连续排列的柱子，在外观上都构成了一种单点透视的效果，但这本书的许多照片还是从两点透视图来突出酒店动态变化的构图细节。赖特基金会档案中还包含了赖特裁剪的照片，这些照片强调了构成酒店的水平或垂直元素（见第 70 页附图 4–1、附图 4–2）。照片中包括武士对战海盗的雕塑，这种二分法象征性符号表明赖特有意识地将帝国饭店的设计视为东西方文化的对话。图片中酒店门前的人力三轮车和汽车的对偶关系，反映出更广阔背景下东西文化的对话。设计在酒店外部的电力线路，是现代化的又一突出表现。最值得注意的是，这些线路为 1923 年地震时帝国饭店传奇般的幸存作出了贡献：完全电气化的设计才是酒店躲过震后火灾的原因。[4]

在 1893 年芝加哥世界博览会上，赖特在美国邂逅了日本建筑设计，随后他与日本的艺术和建筑进行了终生的对话。在博览会上呈现的凤凰殿展馆（图 4–1）——该展馆是对 11 世纪平等院凤凰堂（Ho–o–den pavilion）的重构——以其对称的设计和水平铺展的走廊而闻名，并与赖特的帝国饭店设计产生共鸣。[5] 赖特在对日本的回忆中提到，他待在日本的时候，以及离开日本后也接触过一些亚洲艺术爱好者，包括他的导师约瑟夫·西尔斯比（Joseph Silsbee）和路易斯·沙利文。[6] 赖特在 1896 年出版的《美丽的房子》一书中通过野草和野花的照片表达了他对日本版画的理解——这些照片在日本和纸上用珂罗版印刷，让人想起他的藏品（见第 33 页图 2–2）中歌川广重的版画《粉红蝴蝶与诗》［*Nadeshiko（Pink）Butterfly and Poem*，约 1840 年］。[7]1900 年左右，他还拍摄了威斯康星州斯普林格林周围积雪覆盖的风景照片，使人联想到日本水墨画手卷中的极简构图，突显了他对这种艺术观点的热情（见第 33 页图 2–3）。

在 1905 年为期 7 周的日本之旅中，赖特对日本风景和传统建筑的兴趣进一步加深了（图 4–2）。[8] 这段旅程让赖特把周围山脉和森林环境中的建筑看作一种动态空间，他说这是“一次

图 4–1　1893 年芝加哥世界博览会的凤凰殿展馆（正面）。C. D. 阿诺德（C. D. Arnold）和 H. D. 希金博特姆（H. D. Higinbotham）拍摄，哥伦比亚世界博览会的官方视图（芝加哥：芝加哥凹版照片印刷有限公司，1893 年）

图 4–2　日本冈山的后乐园，建于 1687—1700 年。赖特拍摄于 1905 年的日本旅行途中

有教育意义的体验”。[9]日本艺术历史学家朱莉娅·米奇（Julia Meech）提出，赖特在日本看到的大型花园的设计，结合了“小山、河流、池塘和桥梁，这些精心建造的‘景观’”，可能启发了他在塔里埃森的景观设计。[10]它们显然也影响了赖特对帝国饭店花园和绿植的设计。按照赖特的说法，这家酒店被“设计成一个普通花园、下沉式花园和露台花园的系统，阳台可以是花园，门廊可以是花园，屋顶也可以是花园，直到整个布局成为相互渗透的花园。日本是花园之国”。[11]

赖特还以收藏家、老师和商人的身份，把自己对日本艺术的迷恋从日本带到了美国。[12]他带着几百张歌川广重的版画回到芝加哥，并于1906年3月在芝加哥艺术学院展出，同时发表了他的第一篇关于版画的论文。[13]赖特对日本艺术的强烈兴趣使他后来与日本印刷品收藏家弗雷德里克·威廉·古金（Frederick William Gookin）有机会会面，据说正是其推荐赖特成为帝国饭店的设计师。[14]赖特还鼓励他的客户在自家的墙上挂日本版画。[15]1908年3月，芝加哥艺术学院举办了一场规模更大的浮世绘版画展览，为适应展示空间，赖特量身定制了展台，类似于他为伊利诺伊州橡树园私宅设计的高靠背餐椅，可以将作品垂直地摆放在框架中。古金组织了这次展览，赖特设计了展览空间，把轨道安装在精心放置的长凳上，再将版画悬挂在轨道上。赖特在设计威廉·斯波尔丁（William Spaulding）的日本版画画廊（图4–3）和改造芝加哥美术大楼中的森日版画商店（S. Mori Japanese Print Shop，1914年）时，进一步发展了这些设计想法。在这两个例子中，他都是围绕着观赏版画的精确视角来设计整个空间的。空间里所有的东西，包括橱柜、版画滑轨、印花织物、地毯、墙面的处理，甚至一个非常小的方形椅子的设计，都将人的注意力集中在艺术品上。赖特设计的整个环境都是以自然主题的艺术构图为框架，类似于他住宅设计中的窗户，因此，

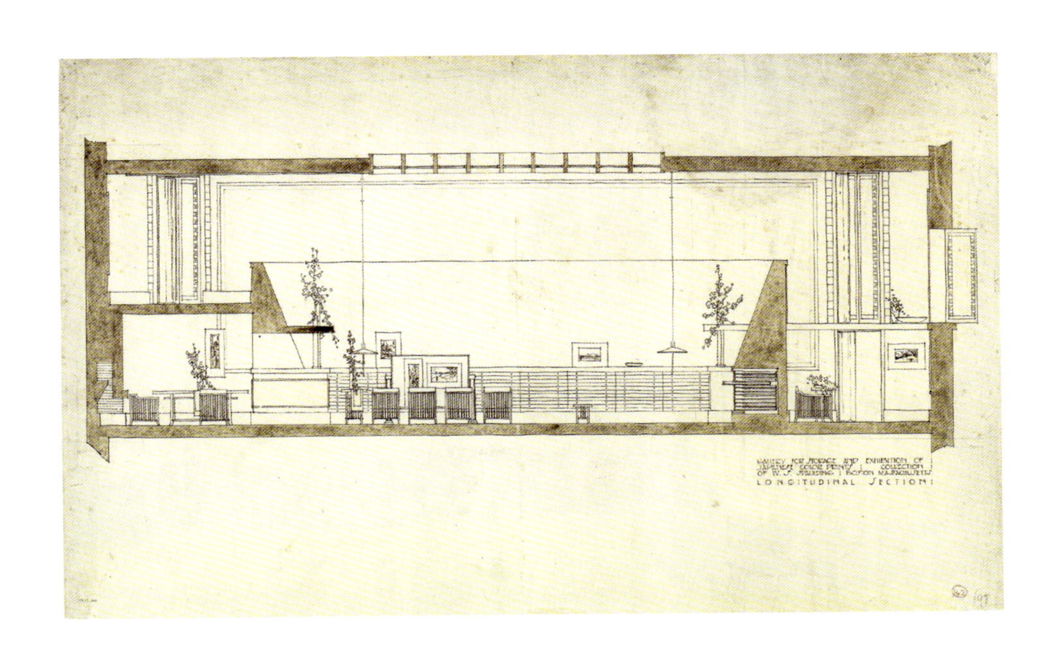

图4–3　威廉·斯波尔丁的日本版画画廊，马萨诸塞州波士顿，设计于1914年，未建成。纵轴剖面图，用墨水、彩色铅笔和铅笔绘于纸上，51.4 cm × 82.9 cm

他在芝加哥的设计与同时期他在东京设计的帝国饭店形成了鲜明对比。

站在日本人的角度来看，赖特的帝国饭店在40多年的历史中，有意识地为外国游客提供了西式建筑风格的住所。与传统日式旅馆的榻榻米客房不同，西式旅店为客人提供了床铺和椅子。鹿鸣馆（Rokumeikan，1883年）是位于东京中心日比谷（Hibiya district）的一座法国文艺复兴风格两层宴会宫殿。该建筑由英国建筑师乔塞亚・康德（Josiah Conder）设计，是接受西方文化的日本官员招待政府客人和举办社交活动的最具象征意义的场所。[16] 这片位于皇宫外的区域，原来是武士宅邸和东京国立博物馆（1837—1881年）所在地，后来成了一系列帝国旅馆的所在地。[17] 普鲁士的恩德和伯克曼建筑事务所（Ende and Böckmann）设计了第一代帝国饭店（1890年），这两位建筑师在附近设计过许多新古典主义的政府办公楼，并为日益崛起的明治政府（1868—1912年）的公民计划（civic plan）做了很多规划设计，当时的明治政府正学习西方文化与政治体系以创造一个现代化国家政权。此后，第一代帝国饭店（图4-4）由日本建筑师渡边羽生（Yuzuru Watanabe）完成。[18] 这座三层楼的酒店设有双坡屋顶，有60间客房和一些社交空间，例如报纸阅览室、舞厅、台球室、会客厅和音乐厅。虽然酒店起初很难吸引客人来光顾，但在日俄战争（1904—1905年）之后生意大有起色，在接下来的10年里，酒店需要更新扩大，这项工作于是委托给了赖特。[19]

赖特在东西方之间的一次次旅行，在经历了从视觉层面、语言层面到文化层面的转译后，塑造了他为帝国饭店长达10年的设计过程。赖特于1913年初返回东京，历时4个月研究拟议中的场地，考虑合适的建筑材料，并为新酒店制订初步计划。新酒店位于面向日比谷公园的第一代帝国饭店以东，鹿鸣馆以北。[20] 赖特当时在为一个日益国际化的日本而设计，彼时日本进入大正时代（Taisohō period），这个时代始于1912年7月30日明治天皇去世后。在此期间，他调研发现该场地的土壤条件非常不稳定。该场地原是东京湾中日比谷的一部分，后来被填平作为封建都城江户的一部分。在1903年日比谷公园竣工之前，第一代和第二代帝国饭店都面朝江户城的护城河。尽管内政部长的住所也位于这块区域中，但无一例外地也在拆除计划内。此计划将为人们提供一个开阔的舞台，构建比《帝国饭店》（1923年）所描绘的场景更加丰富奇幻的景象。

1913—1914年间，赖特在初步设计中，从鸟瞰角度描绘了一组由对称两翼所定义的建

图4-4　帝国饭店，东京，日比谷，1890年。由渡边羽生（日本人，1855—1930）设计

筑群，中间形成了公共的庭院空间（见第 71 页附图 4–3）。[21] 一方面，这种对称构图的建筑与日本寺庙的布局相呼应，如赖特在 1905 年的旅行中见过的名古屋的东本愿寺（Higashi Honganji Temple）；[22] 另一方面，赖特研究者尼尔・莱文也强调它是一座华丽的宫殿式建筑，就像 1864 年法国建筑师朱利安・加代（Julien Guadet）的获奖作品——在阿尔卑斯山建的一所安宁院一样。[23] 无论如何，严格的对称构图是从侧面表达的，这种对称强调的是从皇宫的方向可以看到不对称的景象。

这个初步设计可以看作是通过中央阶梯式的金字塔屋顶将东西方的象征意象结合在一起。帝国饭店中央屋顶几何图形的精确比例和细节会不断更新迭代，强调其象征意义和多样性的含义。赖特的摄影集中收藏了各种阶梯金字塔式建筑的照片，包括中美洲［墨西哥奇琴伊察的羽蛇神金字塔（El Castillo,Chichen Itza, Mexico）］、印度尼西亚以及日本的金字塔屋顶形式，例如他 1905 年的相册中展示的东本愿寺（名古屋别院）的藏经阁。[24] 帝国饭店带大厅和餐厅的低庭院结构，确实与先前的形式不同。

在 1914 年芝加哥建筑俱乐部年度展览上，赖特设计的帝国饭店首次亮相，强调了他在版画和插花方面对日本美学的诠释（图 4–5）。[25] 酒店周边绿植的渲染图与歌川广重版画中的景观以及赖特为 1908 年芝加哥艺术学院展览设计的陈列架上的插花遥相呼应。建筑俱乐部的展览还展示了同时期米德韦花园的设计模型，该花园在展览结束的一个月后，也就是 1914 年 6 月 27 日正式对外开放。1913 年回到芝加哥后，赖特深化了帝国饭店和米德韦花园的设计方案，并详细阐述了最初的帝国饭店方案，两个方案有相似的基本对称平面和剖面设计。此外，这两个设计都可以被看作赖特在芝加哥和东京之间往返时形成的一种文化交融的设计，他如此回忆米德韦花园："对许多人来说它是埃及式的，对一些人来说它是玛雅式的，而对另一些人来说它很像日式的。但令所有人都奇怪的是，它唤醒了观者对公园的神秘之感和浪漫之感。"[26] 在这一点上，赖特的旅行和工作经历消解了东西方文化之间巨大的差异，让他可以自由地从多种来源中获取信息，并从芝加哥与东京的经历中发现新的含义。

图 4–5　芝加哥建筑俱乐部年度展览上的帝国饭店图纸（右上角），芝加哥艺术学院，1914 年

与帝国饭店所宣称的建设一个象征日本崛起为现代国家的西方酒店相反的是，赖特有意识地"向日本传统脱帽致敬"。他认为，"西方可以向东方学习许多东西，自从我第一次看到日本版画，第一次读老子，我就一直梦想着去那里，而日本是了解伟大东方的窗口"。[27] 赖特在 1914—1916 年间优化设计的帝国饭店（见第 71 页附图 4–4），与他在 1905 年的旅行中所拍摄的日本传统寺庙和佛塔的屋顶及空间构成有着明显的联系。例如，中央礼堂和孔雀厅的位置以及对称的翼式房间分布与日本寺庙的结构十分相似，就如 1905 年旅行相册中的京都知恩院（Chion–in）正殿和屋顶两翼。此外，帝国饭店棱角分明的屋顶，体现了赖特对日本传统的诠释，尤其是酒店的屋顶和电梯顶部。与日本人设计西方建筑的做法形成对比的是，外国建筑师常常有意识地将建筑主体和日本传统相结合，尤其是 1908 年拉尔夫・亚当斯・克拉姆（Ralph Adams Cram）的《东京国会大厦提案》，该

作品同样以寺庙和佛塔的屋顶为构图加冕。[28]

仔细观察，赖特的精彩方案可以被视为设计了一个国际友人与“日本首都的社会生活”直接互动的场所，宏伟的廊道例如“滨海大道”可以为社交和跨文化交流提供空间。赖特注意到，这285间酒店房间“无论在用料、功能，还是造价上，都不足整个酒店的一半”。[29] 他的设计需要一个可容纳1000人的剧院，并配有旋转舞台和顶层舞厅（宴会厅），以及一个可容纳300人的露天歌舞厅，一个宽敞的餐厅和一条91.4 m长、7.3 m宽的大型横向长廊并有足够的座位与相对而言最小的房间相连。这座七层楼高的帝国饭店占地1.6 hm^2，是赖特截至当时接受的最大的委托项目，因此，帝国饭店可以被视为日本首都中心区的一个迷你版城市，是一个城市缩影。

1917年12月，赖特回到东京并停留了5个月，在此期间，帝国饭店的设计得到进一步深化，凸显了东西方之间持续的紧张局势和不确定因素。第一套设计图纸（见第72页附图4–5）的标题为“帝国饭店——由芝加哥建筑师弗兰克·劳埃德·赖特设计”（IMPERIAL HOTEL FRANK LLOYD WRIGHT ARCHITECT CHICAGO），旁边注明日期及地点“4'20'17 TOKYO”，并印有图形标志和签名印章，这让人想起了木版印刷品的签名。虽然正立面中人字形屋顶的日式风格没有以前的方案表达得那么明显，但从某些图纸也可以看出，赖特突出表现了自己所理解的日式元素，例如正门让人想起了侧面宝塔状的日式大门，而其他图纸对日本建筑的借鉴之处没有如此明显。著名的宴会厅也被称为“孔雀厅”（见第72页附图4–6、第73页附图4–7、第74页附图4–8），十字形的平面和圆形穹顶与金字塔形屋顶对立存在，尼尔·莱文认为后者可能是富士山的象征性表达。[30]

事实证明，将赖特的帝国饭店的图纸转化成建筑形式是一项艰巨的任务（见第75页附图4–9、第76页附图4–10）。该酒店施工期预计为一年半，但最终花费了5年时间，时间和预算几乎是最初预测的3倍。[31] 最初的图纸仍然是示意图，没有为日本木匠提供精确的材料规格，并以英尺和英寸而不是日本传统的尺（shaku）和寸（sun）为单位来绘制。赖特说道：“我在塔里埃森做的绝大部分规划都被抛弃了，我亲自去了工地（现场），这样我能够根据现实需要或自己的意愿对设计进行修改。”[32] 在整个设计的施工（图4–6、图4–7）中赖特与工匠们密切合作，他称赞他们既有技巧又有耐心。赖特住在邻近帝国饭店配楼的顶层公寓，这座楼也是由

图4–6　帝国饭店，东京，1913—1923年。室内实景图。摘录于《帝国饭店》，高桥贞太郎主编（东京：洪洋社，1923）

图4–7　帝国饭店，东京，1913—1923年。内饰面料为丝绸和粘胶纤维，48.3 cm × 88.9 cm

他设计的，并在街对面的日比谷公园的施工地点办公，因此很方便与工匠们密切联系。他说："我对最初的设计做了许多修改，使得我现在看到的大部分'建造内容'都是它们本来的样子。"[33]这一变化的设计过程包括酒店中大量的抗震结构的设计，采用的是一个浮动墩柱系统。赖特将其比作"一个侍者用手指托起托盘，使其保持平衡"。[34]

在这个地震易发的国家，赖特曾寻找新材料来代替砖石。赖特没有使用明治时期常用的无筋砖，这种砖的抗震效果不好。他与当地的一个生产商一起发明了"划痕砖"：空心的砖瓦结构，表面看起来像一块砖，其实是钢筋混凝土。[35]然后，他试图用大谷石（火山石）来填实"划痕砖"，并运用到装饰柱、柱帽和基座（见第 76 页附图 4–11）中，为它们增加多孔结构的质感。虽然当时大谷石主要用于日常需求，如用作人行道铺路石和普通建筑的外饰面，但赖特建议在帝国饭店中使用约 1 700 m^3 的这种材料。[36]赖特更提倡使用陶土砌块，这种方形框架结构与酒店的整体形式相呼应。

除了帝国饭店，赖特在日本还承接了各种规模和类型的设计。在设计东京的自由学园明日馆（Jiyu Gakuen School，1921 年）时（见第 77 页附图 4–12），他采用了和帝国饭店一样的对称式庭院结构，但规模较小，适合儿童使用，并使用木框架建造。包括帝国饭店经理林爱作（Aisaku Hayashi）的住宅（1917 年）在内的住宅项目，后续由赖特在日本时密切接触的远藤新（Arata Endo）等建筑师们完成。虽然赖特雄心勃勃地设计了小田原酒店（Odawara Hotel，1917 年；见第 77 页附图 4–13），计划采用悬臂式托盘架起瀑布，但是最终没有完成。不过这个设计的基本概念在后来的项目中实现了，比如他在宾夕法尼亚州米尔润（Mill Run）的杰作流水别墅（1934—1937 年）。在日本，赖特在随后的著名建筑的设计方案中表达了和帝国饭店类似的设计想法，比如在日比谷公园对面的国会议事堂（National Diet Building，1936 年），采用了阶梯式金字塔形式，以及 20 世纪 30 年代所谓的帝冠样式（Imperial Crown Style）设计，其实就是在新古典主义建筑中融合了传统日式屋顶和一排排天窗的形式。

然而，帝国饭店仍然是赖特最伟大的作品，体现了他对日本的浓厚兴趣。不幸的是，在关东大地震中，这座已完工的酒店几乎瞬间就被破坏了；而在第二次世界大战期间，又发生一次火灾爆炸，摧毁了孔雀厅和南翼的大部分建筑。该酒店随后被"盟军占领管理局"接管，对其进行的改造与赖特最初的设想背道而驰，比如将大谷石漆成白色。为了筹备 1940 年东京奥运会，20 世纪 30 年代就开始计划拆除这座酒店以建立一个楼层更高、更现代化的酒店。尽管这届奥运会没有举办，但在 1964 年奥运会的再次推动下，官方计划将其改造为更高的酒店。为了挽救这座酒店，拆除行动开始时受到了限制。但在 1967 年，为了迎接 1970 年大阪世博会（Osaka Expo）带来的更多游客，帝国饭店还是被拆除了，取而代之的是一座新的高层帝国饭店。在拆除之前，帝国饭店已经破败不堪，除了难看的空调外，还对赖特最初的设计做了一些改变。在保护人士的努力下，帝国饭店在露天建筑公园——明治村得到了重建，尽管是在一个与之前环境迥异的乡村环境中。综上所述，与这座标志性建筑相关的书籍、图纸和残余的建筑构件，都阐明了赖特动态变化的设计思想：既融合了东方和西方的文化，又融合了过去和未来。

附图 4–1 和附图 4–2　帝国饭店，东京，1913—1923 年。建筑外表面的局部裁剪视图

附图 4-3　帝国饭店，东京，1913—1923 年。初步方案的透视图，1913—1914 年，用墨水、彩色铅笔和铅笔绘于绘布上，38.7 cm × 88.9 cm

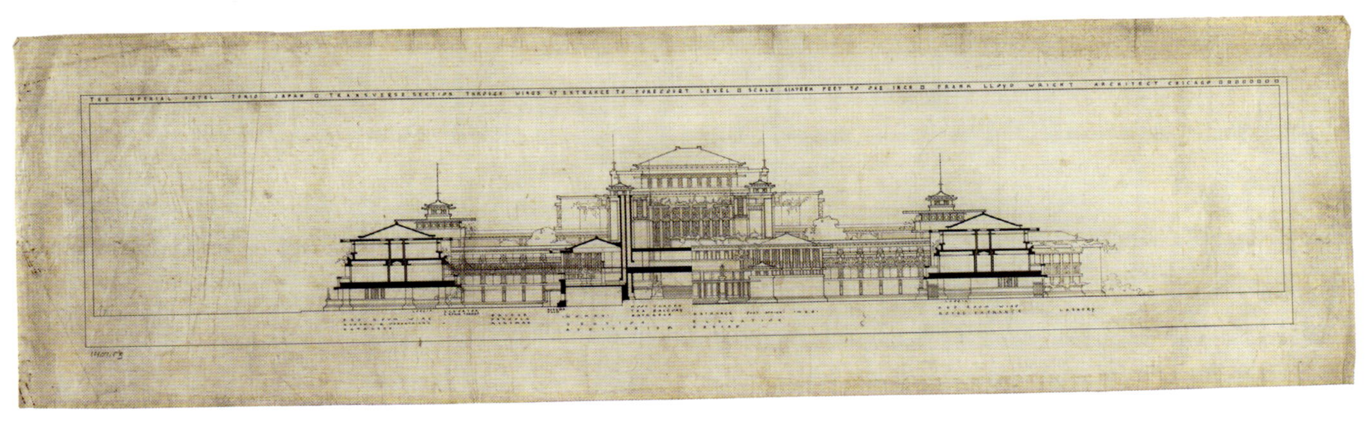

附图 4-4　帝国饭店，东京，1913—1923 年。初步方案中的剖面图（由西向东看），1914—1916 年，用墨水和铅笔绘于绘布上，26 cm × 83.5 cm

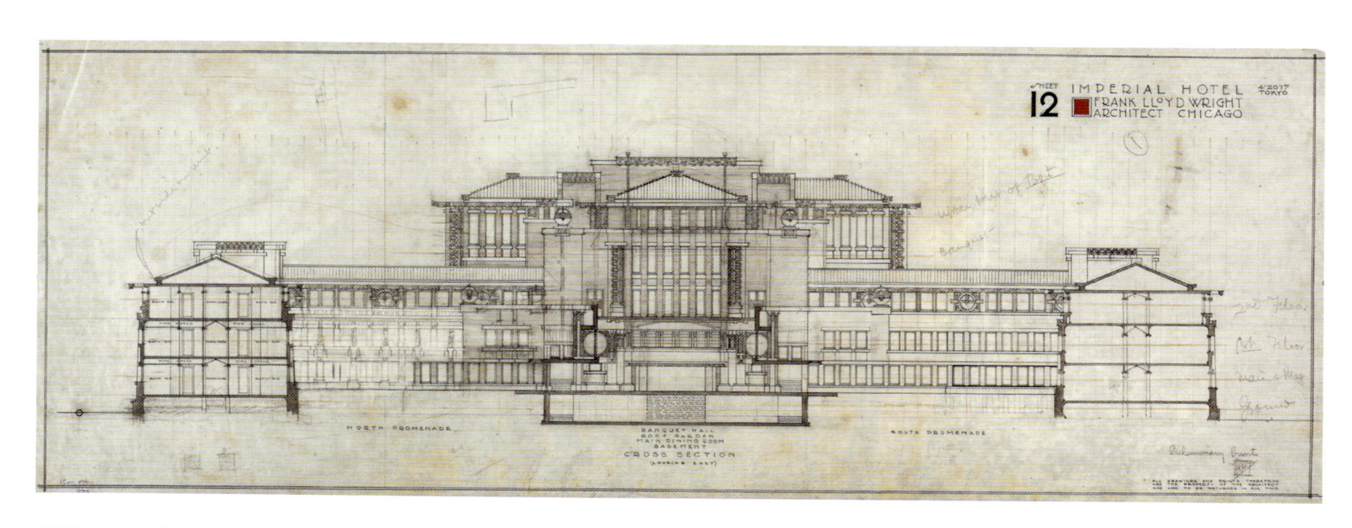

附图 4-5　帝国饭店，东京，1913—1923 年。剖面图（由西向东看），用墨水和铅笔绘于绘布上，38.1 cm × 101.6 cm

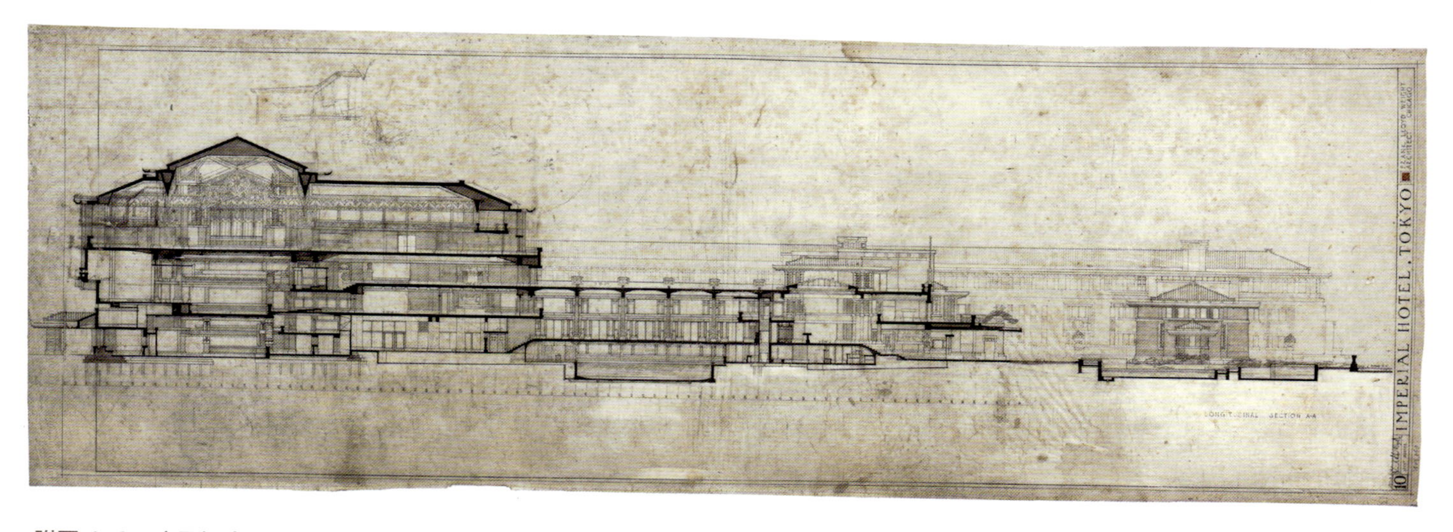

附图 4-6　帝国饭店，东京，1913—1923 年。纵轴剖面图，图中左上部可见孔雀厅，用墨水和铅笔绘于绘布上，51.8 cm × 154 cm

附图 4-7　帝国饭店，东京，1913—1923 年。孔雀厅，摘录于《帝国饭店》，高桥贞太郎主编（东京：洪洋社，1923 年）

附图 4-8　帝国饭店，东京，1913—1923 年。孔雀厅的地毯设计，用铅笔和彩色铅笔绘于描图纸上，115.6 cm × 115.6 cm

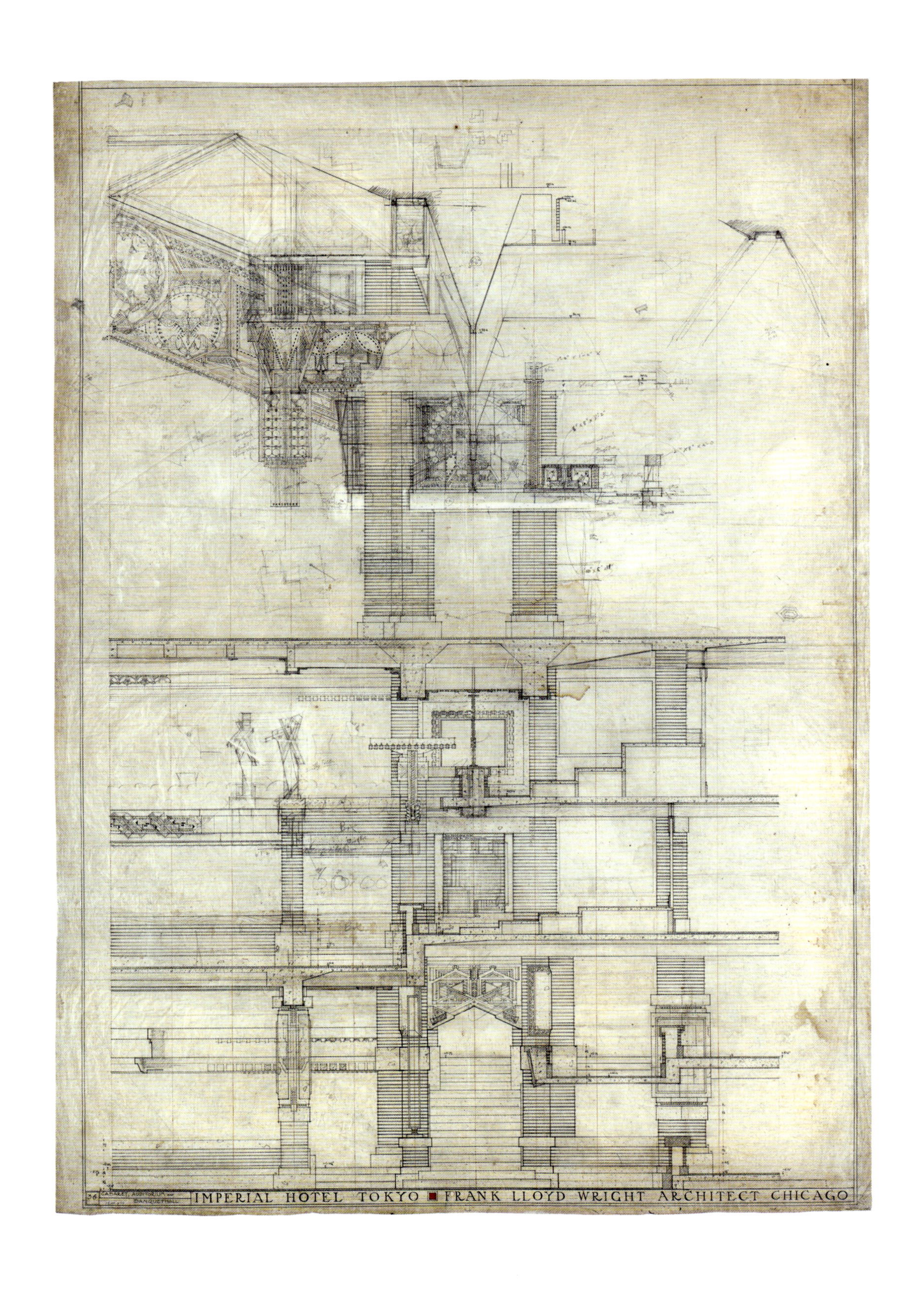

附图 4-9 帝国饭店，东京，1913—1923 年。歌舞厅、礼堂和宴会厅的剖面图，用墨水、铅笔和彩色铅笔绘于绘布上，147.3 cm × 103.5 cm

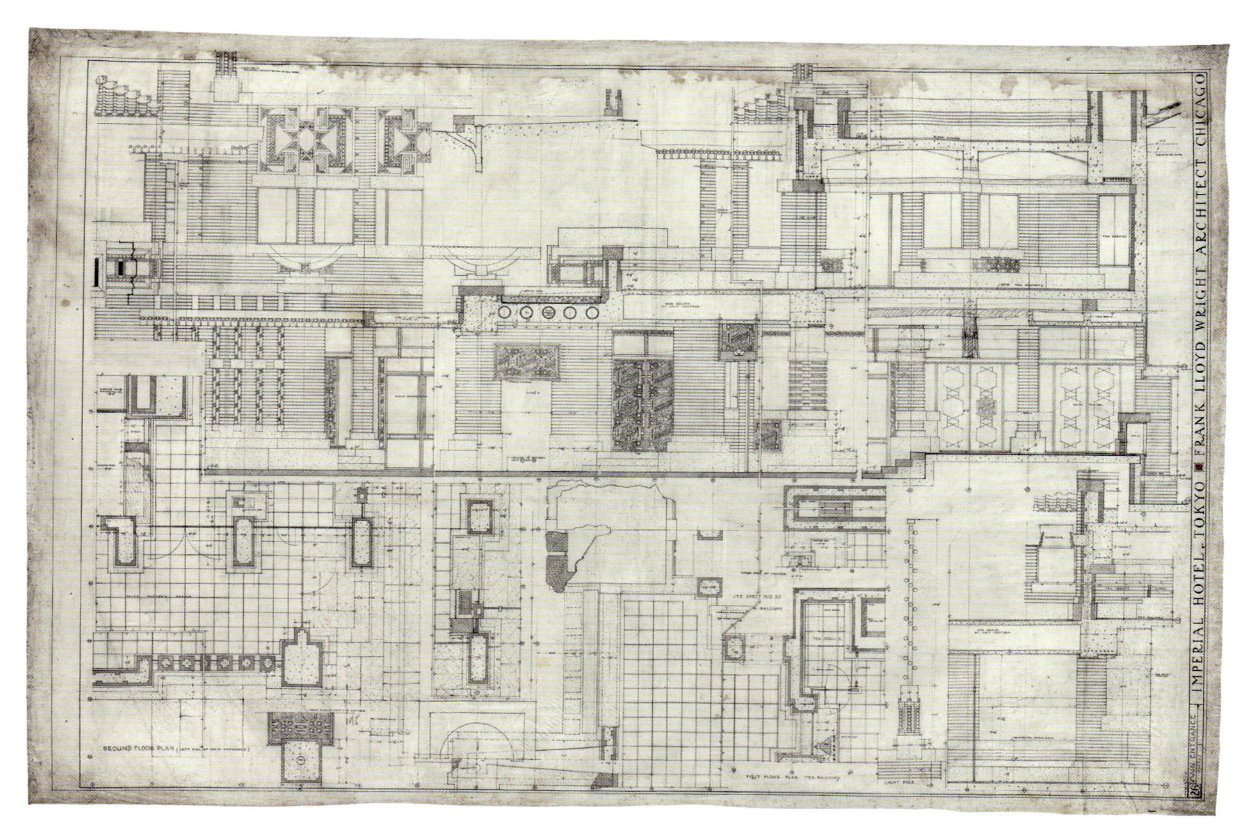

附图 4-10　帝国饭店，东京，1913—1923 年。主入口的平面和剖面详图，用墨水和铅笔绘于绘布上，103.2 cm × 154 cm

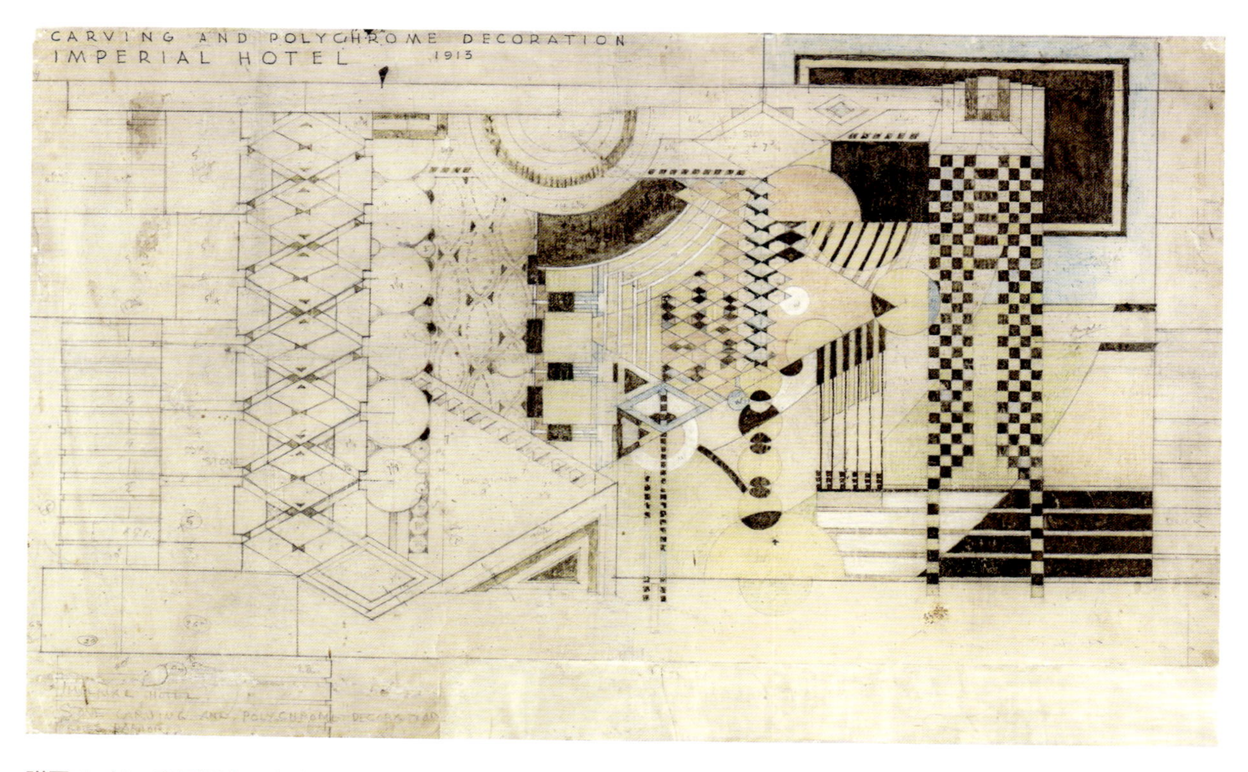

附图 4-11　帝国饭店，东京，1913—1923 年。北会客厅的石雕与彩色装饰物，用金漆、铅笔和彩色铅笔绘于描图纸上，55.6 cm × 91.1 cm

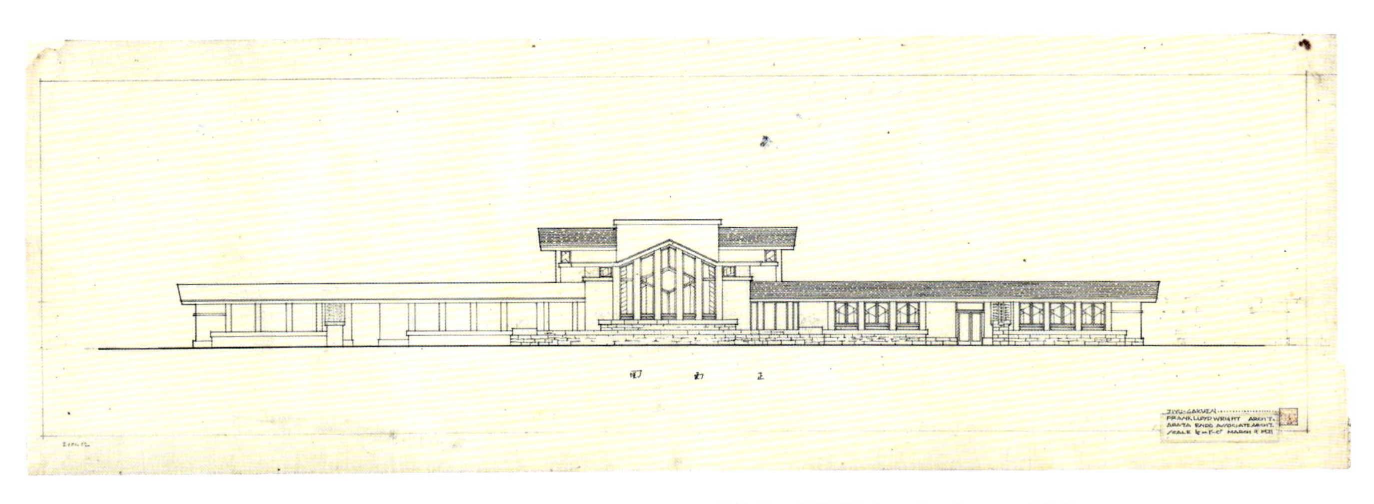

附图 4-12　自由学园明日馆，东京，1921 年。立面图，用墨水绘于描图纸上，27.6 cm × 81.3 cm

附图 4-13　小田原酒店，日本，设计于 1917 年，未建成。透视图，用铅笔和彩色铅笔绘于描图纸上，30.8 cm × 61.9 cm

注释

1 弗兰克 · 劳埃德 · 赖特，《一部自传》，第 193 页。

2 高桥贞太郎，《帝国饭店》（东京：洪洋社 ,1923）。

3 参见《帝国饭店：最初的 100 年》（*The Imperial: The First 100 Years.* Tokyo: Imperial Hotel, 1990），第 130—136 页。

4 出处同注释 3，第 133 页。

5 关于赖特与 1893 年世界博览会的进一步讨论，参见朱莉娅 · 米奇的《弗兰克 · 劳埃德 · 赖特与日本艺术：建筑师的另一种激情》（*Frank Lloyd Wright and the Art of Japan: The Architect's Other Passion*. New York: Japan Society/Harry N. Abrams, 2001），第 30—33 页。

6 出处同注释 5，第 28—47 页；凯文 · 纽特（Kevin Nute），《弗兰克 · 劳埃德 · 赖特和日本》（*Frank Lloyd Wright and Japan*. New York: Van Nostrand,1993），第 9—34 页。

7 参见朱莉娅 · 米奇，《弗兰克 · 劳埃德 · 赖特与日本艺术》，第 35—37 页；威廉 · C. 甘尼特等，《美丽的房子》。

8 参见朱莉娅 · 米奇，《弗兰克 · 劳埃德 · 赖特与日本艺术》，第 37—40 页；梅拉妮 · 比尔克（Melanie Birk）主编的《弗兰克 · 劳埃德 · 赖特的 50 幅日本建筑视图：1905 年的相册》（*Frank Lloyd Wright's Fifty Views of Japan: The 1905 Photo Album*. San Francisco: Pomegranate, 1996）。

9 《星期日晨报聚会谈话录》，亚利桑那州斯科茨代尔市西塔里埃森，1956 年 2 月 5 日。引自朱莉娅 · 米奇，《弗兰克 · 劳埃德 · 赖特与日本艺术》，第 38 页和第 273 页注释 29。

10 朱莉娅 · 米奇，《弗兰克 · 劳埃德 · 赖特与日本艺术》，第 40 页。

11 弗兰克 · 劳埃德 · 赖特，《建筑事业：新帝国饭店》（In the Cause of Architecture:The New Imperial Hotel），载于《西方建筑师》（*Western Architect*）第 32 期（1923 年 4 月），第 42 页。

12 朱莉娅 · 米奇，《弗兰克 · 劳埃德 · 赖特与日本艺术》。

13 弗兰克 · 劳埃德 · 赖特，“歌川广重：弗兰克 · 劳埃德 · 赖特收藏的彩色版画”展览（芝加哥：芝加哥艺术学院，1906 年）。

14 古金在 1911 年上半年就听说了修建一座新帝国饭店的提议。凯瑟琳 · 史密斯（Kathryn Smith），《弗兰克 · 劳埃德 · 赖特与帝国饭店：后记》（Frank Lloyd Wright andthe Imperial Hotel: A Postscript），载于《艺术简报》（*Art Bulletin*），1985 年 6 月 1 日，第 297 页。

15 朱莉娅 · 米奇，《弗兰克 · 劳埃德 · 赖特与日本艺术》，第 55 页。

16 渡边俊雄（Toshio Watanabe），《康德的鹿鸣馆：明治时期日本的建筑与民族代表》（Josiah Conder's Rokumeikan: Architecture and National Representation in Meiji Japan），载于《日本，1868—1945：艺术、建筑与民族认同》（*Japan, 1868-1945: Art,Architecture, and National Identity*）专刊，《艺术期刊》（*Art Journal*）第 55 卷，第 3 期（1996 年秋季刊），第 21—27 页。

17 有关帝国饭店设计历史的完整年表，参见《帝国饭店：最初的 100 年》，以及凯瑟琳 · 史密斯的《弗兰克 · 劳埃德 · 赖特与帝国饭店：后记》，载于《艺术简报》第 67 卷，第 2 期（1985 年 6 月 1 日），第 296—310 页。

18 戴维 · 斯图尔特（David Stewart），《日本现代建筑的形成：1868 年至今》（*The Making of a Modern Japanese Architecture: 1868 to the Present*. Tokyo: Kodansha, 1987），第 43—47 页。

19 赖特接受帝国饭店设计委托的确切日期很难确定。参见明石新道（Shindō Akashi）和村井修（Osamu Murai）的《弗兰克 · 劳埃德 · 赖特：帝国饭店》（*Furanku Roido Raito no Teikoku Hoteru=Frank Lloyd Wright: Imperial Hotel.* Tokyo: Kensetsu Shiryō Kenkyūsha，2004），第 35 页。

20 凯瑟琳 · 史密斯，《弗兰克 · 劳埃德 · 赖特与帝国饭店：后记》，第 298 页。

21 关于赖特的庭院公共空间类型的进一步讨论，参见罗伯特 · 麦卡特（Robert McCarter）的《弗兰克 · 劳埃德 · 赖特，批判生活》（*Frank Lloyd Wright, Critical Lives*. London: Reaktion, 2006），第 136—159 页。

22 梅拉妮 · 比尔克，《弗兰克 · 劳埃德 · 赖特的 50 幅日本建筑视图：1905 年的相册》，第 22—28 页。

23 尼尔 · 莱文，《弗兰克 · 劳埃德 · 赖特的建筑》（*The Architecture of Frank Lloyd Wright*. Princeton, N. J. : Princeton University Press, 1996），第 115 页。

24 梅拉妮 · 比尔克，《弗兰克 · 劳埃德 · 赖特的 50 幅日本建筑视图：1905 年的相册》，第 36 页。

25 参见朱莉娅 · 米奇，《弗兰克 · 劳埃德 · 赖特与日本艺术》，第 106—110 页。罗恩 · 麦克雷（Ron McCrea），《建造塔里埃森：弗兰克 · 劳埃德 · 赖特的爱与失之家》（*Building Taliesin: Frank Lloyd Wright's Home of Love and Loss*. Madison: Wisconsin Historical Society Press, 2012），第 142—145 页、第 194 页。

26 弗兰克 · 劳埃德 · 赖特，《一部自传》，第 214 页。

27 出处同注释 26，第 237 页。

28 关于国会议事堂（克拉姆称之为国会大厦）设计竞赛的进一步讨论，见乔纳森 · 雷诺兹（Jonathan Reynolds）的《日本的国会议事堂》（Japan's Imperial Diet Building），载于《艺术期刊》第 55 卷，第 3 期（1996），第 38—47 页。

29 弗兰克 · 劳埃德 · 赖特，《建筑事业：新帝国饭店》，第 40 页。

30 尼尔 · 莱文，《弗兰克 · 劳埃德 · 赖特的建筑》，第 122—123 页。

31 明石新道、村井修，《弗兰克 · 劳埃德 · 赖特：帝国饭店》，第 34 页。

32 弗兰克 · 劳埃德 · 赖特，《一部自传》，第 247 页。

33 出处同注释 32，第 241 页。

34 有关帝国饭店抗震结构的全面讨论，参见约瑟夫 · 西里（Joseph Siry）的《抗震式建筑：朱利叶斯 · 卡恩公司的特鲁斯康公司和弗兰克 · 劳埃德 · 赖特的帝国饭店》（The Architecture of Earthquake Resistance: Julius Kahn's Truscon Company and Frank Lloyd Wright's Imperial Hotel），载于《建筑史学会会刊》第 67 卷，第 1 期（2008 年 3 月），第 78—105 页。

35 《帝国饭店：最初的 100 年》，第 98 页。

36 出处同注释 35，第 99 页。

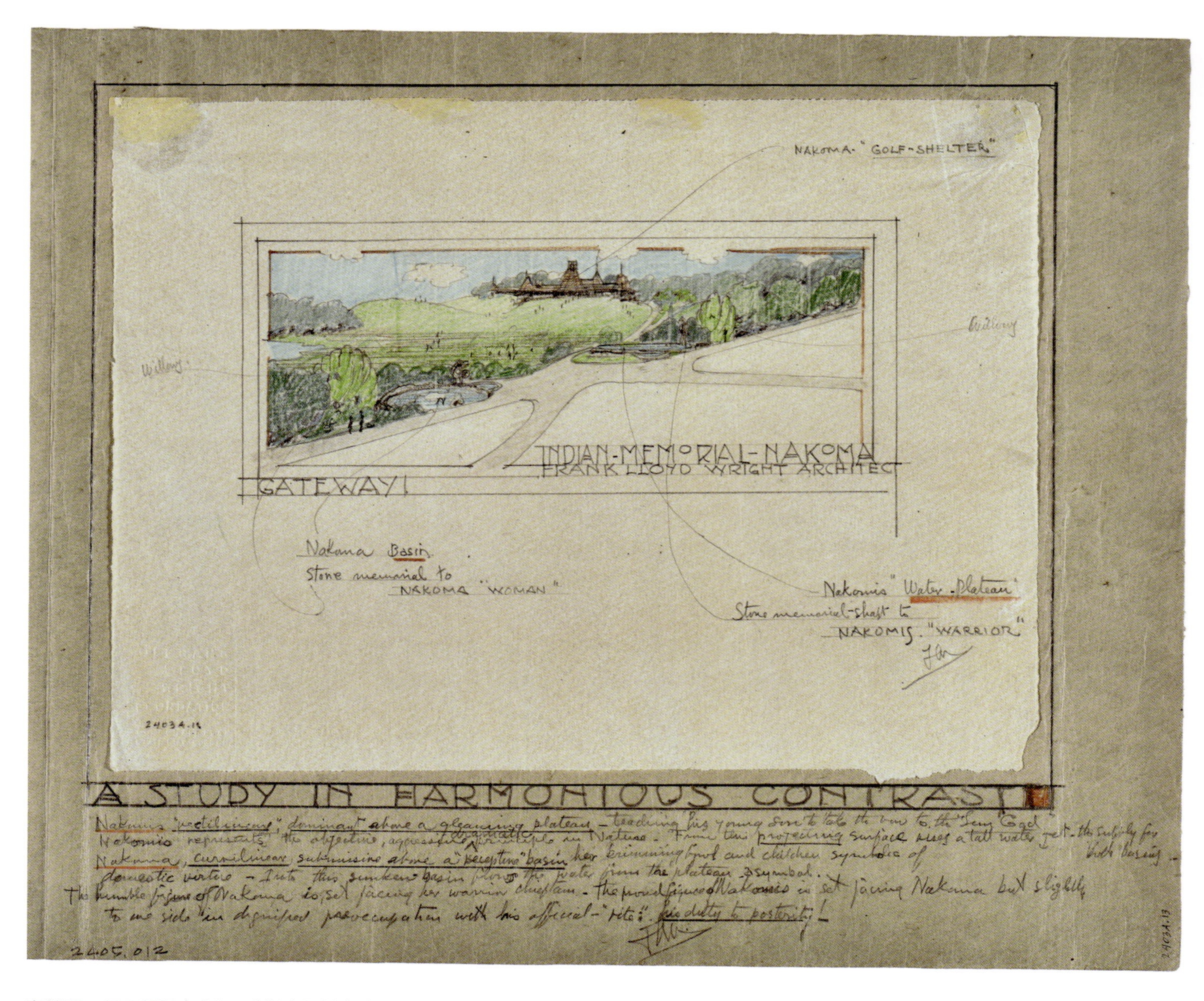

章前图　尼可曼纪念大门，威斯康星州麦迪逊，设计于1924年，未建成。透视图，用铅笔和彩色铅笔绘于描图纸上并装裱在布上，28.9 cm × 34 cm

5
尼可曼乡村俱乐部中印第安风的“重现”

伊丽莎白·S. 霍利

1923年，弗兰克·劳埃德·赖特受托为位于威斯康星州麦迪逊市的一个名为尼可曼乡村俱乐部的高尔夫度假胜地设计俱乐部会所。此后不久，附近郊区的房地产商有意铺设一条通往会所的车道，并且要求赖特为入口设计一组雕塑。初看赖特为这个项目画的草图，能感受到一种浓郁老套的美洲印第安人的建筑风格。[1] 从早期的设计草图中可以看出，赖特最初的设计意向是建造一组远山上矗立着的建筑，这些建筑的造型模仿美洲印第安人的圆锥形帐篷（tipi），上面写着“尼可曼高尔夫之家”。道路两边的水池旁，相对耸立着两座象征尼可曼妇女与勇士的雕像（见章前图）。手稿虽幅面小且简约，但仍然能让人感受到俱乐部成员到达会所的方法：从主路转到俱乐部车道上，穿过雕塑的幽影，沿着绿柳成荫的小路蜿蜒而上，在道路尽头到达度假区。一张更大的会所透视图更加清晰地展示出了圆锥形帐篷结构的细节，潦草的文字是赖特刻意使用美洲印第安人图形的有力证明（见第88页附图5–1）。例如，被胡乱涂鸦的“高帐篷（high tipi）”与建筑群中心的大礼堂有关，而右下方与尖顶帐篷式主体建筑相呼应的配伞野餐桌旁，写着“棚屋（wigwams）”与“圆锥形帐篷（tepee）”等词语。通过交替使用这些建筑术语，赖特使这个项目充满了普遍意义上的印第安风格，而不是参照某个具体的美洲印第安人建筑形式。[2]

1924年《威斯康星州报》一篇关于赖特设计的报道，将这些土著建筑类型混为一谈。文章把他的设计描述为要建造一个“满是美洲印第安棚屋的村庄，每一个棚屋都有圆锥形帐篷那样的结构”。[3] 然而圆锥形帐篷“tipi”的特点是便携轻巧，被北美大平原地区的原住民广泛使用。而棚屋“wigwam”的特点是圆顶结构、耐久性好，为美国东北部与五大湖区的原住民所青睐。[4] 文章接着把赖特的“印第安棚屋村”描述为“建筑设计中明显的美国风格”的典型。将作品中的印第安特征描述为典型的美国式，说明了长期以来美国的非原住民通过表现印第安艺术特质来塑造国家身份。历史学家菲利普·德洛里亚（Philip Deloria）把这个现象描述为“重现印第安”。他指出，美洲印第安人或其中的隐喻首先赋予了年轻的美国以历史感以及脱离欧洲印记的可能性，后来又提供一种美洲真实性的体验，减轻了人们对工业化与现代化的焦虑。[5] 在19世纪末至20世纪初，富裕的英裔美国人开始加入以印第安人为主题的社团，他们用美洲印第安人的商品装饰房屋，并把自己的孩子送到充满印第安气息的夏令营。

赖特的整个设计生涯都在不断汲取美洲印第安人图像与设计的精华，用来抵抗学院派和国际主义风格。学院派的古典主义风格装饰华丽，而之后的国际主义风格褪去了华丽的外衣而不加装饰。他对于美国在19世纪末没能抵抗学院派风格的冲击而扼腕叹息，并批判既非美洲又非现代的四不像式古典形式的复兴。他号召设计出根植于美洲本土并能反映时代精神的建筑。[6] 当国际主义风格在接下来的几十年间风靡全球之时，赖特又公开表明，它与美国建筑的精神相悖，声称“不管流淌在建筑血液之中的现代精神是什么……都应增强各国建筑的独特个性，而不是削弱其本土性特有的魅力”。[7] 赖特不断地把美洲印第安人的图像融入其作品，通过增强本土建筑中印第安特性与美国特性源远流长的关联性来彰显与欧洲建筑传统的剥离。[8] 赖特本人几乎从未局限于特定民族的独特历史与传统；相反，他将美洲印第安人的设计与建筑形式转化为自己的建筑观。各国建筑的独特个性在他泛化的美洲印第安建筑前荡然无存。

赖特本打算利用自温纳贝戈部落十二宗族在麦迪逊定居以来就使用的动物符号来装修尼可曼俱乐部圆锥形帐篷（见第 89 页附图 5-2）的内部空间，这是一个能够增强美洲印第安人印记的独特设计。[9] 相比于温纳贝戈人，圆锥形帐篷与大平原印第安人的联系更为密切，但这种不相符很难在规模庞大的尼可曼社区中体现出来，它早就把印第安的各种主题广泛地应用于非土著的程序与体系中。[10] 当赖特把他的设计递到尼可曼俱乐部成员面前的时候，他们早已把俱乐部所在地称为保留地，戏称俱乐部会所为“棚屋山”，还给每块高尔夫绿地取了形象化的名字，如“头皮冈”（Many Scalps）、“大都市”（Big Smoke），以及“鹰羽”（Eagle feather）。

意识到这样的高尔夫俱乐部将会提高尼可曼地区房地产价格，已经开发了 91 hm^2 市郊住宅区的麦迪逊房地产公司提出，将出资修建配套车行道并邀请赖特来主持设计伫立在道路两旁的两个巨大雕塑：一个是 5.5 m 高的尼可曼勇士，另外一个是 4.9 m 高的尼可曼妇女（见第 90 页附图 5-3，第 91 页附图 5-4、附图 5-5）。[12] 在文章开篇所提到的那张草图中，赖特把雕塑贴上了“研究和谐的对立”的标签，两座雕塑揭示了人们对性别与种族的刻板印象。赖特赋予尼可曼勇士棱角分明、统治欲强的形象，并且提出他是“自然界弱肉强食与变幻莫测规则”的代表；用手捧满钵与抚爱儿童的细节彰显尼可曼妇女温婉典雅、贤良淑德的形象。雕塑中的尼可曼勇士正在教他的儿子拉弓射日，这是一种男子成年仪式，这种场景激发了许多非本土艺术家的想象。

两个孩童陪伴着尼可曼妇女，一个女孩在她的旁边，另一个更小的孩子在她的背上。赖特用二元建筑手法把曾经欧洲白人想要强加于美洲印第安人的刚毅（勇士）与温柔（妇女）发挥得淋漓尽致。尽管美洲印第安人各民族的性别角色定义各不相同，但赖特的作品所映射出的全然是两性各有分工的西方信条。在 19 世纪的意识形态里，男子主外，投身工作与政治；而女子主内，应专心相夫教子。

赖特把他的雕塑设计定义为“印第安人对温纳贝戈宿营地的记忆”。[13] 而雕塑自身揭示了赖特所持的泛化态度，即尼可曼勇士的头饰与大平原地区人们的头饰相仿，而尼可曼妇女所持陶钵则与普韦布洛（Pueblo）族紧密相关。这种意象随着赖特对性别差异的投射进一步区分了刻画的形象：在 20 世纪初，大平原地区的美洲印第安人是野蛮、好战的代名词，是阳刚的表现；而地处西南的普韦布洛人则被看成和平与温顺的化身，是阴柔的表现。[14]

赖特很少承认美洲印第安人对其作品的影响，但是处于世纪之交的芝加哥则实实在在地让赖特接触了时下流行的印第安概念。许多美洲印第安人在 1893 年芝加哥世界博览会上进行表演，当时被称为“展现印第安”，而赖特本人也参观了这届世博会。在美国人类学家弗雷德里克·沃德·帕特南（Frederic Ward Putnam）的带领下，世博会的人种学部在“印第安村”安排了几名美洲印第安人进行展示，并要求他们在展示的过程中，去除现代化在他们身上所留下的所有痕迹。“水牛比尔的狂野西部秀”在世博会会场附近演出，其中所有设施都按那个时代的样式配置，而演出内容也是哗众取宠的娱乐节目而不是所宣称的人类学教育。[15]

赖特同时是“悬崖居民”组织的创始成员，这是一个为艺术家与文学爱好者设立的以印第安为主题的芝加哥俱乐部。[16]该俱乐部于1907年由美国作家哈姆林·加兰创立，而其命名“意欲指向住在西南部以悬崖为居的印第安人”。[17]俱乐部的营房被称为“希瓦”（khiva），所指的是普韦布洛人的礼仪空间，而营房的内部则以美洲印第安人的各式图案来装饰。俱乐部的开幕式包括点火仪式和演奏一首由加兰创作的曲子，这首曲子讲述了用“和平烟斗”向阵亡战士致敬的故事。[18]加兰的小说与纪实作品的主题多反映现代美洲印第安人的反抗斗争。与当时其他的作家与知识分子一样，他把印第安人看成“濒临灭绝的种族”，认为他们被毁灭或者被同化的命运近在咫尺。有了这样共同的观点，加兰与赖特慢慢成为密友，赖特的第一任妻子凯瑟琳甚至宣称加兰是赖特的“知己”之一。[19]

加兰也很有可能把赖特介绍给了雕刻家赫蒙·阿特金斯·麦克尼尔（Hermon Atkins MacNeil），他的作品在赖特早年的一些住宅设计中频繁出现。麦克尼尔在1893年的世博会上接触了美洲印第安文明，从此痴迷于此。他开始用雕塑来述说印第安文明，这使得他的作品一时间广受欢迎。而赖特则为其才华所倾倒，收集了很多他的雕塑作品。赖特在自传中写道：“我早期位于席勒大楼的办公室‘加里克’中，就收藏着麦克尼尔的作品。”[20]而在已经出版的赖特设计的温斯洛住宅（Winslow House，1893—1894年；见第92页附图5-6、附图5-7）的室内照片与赖特的达娜之家（1902—1904年，见第93页附图5-8）的图书馆手稿中，我们都能找到麦克尼尔的作品《伟大精神的原始颂歌》。而麦克尼尔创作这个作品的原型是一个名为“黑管”的苏族人，他是“水牛比尔的狂野西部秀”的一名表演者。为了在世界博览会闭幕后继续工作，黑管同意做麦克尼尔的人体模特，并为雕塑家工作了一年半的时间。[21]因为可选择的职业不多，许多美洲印第安人为了生计，会把自己打扮成符合外界对他们刻板印象的样子。

在1895年的夏天，麦克尼尔与加兰结伴到新墨西哥州与亚利桑那州旅行。他们一同参观了祖尼普韦布洛人的舞蹈与仪式，并深深陶醉于在沃尔皮普韦布洛看到的蛇舞。他们一回到芝加哥，麦克尼尔就根据脑海中的蛇舞创作了雕塑《奔跑的莫基人》（*The Moqui Runner*）。我们能够从赖特位于伊利诺伊州橡树园住宅的一张照片中看到这个雕塑的剪影。[22]

从橡树园住宅主人起居室的照片中，我们能够看到两张刻画美洲印第安人的壁画，那是赖特委托奥兰多·詹尼尼（Orlando Giannini）绘制的。[23]赖特的儿子约翰·劳埃德·赖特（John Lloyd Wright）回忆道：“体形瘦削的意大利人詹尼尼在父亲卧室的墙壁上用极致的色彩绘制出美洲印第安人。其中一面墙上绘制的是全身图，刻画的是一个印第安酋长，他的一只手遮在眼睛上方，凝视着远方无垠的大地。对面墙体则是酋长妻子的壁画，壁画中酋长的妻子手提水壶蓦然站立。”[24]不难想象在多年以后，赖特踱步于麦克尼尔的雕塑与詹尼尼的壁画之间，来寻找设计尼可曼勇士与妇女雕塑的灵感的情景。

赖特也受到了芝加哥工艺美术学会的影响，那是一个由他帮助于1897年在赫尔馆成立的机构。在那几年里，美国成立了多个工艺美术学会，但是芝加哥工艺美术学会对美洲印第安人的工艺美术给予了特别的关注，称赞印第安人的设计通常来源于对自然中几何元素的抽象提取。[25]这样的形象化描述与约翰·罗斯金（John

Ruskin）和欧文·琼斯（Owen Jones）的理论十分契合，他们是对美国工艺美术运动影响深远的英籍前辈，而他们的作品对赖特的影响可谓十分深刻。罗斯金认为，艺术家与建筑师的创作必须源于自然，这样才能揭示最深刻的真理；琼斯则认为，所有的装饰必须以几何结构为基础，每一种形式都是由多重简单的基本单位构成。[26] 正如威廉·克罗农所认为的那样，在赖特所受到的种种影响里面，我们必须考虑到拉尔夫·沃尔多·爱默生所号召的“艺术家应把自然界的原材料转化为更加完美和谐的事物”的观点。此外，欧仁·维奥莱－勒－杜克（Eugène Viollet-le-Duc）所提倡的“建筑师通过细心观察自然界中早已存在的普遍法则来形成自己独特的风格”，同样不可或缺。克罗农还论证了德国教育哲学家弗里德里希·福禄贝尔的“礼物”（gifts）对赖特的早期影响。在赖特很小的时候，他的妈妈就为他购买了这些教育游戏材料。其中就包括用来创建组合模式与结构的几何积木，这让赖特从很小的时候就知道了能用欧几里得几何分析几乎所有的自然形式。[27]

这种受自然启发的几何形式理论与从宣传美洲印第安人作品的文章中发现的语言和图像产生共鸣，而赖特可能对这些遍布《工艺美术》期刊的文章再熟悉不过。据赖特的儿子约翰回忆，他总能从父亲在橡树园的办公室与工作室中发现《美丽家居》（*House Beautiful*）与《手艺人》（*Craftsman*）这样的杂志，而赖特本人的作品也曾在《刷子与铅笔》（*Brush and Pencil*）杂志上出版。[28] 在这本杂志中，E. A. 伯班克（E. A. Burbank）曾经赞扬印第安人的作品无处不体现着遵从自然的精神，“无论是什么图形，印第安人总能够在他们所熟悉的自然对象中找到他们所雕刻的曲线与所使用色彩的原型”。[29] 这一点能够从齐佩瓦族医药包（Chippewa medicine bag）上刻画的几何状植物图案中得到证实（图 5-1）。

这样的设计甚至可与赖特为达娜之家设计的光之壁（light screens）相提并论，光之壁中包含从漆树抽象出来的几何形象（见第 93 页附图 5-9）。《工艺美术》期刊也频繁地为那些受美洲印第安人设计启发，但由非印第安工匠所做的设计作专题介绍，如《三个工匠的帆布枕头》（图 5-2）这类文章。《展示松树设计的枕头》与赖特在 1906 年设计的地毯上的

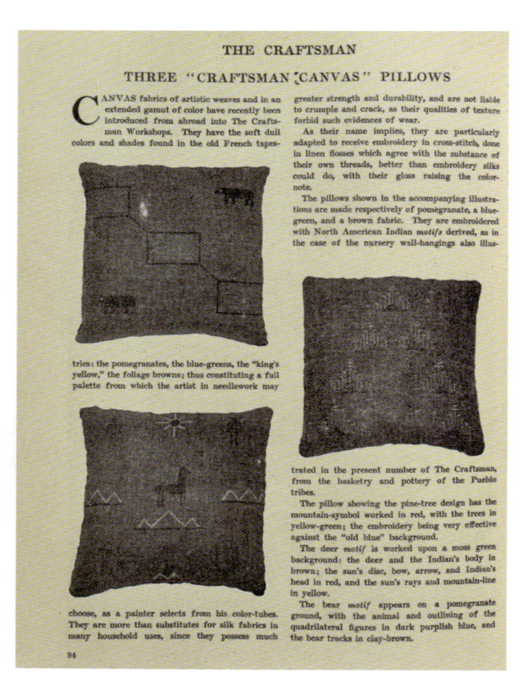

THE CRAFTSMAN

THREE "CRAFTSMAN CANVAS" PILLOWS

CANVAS fabrics of artistic weaves and in an extended gamut of color have recently been introduced from abroad into The Craftsman Workshops. They have the soft dull colors and shades found in the old French tapestries: the pomegranates, the blue-greens, the "king's yellow," the foliage browns; thus constituting a full palette from which the artist in needlework may choose, as a painter selects from his color-tubes. They are more than substitutes for silk fabrics in many household uses, since they possess much greater strength and durability, and are not liable to crumple and crack, as their qualities of texture forbid such evidences of wear.

As their name implies, they are particularly adapted to receive embroidery in cross-stitch, done in linen flosses which agree with the substance of their own threads, better than embroidery silks could do, with their gloss raising the color-note.

The pillows shown in the accompanying illustrations are made respectively of pomegranate, a blue-green, and a brown fabric. They are embroidered with North American Indian *motifs* derived, as in the case of the nursery wall-hangings also illustrated in the present number of The Craftsman, from the basketry and pottery of the Pueblo tribes.

The pillow showing the pine-tree design has the mountain-symbol worked in red, with the trees in yellow-green; the embroidery being very effective against the "old blue" background.

The deer *motif* is worked upon a moss green background: the deer and the Indian's body in brown; the sun's disc, bow, arrow, and Indian's head in red, and the sun's rays and mountain-line in yellow.

The bear *motif* appears on a pomegranate ground, with the animal and outlining of the quadrilateral figures in dark purplish blue, and the bear tracks in clay-brown.

94

图5-1　齐佩瓦族医药包，摘录于 E. A. 伯班克的《对美国生活中的艺术研究Ⅲ：印第安圆锥形帐篷》一文，载于《刷子与铅笔》第 7 卷，第 2 期（1900 年 11 月）

图5-2　《三个工匠的帆布枕头》，载于《手艺人》第 5 卷，第 1 期（1903 年 10 月）。藏于纽约艾弗里图书馆

图案有异曲同工之妙（见第 94 页附图 5–10）。

美洲印第安人产品的广告在《工艺美术》等刊物中占据了很重要的版面。《美丽家居》则刊登“科芬印第安藏品”之类的广告，广告中的房间里摆放着许多美洲印第安产品（图 5–3）。即使在芝加哥等大城市的百货公司也出售同样的商品，但像科芬这种按照商品目录来选择货物进行销售的商家依旧生意兴隆。由于在推广科芬产品的广告中被重点宣传，纳瓦霍（Navajo/Navaho）地毯一度大卖。[30] 从历史照片中能够看出，赖特在装饰自己的私人空间橡树园工作室（见第 94 页附图 5–11）与奥卡蒂拉的沙漠住宅（图 5–4）时都用了纳瓦霍地毯。

1915 年赖特在去圣地亚哥旅行途中参观了巴拿马－加利福尼亚州博览会，在那里他接触到了泛美洲土著文化的理论，这个理论不仅包含美国印第安文化也包含中美洲的民族文化。我们都知道，赖特在博览会上参观了玛雅展览，鉴于他对美洲印第安文化的兴趣，他可能也参观了红土荒地（the Painted Desert）的展览。与 1893 年世界博览会展出的印第安村落一样，这次展览也做了类似的展示，不过这次主要聚焦于西南部的美洲印第安人。在这次博览会上，人类学家埃德加·L. 休伊特（Edgar L. Hewett）被委派展示“人类的进化”这一主题，与 1893 年的大多数人类学家不同，休伊特认为美洲印第安人并不是劣等民族，而是与欧洲古典时代的贵族一样，拥有高贵的血统，见证着美洲辉煌的历史。在概念化美洲古典世界的时候，休伊特试图寻求古代中美洲文明与现代北美洲文明的联系，他主张“不管是平原部落人（plains tribes）、筑丘人（mound–builders）、悬崖居民（cliff–dwellers），还是普韦布洛人、纳瓦霍人、托尔特克人（Toltec）、阿兹特克人（Aztec）、玛雅人（Maya）、印加人（Inca），所有的美洲原住民的文明遗迹都属于印第安人的杰作”。[31]

尽管这样的主张过于简单化，但这个主张解释了赖特之后所做的一些项目中为何出现了某些图像，例如，位于密尔沃基的博克住宅（Bogk House，1916—1917 年）的雕塑门楣上，用水彩、水粉与金色涂料进行了部分渲染，绘制出两个展翅翱翔的形象（见第 95 页附图 5–12）。它们成块的几何形状经常被拿来与玛雅人和阿兹特克人的图形进行比较。[32] 然而，

图 5–3 “科芬印第安藏品”广告，载于《美丽家居》第 15 卷，第 6 期（1904 年 5 月）

图 5–4 奥卡蒂拉（赖特的营地），亚利桑那州菲尼克斯，凤凰城南山（原索尔特河），1929 年。赖特居室的内部

翅膀状的图形也是鹰的象征，它是普韦布洛族的《鹰之舞》中的主角——在这段舞蹈中，两个男人乔装成鹰，不断重复着挥舞翅膀的动作。这种舞蹈是1915年博览会上最受欢迎的仪式舞之一（图5-5），装饰在他们胳膊上一排排整齐的羽毛像极了博克住宅上的翅膀。

之后不到10年，赖特设计了尼可曼勇士与尼可曼妇女这两尊雕像，其中并未发现玛雅文化的踪迹，可能是他在试图固守尼可曼乡村俱乐部中更为狭义的美洲印第安文明的主题。尽管俱乐部会所与雕像没有建成，但赖特所倾心的印第安图形持续不断地出现在赖特的各式作品中。[33] 从他所设计的位于威斯康星州斯普林格林的西塔里埃森学社建筑群（始建于1932—1933年）的效果图中可以发现，在某些学徒宿舍里，一些尼可曼人物小雕像被摆放在架子与床头柜上（见第96页附图5-13）。它们的摆放位置与赖特早期室内设计中麦克尼尔雕刻的印第安人雕像的安放位置极为相似。赖特对印第安元素的运用也不仅仅局限在装饰上。德国建筑师埃里克·门德尔松（Erich Mendelsohn）在1924年去西塔里埃森拜访赖特的时候，被要求穿上树皮鞋、手套等“带有印第安装饰元素的古怪服装”并手持一根棒子和一把战斧。赖特穿的与之大同小异，他们结伴在周围的小山岗上散了一会儿步，门德尔松把它称为“北美印第安人遗弃的地方”。[34]

在赖特所有的作品之中，位于亚利桑那州斯科茨代尔的西塔里埃森，即学社的西部阵地，是学者们最常联想起赖特对美洲印第安人文化感兴趣的地方。[35] 考虑到要在古代霍霍坎人（Hohokam peoples）曾经居住的这片土地上建造房屋，赖特在设计西塔里埃森这个项目总平面图的时候，把这段史前文化的遗迹纳入设计思想中。当发现大量刻有岩画的巨石后，赖特立刻把它们融入自己设计的建筑群中。这些巨石上展现的霍霍坎符号中包括一个双矩形螺旋，赖特巧妙地以深红色色调再现了这个螺旋图像，并把它作为塔里埃森学社的标志。

在赖特的一张手稿中可以看到，他在“西塔里埃森的私人花园中设计了图腾柱”（见第97页附图5-14）。[36] 现在的西塔里埃森没有留存下来的图腾柱，而从档案照片中可以看出，赖特设计的木结构图腾柱建成并保存了相当长

图5-5 该图为红土荒地展览上的《鹰之舞》，加利福尼亚州圣地亚哥，巴拿马－加利福尼亚州博览会，1915年。藏于圣菲的总督府照片档案馆（美国国家卫生与医学博物馆/美国国防部通信局），杰西·努斯鲍姆（Jesse Nusbaum）藏品

一段时间（见第 97 页附图 5-15）。相比霍霍坎人来说，这种本土参照的地理特殊性更小：尽管图腾柱已经成为代表印第安经久不衰的原型，但是它们是由远离亚利桑那沙漠的太平洋西北部的美洲印第安人制作出来的。图腾柱是纪念祖先历史与物质财富的最好方式，而在没有深入了解图腾柱所代表家族的情况下是无从解读它所表达的深层含义的。

图腾柱、圆锥形帐篷与头饰这些元素可见于 20 世纪的很多夏令营活动中。在夏令营活动中，木匠小分队、营火少女团与其他青年组织一道把举行“重现印第安人”的活动当作逃离现代生活，拥抱与美洲印第安相关的生机勃勃的原始生活的一种方式。[37] 西塔里埃森成为赖特的学徒每年冬天为逃离威斯康星州严酷气候而前往的沙漠营地。学徒们第一年往往都会住在仿印第安圆锥形帐篷的帆布帐篷中，之后，他们需要自己搭建住所，就像年轻的露营者都被要求展现出与美洲印第安人相似的自力更生与野外生存的能力一样。赖特所设计的图腾柱与这种修辞相匹配：这个图腾柱是他在季节性居所的建筑语境下设计出来的，这个居所可以短暂地逃离纷繁复杂的现代文明，进而与象征性的原始土著文化相连。

一味追求所参照的美洲印第安文明的外在形式而忽略对文化内在特质的思考，这影响了赖特对建筑其他方面的深层考虑，例如建筑所在地，以及如何将建筑最佳地置于景观之中等。终其职业生涯，赖特从未放弃过阐释印第安人的普遍特质这个概念，他从中获得了设计与装饰风格方面“重现印第安”的灵感。赖特对美洲印第安民族青睐有加，在他们文化的启发下确定了很多设计主题，但这种欣赏却没能延伸到印第安民族独特的历史与传统。并且，他对印第安人图像与设计发自内心的尊重，被他无差别审视美洲印第安文化的态度所削弱。

附图 5-1　尼可曼乡村俱乐部，威斯康星州麦迪逊，设计于 1923—1924 年，未建成。俱乐部会所透视图，用石墨与彩色铅笔绘于描图纸上，33.7 cm × 70.8 cm。藏于华盛顿特区国会图书馆印刷品与照片部

附图 5-2　尼可曼乡村俱乐部，威斯康星州麦迪逊，设计于 1923—1924 年，未建成。俱乐部内部的剖面透视图，用石墨与彩色铅笔绘于玻璃纸上并装裱于木板上，46 cm × 50.8 cm。奥斯特家族信托捐赠

附图 5-3　尼可曼俱乐部入口，威斯康星州麦迪逊，设计于 1924 年，未建成。透视图（上）与立面图（下），用铅笔与彩色铅笔绘于描图纸上，59.7 cm × 76.5 cm

附图 5-4　尼可曼俱乐部入口，威斯康星州麦迪逊，设计于 1924 年，未建成。尼可曼勇士雕像的立面图，平版印刷，53 cm × 79.4 cm

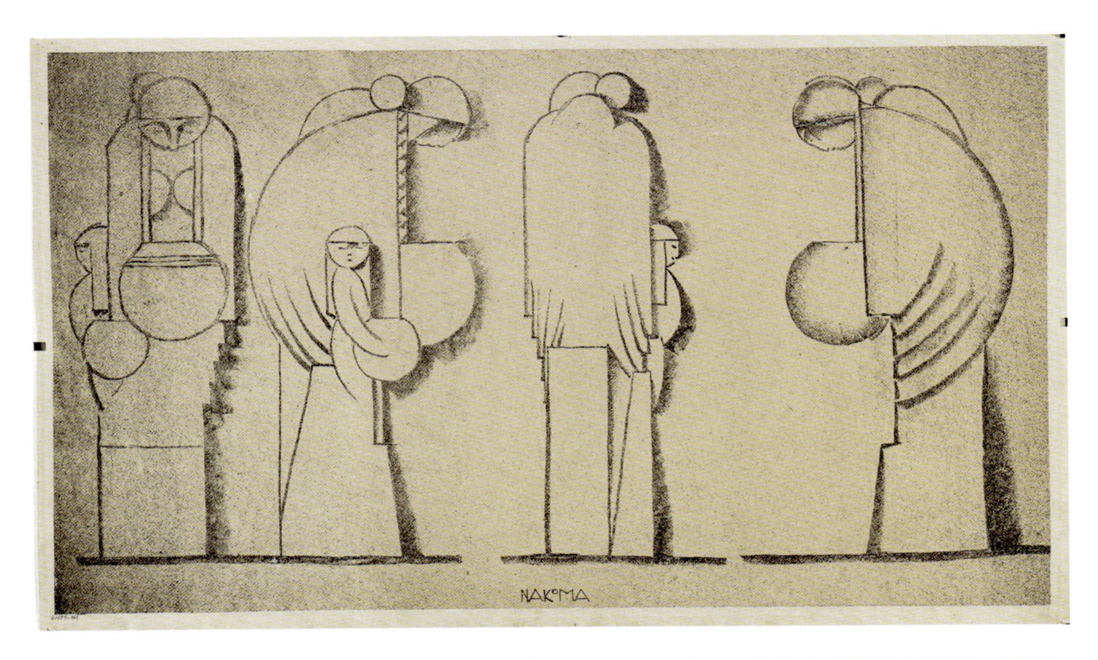

附图 5-5　尼可曼俱乐部入口，威斯康星州麦迪逊，设计于 1924 年，未建成。尼可曼妇女雕像的立面图，平版印刷，44.8 cm × 74.6 cm

附图 5-6　温斯洛住宅，伊利诺伊州里弗福里斯特（River Forest），1893—1894 年。透视图，用水彩和铅笔绘于纸上，30.5 cm×82.9 cm

附图 5-7　温斯洛住宅，伊利诺伊州里弗里斯特，1893—1894 年。赫蒙 · 阿特金斯 · 麦克尼尔的雕塑作品《伟大精神的原始颂歌》，炉边的视角。亨利 · 费曼（Henry Fuermann）拍摄，藏于芝加哥艺术学院赖尔森与伯纳姆（Ryerson and Burnham）档案馆，历史建筑与景观影像部

附图 5-8　达娜之家，伊利诺伊州斯普林菲尔德，1902—1904 年。室内透视图。摘录于《弗兰克 · 劳埃德 · 赖特已完成的项目与设计》（*Ausgefuhrte Bauten und Entwurfe von Frank Lloyd Wright*. Berlin：Ernst Wasmuth,1910），附图 31b，藏于纽约艾弗里图书馆

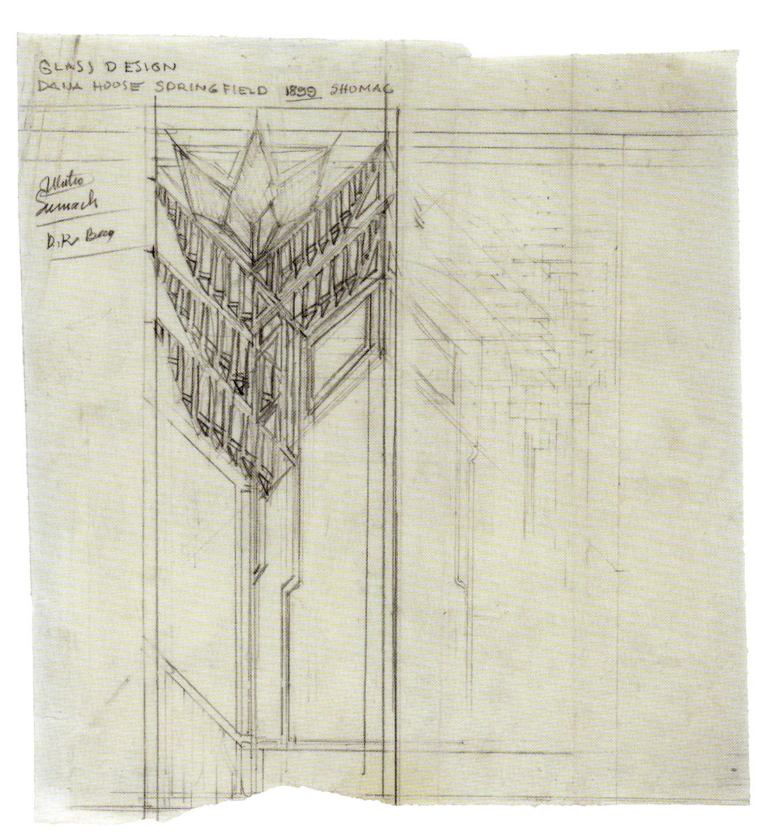

附图 5-9　达娜之家，伊利诺伊州斯普林菲尔德，1902—1904 年。彩色玻璃设计，用铅笔绘于描图纸上，31.4 cm × 27.6 cm

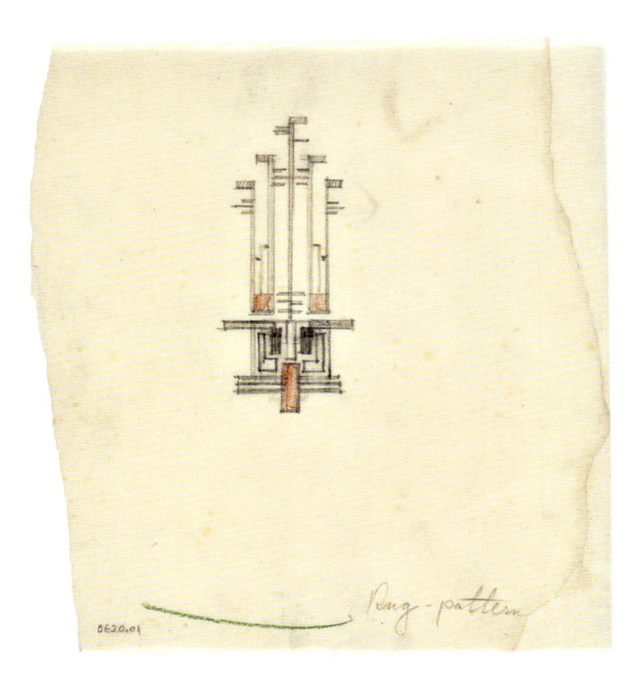

附图 5-10　地毯设计图，1906 年。用铅笔与彩色铅笔绘于描图纸上，27 cm × 29.5 cm

附图 5-11　赖特居室与工作室，伊利诺伊州橡树园，1895—1898 年。装饰有纳瓦霍地毯和长条地毯的工作室内部

附图 5-12　博克住宅，威斯康星州密尔沃基，1916—1917 年。石头门楣详图，用水彩、水粉、金色涂料与石墨绘于纸上并装裱于和纸上，39.4 cm × 61.6 cm。藏于华盛顿特区国会图书馆印刷品与照片部

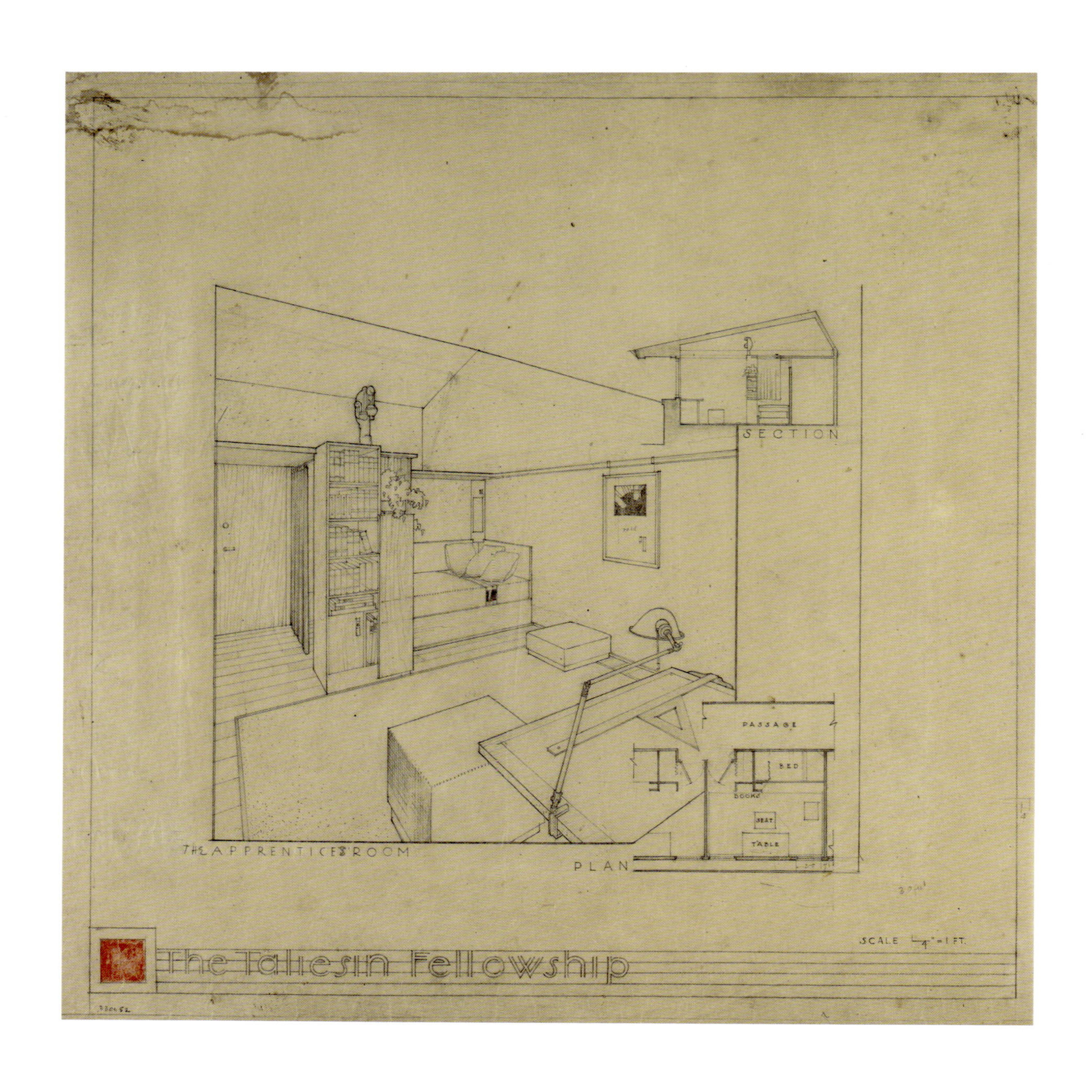

附图 5-13　塔里埃森学社建筑群，威斯康星州斯普林格林，始于 1932—1933 年。某学徒房间的透视图、平面图和剖面图，用铅笔与彩色铅笔绘于描图纸上，57.2 cm×56.8 cm

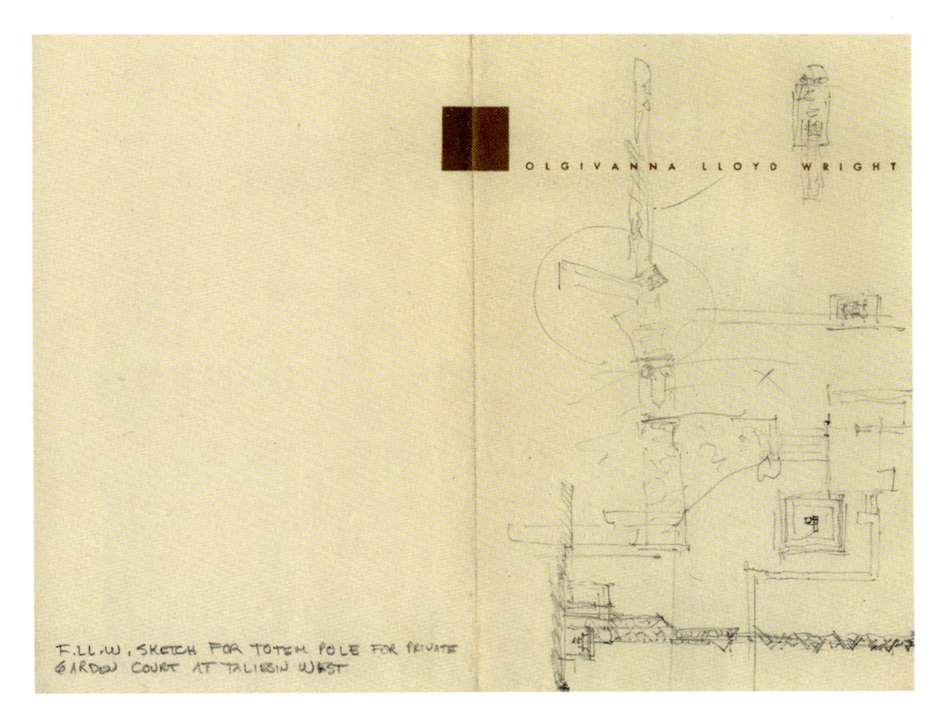

附图 5-14　西塔里埃森，亚利桑那州斯科茨代尔，始于 1938 年。对私人花园庭院中图腾柱的研究，用铅笔绘于绘图本上，21.6 cm × 27.9 cm，藏于威斯康星州麦迪逊威斯康星州历史学会

附图 5-15　西塔里埃森，亚利桑那州斯科茨代尔，始于 1938 年。图腾柱实景图

注释

1 尽管这总是更适合指代特殊的原住民群落，如普韦布洛、纳瓦霍等，但这篇文章中并没能体现文化特殊性，而是传达了弗兰克·劳埃德·赖特提出的广义印第安特性这样的概念，它不仅仅是着眼于某些特定民族的现状。我仔细思忖过两个虽有瑕疵却被广泛接受的术语“美洲原住居民”与“美洲印第安人”，在乔克托族学者戴文·阿伯特·米和苏哈（Devon Abbott Mihesuah）的提示下，我选择用“美洲印第安人”与“原住民”这两个术语。参考了戴文·阿伯特·米和苏哈的作品《你真的想研究美洲印第安人吗？一本针对作家、学生与学者的指南》（*So You Want to Write About American Indians? A Guide for Writers, Students, and Scholars*. Lincoln: University of Nebraska Press, 2005），第 11—12 页。

2 我用了“印第安性”，偶尔使用“印第安”，来指代欧洲白人构建的单一刻板的美洲印第安人身份。关于这个主题的经典文本，参考罗伯特· F. 贝克霍夫（Robert F. Berkhofer）所写的《白人的印第安：从哥伦布发现新大陆至今的美洲印第安人的形象》（*The White Man's Indian: Images of the American Indian from Columbus to the Present*. New York: Knopf, 1978）。

3 《独特的小屋——尼可曼俱乐部的规划设计》，载于《威斯康星州报》，1924 年 8 月 4 日，第 2 页。

4 本特利·斯潘（Bently Spang），《圆锥形帐篷中的模式化形象》（Of Tipis and Stereotypes），载于《圆锥形帐篷：大平原的馈赠》（*Tipi: Heritage of the Great Plains*. Seattle: University of Washington Press, 2011），第 110 页。

5 菲利普·德洛里亚，《重现印第安》（*Playing Indian*. New Haven, Conn. : Yale University Press, 1998）。

6 弗兰克·劳埃德·赖特，《建筑师》，载于《砖石匠》第 9 期（1900 年 6 月），第 124—128 页。

7 弗兰克·劳埃德·赖特，《弗兰克·劳埃德·赖特的演讲》，载于《美丽家居》（1953 年 7 月），第 88 页。

8 参见德洛里亚的《重现印第安》，第 181—191 页。

9 参见《独特的小屋——尼可曼俱乐部的规划设计》；玛丽·简·汉密尔顿（Mary Jane Hamilton），《赖特设计的尼可曼乡村俱乐部：未完成的杰作》（Wright's Nakoma Country Club: An Unrealized Masterpiece），载于《麦迪逊历史周刊》第 7 期（1981—1982 年），第 10 页。

10 玛丽·简·汉密尔顿，《尼可曼乡村俱乐部》，载于《弗兰克·劳埃德·赖特与麦迪逊：80 载的艺术与社会交互》（*Frank Lloyd Wright and Madison: Eight Decades of Artistic and Social Interaction*. Madison, Wis.: Elvehjem Museum of Art, 1990），第 77 页。

11 出处同注释 10。

12 亨利·沃兹沃思·朗费罗（Henry Wadsworth Longfellow）在他的诗歌《海华沙之歌》（*The Song of Hiawatha*, 1855）中提到了“Nakomis”。赖特很可能知道这个出处，尽管在赖特的设计中“Nakomis”是以勇士的形象出现，而在朗费罗的笔下“Nakomis”则是一个老妪形象。

13 档案编号 2405.013，赖特基金会档案馆（现代艺术博物馆和艾弗里图书馆）。

14 伊丽莎白·克罗姆利（Elizabeth Cromley），《阳刚 / 印第安性》（Masculine/Indian），载于《温特图尔作品集》（*Winterthur Portfolio*）第 31 卷，第 4 期（1996 年冬季刊），第 265 页。

15 罗莎琳·R. 拉皮尔（Rosalyn R. LaPier）与戴维·R. M. 贝克（David R. M. Beck），《印第安之城：芝加哥美洲原住民的激进主义，1893—1934》（*City Indian: Native American Activism in Chicago, 1893—1934*. Lincoln: University of Nebraska Press，2015），第 17—33 页。

16 见弗兰克·劳埃德·赖特 1947 年 7 月 12 日致悬崖居民的一封信，芝加哥纽伯里图书馆悬崖居民档案；亨利·勒涅里（Henry Regnery），《悬崖居民：芝加哥文化体制的历史》（*The Cliff Dwellers: The History of a Chicago Cultural Institution*. Chicago: Chicago Historical Bookworks, 1990），第 9 页。

17 勒涅里，《悬崖居民》，第 7 页。

18 勒涅里，《悬崖居民》，第 13 页、第 16—17 页。

19 罗伯特·C. 通布利（Robert C. Twombly），《弗兰克·劳埃德·赖特：他的一生与他的建筑》（*Frank Lloyd Wright: His Life and His Architecture*. New York: John Wiley& Sons, 1979），第 120 页。

20 弗兰克·劳埃德·赖特，《一部自传》，第 147 页。

21 J. 沃克·麦克斯帕登（J. Walker McSpadden），《美国著名雕塑家合集》（*Famous Sculptors of America*. Freeport, N. Y. : Books for LibrariesPress, 1924），第 312 页。

22 档案编号 8901.029，赖特基金会档案馆。

23 档案编号 8901.018 与 8901.033，赖特基金会档案馆。

24 约翰·劳埃德·赖特，《我的父亲到底是一个怎样的人》（*My Father Who Is on Earth*. New York: G. P. Putnam's Sons, 1946），第 34 页。

25 朱迪丝·A. 巴特（Judith A. Barter），《西部之窗：芝加哥与新边疆艺术，1890—1940》（*Window on the West: Chicago and the Art of the New Frontier，1890—1940*. New York: Hudson Hills Press, 2003），第 53—54 页。

26 约翰·罗斯金，《建筑的七盏明灯》（*The Seven Lamps of Architecture*. 2nd ed.，1880; reprint ed.，New York: Dover, 1989），第 105 页；欧文·琼斯，《装饰的语法》（*The Grammar of Ornament*. 1856; reprint ed.，London: B. Quaritch, 1910），第 5 页。

27 威廉·克罗农，《变化无常的统一：弗兰克·劳埃德·赖特的热情》（Inconsistent Unity: The Passion of Frank Lloyd Wright），载于《建筑师弗兰克·劳埃德·赖特》，第 8—31 页。

28 戴维·格布哈特（David Gebhard）与哈丽雅特·冯·布雷顿（Harriette Von Breton），《建筑师弗兰克·劳埃德·赖特：有机建筑展览中的 20 世纪的建筑》（*Lloyd Wright, Architect: 20th Century Architecture in an Organic Exhibition*. Santa Barbara: University of California, Santa Barbara Art Gallery,1971），第 15 页。

29 E. A. 伯班克，《对美国生活中的艺术研究Ⅲ：印第安圆锥形帐篷》，载于《刷子与铅笔》第 7 卷，第 2 期（1900 年 11 月），第 76 页。

30 埃丽卡·玛丽·布苏米克（Erika Marie Bsumek），《印第安制造：集市中的纳瓦霍文化，1868—1940》（*Indian-Made: Navajo Culture in the Marketplace, 1868—1940*. Lawrence: University Press of Kansas, 2008）。

31 埃德加·L. 休伊特，《美洲考古遗产》（America's Archaeological Heritage），载于《艺术和考古学》（*Art and Archaeology*）第 4 卷，第 6 期（1916 年 12 月），第 259 页。

32 迪米特里·采洛斯（Dimitri Tselos），《弗兰克·劳埃德·赖特所受的外来影响》（Exotic Influences in Frank Lloyd Wright），载于《艺术杂志》（*Magazine of Art*）第 47 期（1953 年 4 月），第 167、184 页；安东尼·埃罗弗森，《弗兰克·劳埃德·赖特：遗失的岁月，1910—1922》（*Frank Lloyd Wright: The Lost Years, 1910—1922*. Chicago: The University of Chicago Press, 1993），第 251—252 页。

33 尼可曼俱乐部与雕像都没有建成。但达里埃尔·加纳与佩姬·加纳（Dariel and Peggy Garner）于 1995 年联系了塔里埃森的建筑师们来为北加利福尼亚州一个规划中的高尔夫度假村设计一个俱乐部会所。当他们看到最初的尼可曼俱乐部平面图规划时就要求建筑师们以此为基础来设计整个会所。项目所包括的会所大楼与雕像两部分于 2001 年竣工。参见道格拉斯·M. 斯坦纳（Douglas M. Steiner）的《弗兰克·劳埃德·赖特的尼可曼乡村俱乐部会所大楼与雕塑：一个历史的视角》（*Frank Lloyd Wright's Nakoma Clubhouse and Sculptures: A Historic Perspective*. Edmonds, Wash.: Milbourn, 2013），第 27 页。

34 埃里克·门德尔松（Eric Mendelsohn），《赖特拜访录（1924 年）》［A Visit with Wright （1924）］，载于 H. 艾伦·布鲁克斯（H. Allen Brooks）主编的《关于赖特的文章：弗兰克·劳埃德·赖特评论精选》（*Writings on Wright: Selected Comment on Frank Lloyd Wright*. Cambridge, Mass.: MIT Press, 1981），第 7 页。

35 尼尔·莱文，《弗兰克·劳埃德·赖特的建筑》，第 255—297 页。

36 赖特将西塔里埃森的电影院－剧院称为地下礼堂，呼应了悬崖居民对他们俱乐部会所的描述。

37 阿比盖尔·A. 范·斯吕克（Abigail A. Van Slyck），《人造的不毛之地：夏令营与其对美国青年的塑造，1890—1960》（*A Manufactured Wilderness: Summer Camps and the Shaping of American Youth, 1890－1960*. Minneapolis: University of Minnesota, 2006），第 169—213 页。

章前图　罗森沃尔德学校，汉普顿师范和农业学院，弗吉尼亚州，设计于 1928 年，未建成。
透视图，用铅笔和彩色铅笔绘于描图纸上，32.4 cm × 65.7 cm

6
罗森沃尔德学校：进步教育的课程

梅布尔 · O. 威尔逊

“学校应该是一个快乐的地方——即便对黑人来说也应如此”，弗兰克·劳埃德·赖特在1928年7月给他的朋友兼长期赞助人达尔文·马丁的信中这样写道。[1] 赖特还在这封信中附带了一幅罗森沃尔德学校的效果图。罗森沃尔德学校是一所位于弗吉尼亚海岸的非裔美国学生的实践教学学校。这所学校没能建成，只残存了包括彩色透视图（见章前图）在内的几张图纸。赖特只在1929年发表于《建筑记录》上的一篇文章中提到了这个设计，因此这个项目至今不为人熟知。[2] 尽管文献资料匮乏，但罗森沃尔德学校依旧阐明了赖特的教育理念：培养个人主义，加强民主团结。这个理念将赖特与美国当时主要的社会和教育改革者联系起来，与此同时也推进了他的经济适用性建筑技术的实践进程。他对罗森沃尔德学校的形式、装饰和场地的探索（见第108页附图6-1）揭示了他的有机建筑理论的种族根基，而这些思想推动了英美文化超越赖特所描述的“多彩快乐的黑人精神”。[3]

农村黑人学校建设方案

赖特为汉普顿师范和农业学院设计了实践学校，该学院是由美国传教士协会的白人废奴主义者在美国内战后成立的。学院共分11个年级，提供教学和工业贸易方面的指导。包括詹姆斯·加菲尔德（James Garfield）总统和威廉·塔夫脱（William Taft）总统，以及乔治·福斯特·皮博迪（George Forster Peabody）和科利斯·亨廷顿（Collis Hantington）在内的众多政治家和慈善家都支持该学院的白人管理和教学，以便将先前被奴役的黑人改造为自食其力的劳动者。这所学院以“汉普顿理想”闻名于世，这是一种教育和纪律模式，致力于帮助黑人学生摆脱文盲和贫困状态。为了营造庄重的气氛，在学院里，男孩们必须着军装，而女孩们则必须遵守严格的着装规定。学院的口号是训练学生的“头脑、心脏和双手”，陆续培养出了农民、家政工人、砖瓦工以及教师。[4] 汉普顿的“种族提升”任务假定社会平等是非裔美国人必须努力才可能实现的事情，这也从侧面印证了黑人的确处于被歧视和被隔离的境况。

1881年，在赖特设计罗森沃尔德学校的近50年前，汉普顿最杰出的毕业生布克·T.华盛顿（Booker T. Washington）当时已经是塔斯基吉（Tuskegee）有色人种师范学院的校长。这个学院是亚拉巴马州农村地区的一个黑人教师培训学校，安德鲁·卡内基（Andrew Carnegie）和约翰·D.洛克菲勒（John D. Rockefeller）是该学院的赞助人。塔斯基吉缺乏教学设施，华盛顿让学生们在校园内自己建设：“让他们建造自己的教学楼……不但学校可以从他们的劳动中受益，而且学生还学到了不仅要看到劳动的作用，还要看到美和尊严。”[5] 努力工作和自食其力体现了塔斯基吉的信条，这为一些非裔美国人所诟病，批评这个学院办学理念迎合那些想要让黑人始终处于社会底层的白人种族主义者。

在亚拉巴马州的黑带区（Black Belt）——一个因黑色肥沃的土地和大量聚集的贫穷黑人佃农而命名的地区，华盛顿启动了一个帮助黑人社区建立学校的项目，希望可以复制塔斯基吉学院（“塔斯基吉有色人种师范学院”的简称）

的成功。因为种族隔离制度，学校按种族分别设立，许多黑人学生在拥挤的单间棚屋上学。华盛顿找到了他的受托人——芝加哥的犹太籍慈善家朱利叶斯·罗森沃尔德，希望他能捐赠一些资金，并且华盛顿请求当地的黑人社区筹集另一半资金（图 6–1）。罗森沃尔德是西尔斯·罗巴克公司（Sears, Roebuck & Co.）邮购业务的总裁，他欣然同意并建议将西尔斯的预制方法用于建造系列建筑。尽管时间和材料有限，同时受制于华盛顿“自助”理念而禁止实行标准化的要求，塔斯基吉附近的黑人社区在 1913—1914 年间建立了 6 所单一教师学校。看到这样的成果，华盛顿备受鼓舞，扩大了这个计划。罗森沃尔德的慈善机构将捐出三分之一的资金，黑人社区将募集三分之一的资金，白人教育委员会将分担其余的资金。[6] 美国黑人不得不为建设他们的学校支付部分费用，这一事实清楚地表明国家教育资源的分配不均等。

在 1915 年 2 月，罗森沃尔德终于见证了投资的落地结果。他带着一群芝加哥社会进步人士参观了学校，他们致力于改善这个城市不断增多的黑人和移民的生活。罗森沃尔德的客人之中有社会改革家简·亚当斯（Jane Addams），她创建了帮扶芝加哥穷人的社会服务所——赫尔馆（Hull House）。同行的还有一神论牧师詹金·劳埃德·琼斯，他是芝加哥南区一神论教会的创始人。[7]

劳埃德·琼斯是芝加哥第一批欢迎黑人教徒的牧师之一，他支持年轻的华盛顿，并赞扬他意图改善黑人教育以及种族关系的策略。不仅如此，他还是赖特的舅舅，赖特在芝加哥居住时，经常参加教会的讲座。劳埃德·琼斯因为欢迎黑人教徒而与一神论领导层断绝关系，然后组建了亚伯拉罕·林肯中心（Abraham Lincoln Center, 1898—1905 年），向所有阶级和种族开放。而教派联合的安置房兼办公大楼就是赖特的首批项目之一。[8] 该中心提供广泛的社会服务，而罗森沃尔德正是其董事会成员。这个礼堂是赖特宏伟的杰作：有 900 个座位，以及无支撑的大跨度内部空间，与他的联合教堂（1905—1908 年，见第 109 页附图 6–2）类似。眼前的这一切展现了劳埃德·琼斯脑海中对心灵庇护地的圣洁愿景。这个神圣之地不但给予个人鼓舞，也加强了集体的力量。[9] 这些创新最终影响了赖特在汉普顿对罗森沃尔德学校的设计。

图 6–1　朱利叶斯·罗森沃尔德（左）和布克·华盛顿（右）在亚拉巴马州的塔斯基吉学院，1915 年 2 月 22 日。照片，藏于芝加哥大学图书馆特色馆藏研究中心

赖特的罗森沃尔德学校设计方案

为了给学校建设项目提供动力，塔斯基吉出版了《黑人乡村学校与社区的关系》（1915 年）一书，该书包含从单一教师学校到十教师学校的不同学校设计。这本书展示了殖民风格与工艺美术风格的学校的平面图和透视图，其中一些图片是由美国第一个有执照的黑人建筑师罗伯特·R. 泰勒（Robert R. Taylor）绘制的。[10] 这本书阐述了如何在每一所学校周围布置景观，以及如何建造私人房屋和教师住宅。木结构建筑用基本木工技术建造则更为经济。[11] 接受罗森沃尔德基金的黑人社区在建立当地学校时遵循了这些计划和标准。虽然华盛顿于 1915 年 11 月去世，但该项目在塔斯基吉仍然延续了四年多。

考虑到该项目的管理，1919 年罗森沃尔德决定将其从塔斯基吉学院转移到位于田纳西州纳什维尔的朱利叶斯·罗森沃尔德基金会，让白人员工来管理黑人员工。白人教育改革家弗莱彻·德雷斯勒（Fletcher Dressler）改变了原有的学校模式来迎合新的建筑标准和卫生标准。例如，德雷斯勒提议，教室要按东西朝向建造以防止黑板眩光造成眼睛疲劳。[12] 1921 年，罗森沃尔德基金会发行了“社区学校计划”的小册子，其中包括了由德雷斯勒及其同事们开发的新模式计划，这个新模式计划与塔斯基吉原型一样，都有殖民复兴风格的外部特征（图 6-2、图 6-3）。到 1928 年，该基金会获得了更多财政补贴，并制定了一组新计划来修建更多永久性的砖混结构学校。为了获得罗森沃尔德基金会的支持，汉普顿学院提议，实践学校将遵循“砖结构十教师学校”的学校和教室的设计标准，这个计划被命名为“10A”计划（见第 110 页附图 6-3、附图 6-4）。[13]

图 6-2　学徒在得克萨斯州格雷格县的罗森沃尔德学校安装窗框的情景。杰克逊·戴维斯（Jackson Davis）拍摄于 1921 年 3 月，藏于弗吉尼亚大学阿尔伯特·斯莫尔和雪莉·斯莫尔（Albert and Shirley Small）特色馆藏图书馆

图 6-3　罗森沃尔德实践学校，佛罗里达州农业和机械学院，佛罗里达州塔拉哈西。杰克逊·戴维斯拍摄于 1923 年 4 月 7 日，藏于弗吉尼亚大学阿尔伯特·斯莫尔和雪莉·斯莫尔特色馆藏图书馆

1928年12月，达尔文·马丁（赖特曾在纽约布法罗为其建立一所草原风格住宅），致信汉普顿学院的校长詹姆斯·E.格雷格（James E. Gregg），询问了一项用汉普顿校园一所新建的实践学校大楼（该学校由罗森沃尔德基金会部分资助）替代位于弗吉尼亚州福玻斯的老旧木架构的惠蒂尔学校的政府计划。[14] 马丁曾为塔斯基吉学院的教育计划提供专业支持，并以个人名义向汉普顿学院捐款。[15] 看到赖特遭遇了一连串生活变故且财务状况几近崩溃，马丁热心地寻找新项目来帮助赖特重启事业。马丁写信给格雷格，表示如果赖特可以成为这个项目的设计师，他会给这个新学校捐款。[16] 对赖特有利的是，马丁在工作中与朱利叶斯·罗森沃尔德熟识，二人在第一次世界大战期间同为从事采购工作的专业人士。[17] 如果罗森沃尔德进行个人捐赠，马丁推测，这将会提高此项目聘请赖特来设计的概率。[18] 但罗森沃尔德不会直接参与其中，对于建筑师的选择将由汉普顿管理层与罗森沃尔德基金会的领导协商决定。格雷格是新英格兰公理会的牧师，他很重视汉普顿学院提倡的节俭和严明的纪律。他决定接受马丁的提议，但前提是这能为学校建设筹集更多资金，并且赖特的设计要能够强化罗森沃尔德十教师学校的原始计划。

罗森沃尔德基金会努力在美国全国范围内高效地建设起低成本学校，到1928年7月已经建立了超过4 300所学校（图6–4），这激发了赖特为普通美国民众做设计的兴趣。马丁在汉普顿建立这个罗森沃尔德学校的目标之一是为那些计划建造类似的低成本砖石结构学校的人提供一个模型参考。[19] 这种做法与赖特的想法不谋而合：在他的整个职业生涯中，他一直在尝试一些与现代生产技术相适应的手工方法。比如他一直进行的一项研究：在工地现场砌筑的“编织块（textile block）”，可以堆砌出类似于挂毯样式的墙壁图案。因为马丁似乎认为赖特会说服汉普顿的管理部门在新学校中使用“编织块”作为建筑材料。[20] 于是在当时那个复杂的资金链和机构问责制度下，汉普顿的管理部门要求赖特在7月中旬前提交一份新的学校设计方案。[21]

这个设计方案仅存的详细图纸是一份画在描图纸上的模糊草图（见第111页附图6–5），这份图纸揭示了赖特的设计严格遵循了“10A”模型学校的平面图形式（见第110页附图6–4）。但最终的设计竟然将这所学校从一个朴素的殖民式样农舍改造成了一个华美如水晶般的校舍，

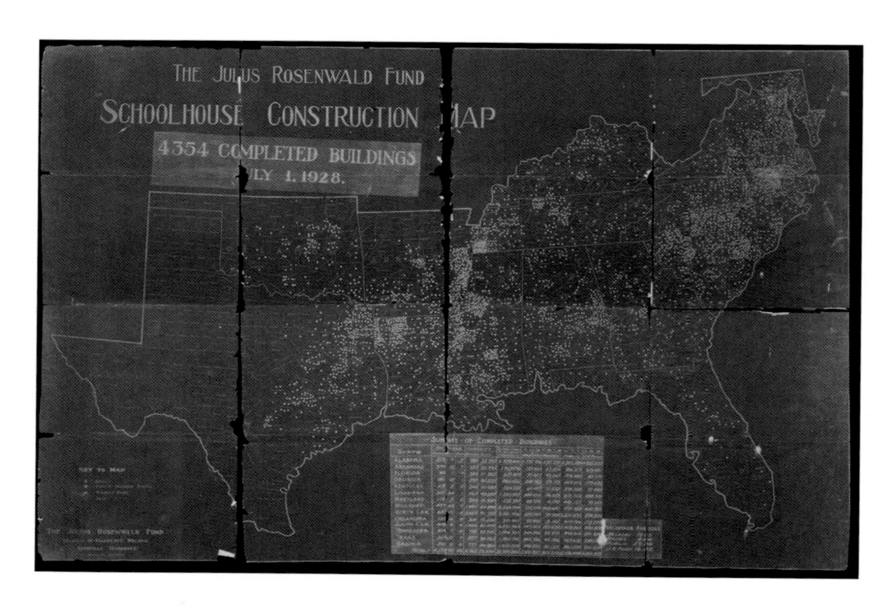

图6–4　朱利叶斯·罗森沃尔德基金会的4 354座竣工项目的建筑地图，1928年7月1日。蓝图，82.6 cm × 124.5 cm。藏于北卡罗来纳州档案馆

拥有鹅卵石铺装的墙壁和悬挑的屋顶，同时保留了学校组织结构的精髓（见第 100 页章前图和第 108 页附图 6–1）。整个建筑结构位于板式混凝土地基上，这是一种节省成本的方法，可以允许对计划进行修改。[22] 如模型平面所示，学校前面是行政管理职能部门和图书馆办公室。6 间教室和 4 间背诵室被分散在两翼中。在南北向立面设置出入口，两翼建筑将按照提议采用东西向采光，但是赖特没有采纳提议的高框格窗，而是在距离地面 1.8 m 的位置安设了一排三角形的老虎窗，这让坡屋顶延伸出去，降低了东西墙的高度，从而降低了成本。在教室内，倾斜的天花板将日光反射到课桌上，对于建筑师来说这不仅是“为了达到降低学校建设费用的目的，还是为了达到方便使用者工作的目的而进行的设计”。[23] 学校的立面图同样展示了赖特是如何将每 4 扇窗户拼成一个大菱形，让学生们得以观赏校园周围的景色的。

在最终的建筑外墙设计中，赖特既没有用罗森沃尔德“10A”计划规定的砖块，也没有用“编织块”，而是提议在混凝土上面使用鹅卵石作为建筑外墙材料。这项技术借鉴于一名受过美术训练的纽约建筑师——欧内斯特·弗拉格（Ernest Flagg）。[24] 和赖特一样，弗拉格也对廉价的、不需要大量劳动力的建筑方法感兴趣。弗拉格开发了一种名为“马赛克碎石”的建筑技术，将模子材料和脚手架的使用减少到最低。赖特发现这种方法既高效又实惠。[25] 除了节约成本之外，赖特使用石材制造的美学效果也同样令人惊叹，它和低矮的屋檐一样，让学校建筑群完美地融入平坦的滨水景观之中。

进步教育的游戏与政治

赖赖特保留了原罗森沃尔德“10A”计划的大部分内容，同时用了一种绝妙的设计手法改变了整个方案的特性，他将改名为“小剧院”的礼堂从建筑的前面换到了后面（见第 111 页附图 6–5）。为了鼓励使用者进行游戏和锻炼，礼堂的新位置周围建了一个带游泳池的天井。这些新的设施增加了成本，但赖特认为“它是值得的——体育本就应该在‘教育’中占有 3/5 的比重”。[26]

赖特从他的家庭教育和几个早期的项目中学到，良好的教育是在一个平等、繁荣的环境中培养人们的身心。例如，赖特的母亲安娜·劳埃德·赖特（Anna Lloyd Wright）在家中采用德国教师弗里德里希·福禄贝尔的教育法教育孩子。福禄贝尔是幼儿园的发明者，他提倡游戏和其他形式的娱乐活动，主张给孩子们提供工具，或者用他的话叫“礼物”——由基础的颜色、形式和图案构成的物体——来帮助孩子学习基础的力学与几何。这段教育经历为赖特诠释脱胎于自然的线条、色彩和形式的有机建筑打下了基础。

20 世纪初，进步的教育改革家们正在建立实验学校，并通过公开讲座和出版物来普及他们的思想。在《明日之学校》（*Schools of Tomorrow*，1915 年）一书中，实用主义哲学家约翰·杜威（John Dewey）和他的女儿伊芙琳·杜威（Evelyn Dewey）称赞福禄贝尔是教育改革的关键人物，“他强调表演、戏剧、歌曲和故事”。[27] 在杜威父女的研究中有一个进步教育的模型，那是一张摄于伊利诺伊州里弗赛德一所小木屋学校的照片，学生们穿着古希腊长袍在赖特的孔利住宅前合影（1906—1909 年）。赖特的客户奎恩·孔利，曾是芝加哥移民家庭的社会工作者，也是早期儿童教育的重要倡导者，她的丈夫艾弗里·孔利曾委托赖特建造孔利剧场（1912 年），剧场里有礼堂和舞台，可以进行音乐表演和戏剧表演。在主礼堂的天窗周围，赖特设计了带有图案的彩色玻璃窗，展示了一列原色的圆圈和长方形，激发了孩子们的想象力。

1923 年，赖特为艾琳·巴恩斯达尔的艺术大院设计了一个社区剧院，名为“小熊星座”（the Little Dipper，见第 112 页附图 6–6），该剧院位于蜀葵之家（1918—1921 年）的周围。巴恩斯达尔对达尔克罗兹体态律动学（Dalcroze

Eurythmics）和一种名为“小剧场运动”的艺术实验活动非常着迷，她希望在教育课程中将有组织的节奏运动与戏剧表演结合在一起，并且为此聘请了赖特为女儿和朋友们设计建造了这个剧场学校。透视图体现出剧场大量交错的菱形图案，它们覆盖在从山坡上隆起的“编织块”上。赖特的设计将戏剧和舞蹈表演、学习、游泳、游戏编排进一个充满想象力的教育体验中。

赖特还寻求公共项目来验证他对教育的看法。像简・亚当斯这样的改革家就迫使市政府在城市公园和学校操场上修建了游乐场、游泳池、运动场、体育馆，并配套修建了更衣室等公用设施。1926 年，赖特在为伊利诺伊州橡树园举办的设计竞赛中设计了 4 个场馆并命名为“儿童交响乐”（见第 113 页附图 6–7、附图 6–8 和第 114 页附图 6–9、附图 6–10）。尽管每个场馆都有相同的游乐室和浅水游泳池的设计（见第 115 页附图 6–11），但赖特通过彩色的人字形屋顶、窗户和糖果条纹柱子构建了具有不同外部特色的场馆。在透视图中，他以酷似气球的原色球体点缀场馆，从而创造出一个如梦如幻的游戏乐园。

赖特从早期的项目中探索出的教育理念影响了他对罗森沃尔德学校“10A”模型的改造。他在学校设计中为天井和游泳池设计了庭院区域，发展了儿童教育中非常重要的体育文化。在新增加的建筑后翼中，他在小剧院的顶部设计了两层双人字形屋顶、菱形老虎窗以及彩色屋檐。三开门入口迎接参观者进入大礼堂，礼堂内可进行团体活动、公共集会或表演。像亚伯拉罕・林肯中心的教堂一样，剧场大厅里组织的活动将加强学校内部以及汉普顿的学生与当地居民之间的社会联系。

赖特不喜欢罗森沃尔德学校“单调”的外观设计，并认为其新英格兰美学是“‘极度’胆怯和贫乏”的。[28] 因此，赖特将鹅卵石、混凝土、条状石板以及染上鲜艳色彩的柏木板作为建筑材料，使其与弗吉尼亚州沿海平原融为一体，创造性地将建筑、景观、学习和体育健身融入新的罗森沃尔德学校的设计中，使建筑成为“教育的一个因素”。[29] 他的作品基于有机建筑的原则，将形式、材料、装饰和场地融入文化和种族特征的表达中。正如赖特在一张给建筑师阿尔伯特・卡恩（Albert Kahn）的透视图复印件上所指出的那样，这是“一种尝试，让校舍在色彩和形式上能让人感受到温暖，比起新英格兰的旧式校舍更加贴近黑人的内心”。[30] 通过色彩鲜艳的装饰、V 字形花纹的条状石板和几何形状的屋顶结构，赖特相信自己已经抓住了黑人的灵魂。他写信给马丁说：“非裔美国人不应该被我们乏味单调的色彩标准所束缚。让他们快乐地生活，就像他们在这栋楼里的生活一样。为什么不让他们用内心的快乐引导自己，不让他们拥有让自己的生活变得丰富多彩的能力呢？”[31] 赖特的有机情感创造了一个真实的“多彩活泼的建筑”，于是“黑人拥有了属于他们的东西，即他们活泼灵动的内部色彩与魅力的外化”。[32] 赖特相信他在这所现代学校的设计中已经抓住了非裔美国人文化的精髓，然而对种族差异的陈规旧习仍然存在。

新黑人精神

赖特并不是唯一一个评价汉普顿的清教徒式生活方式过时的人。1927 年 10 月，在赖特和马丁参与罗森沃尔德学校项目的两个月前，学生们发起了一场罢课，抗议白人行政部门和教师的家长式作风，学校被迫关闭了两周。这件事引起了全美国的关注。他们断言，那些直言不讳的、有文化意识的“新黑人”不会再接受那些汉普顿的工业培训课程，然而正是这些课程让汉普顿长久地受到白人捐赠者的欢迎。“新黑人”是一场新兴的黑人知识分子具有创造性的政治运动，它试图改变在白人的统治下那种“老黑人”屈从的处事方式。[33]社会学家和活动家杜波依斯在《民族》（*The Nation*）杂志上发表了一篇严厉的评论文章：“汉普顿面对的不再是那些听话的、严格遵守军纪的半大的小学生，她（汉普顿）不得不面对那些正在为自己考虑的年长的大学生们了。”[34]学生们想要上那些白人文理学院所教授的课程，但格雷格拒绝放弃“汉普顿理想”。[35]抗议者们想要更好的教师和课程，以及更宽松的着装规范和社会政策。同时，他们不想在周日晚间的仪式上为白人游客唱种植园歌曲（美国种植园的奴隶所唱的一种音乐类型）了。赖特表示曾被如此令人难忘的表演所震撼：“在那次晚间仪式上，圣歌给我带来的精神上的震撼超过我听过或期望听到的任何歌声。无数黑人的声音在剧场里不断上升，他们唱的歌让所有的人都热泪盈眶。”[36]然而格雷格拒绝了抗议者的请求，驱逐了“惹是生非”的人，并使局势恢复了平静，以安抚董事会和捐助者。

将非裔美国人看成“黑鬼”是贬低他们的一种陈腔滥调，这揭示了赖特的罗森沃尔学院设计中的矛盾和紧张。一方面，赖特的有机建筑通过风格、装饰和形式表达了文化和种族特征。他的“黑人灵魂”的建筑代表了和汉普顿一样的理想，代表了黑人文化的原始性。这一观点与白人一致，他们也认为美国黑人是温顺的、天真的，会在原始的艺术创作中找到幸福，然而这种观点掩盖了白人种族主义对他们造成的毁灭性压迫。另一方面，赖特创新设计的罗森沃尔德学校作为一个“教育因素”，体现了自由主义教育的进步精神。华盛顿和杜波依斯也支持培育个人道德，造就良好公民的教育观。赖特相信他的现代建筑模型既可以为他的富裕白人客户服务，也可以为黑人学生服务。这种进步的教育理念得到了汉普顿示威者的支持，他们也希望能有一所激发想象力并培养智慧的学校，而这样的学校里毕业的学生应将努力建设一个更美好的世界、维护民主社会的平等主义价值观作为自己终身的任务。

然而汉普顿并未建成这所罗森沃尔德学校。在赖特提交了计划后，副校长乔治·菲尼克斯（George Phenix）在给格雷格的报告中写道：“我认为美化罗森沃尔德大楼的计划不会让任何人感到满意。经过修改的罗森沃尔德大楼的底层平面图虽在某些方面比较优越，但建筑外观是完全不合时宜的。”[37]典型的罗森沃尔德学校不仅在纪律约束方面严苛，它简易的外观也使学校看起来不如白人儿童的学校。

1928 年 11 月，格雷格邀请赖特到汉普顿继续讨论（学校设计事宜）。[38]由于患病，赖特拒绝了。直到 1929 年 10 月，由于仍然对这份设计委托感兴趣，他和妻子奥尔吉瓦娜一起前往汉普顿。而此时，格雷格已退休，菲尼克斯上任。由于新学校的建造计划被扩大了，所以赖特的设计显得有些过时。而且菲尼克斯也并没有像他的前任那样被赖特的计划所吸引，最终这个项目也就被搁置了。赖特收回了他的设计图纸，而他为摆脱校园沉闷气氛所做的一切努力也被划上了句号。

附图 6-1　罗森沃尔德学校，汉普顿师范和农业学院，弗吉尼亚州，设计于 1928 年，未建成。平面图和透视图，用石墨和彩色铅笔绘制，71 cm × 102 cm。藏于华盛顿特区国会图书馆印刷品与照片部

附图 6-2　联合教堂（Unity Temple），伊利诺伊州橡树园（Oak Park），1905—1908 年。
透视图，用水彩和墨水绘于纸上，30.5 cm×63.8 cm

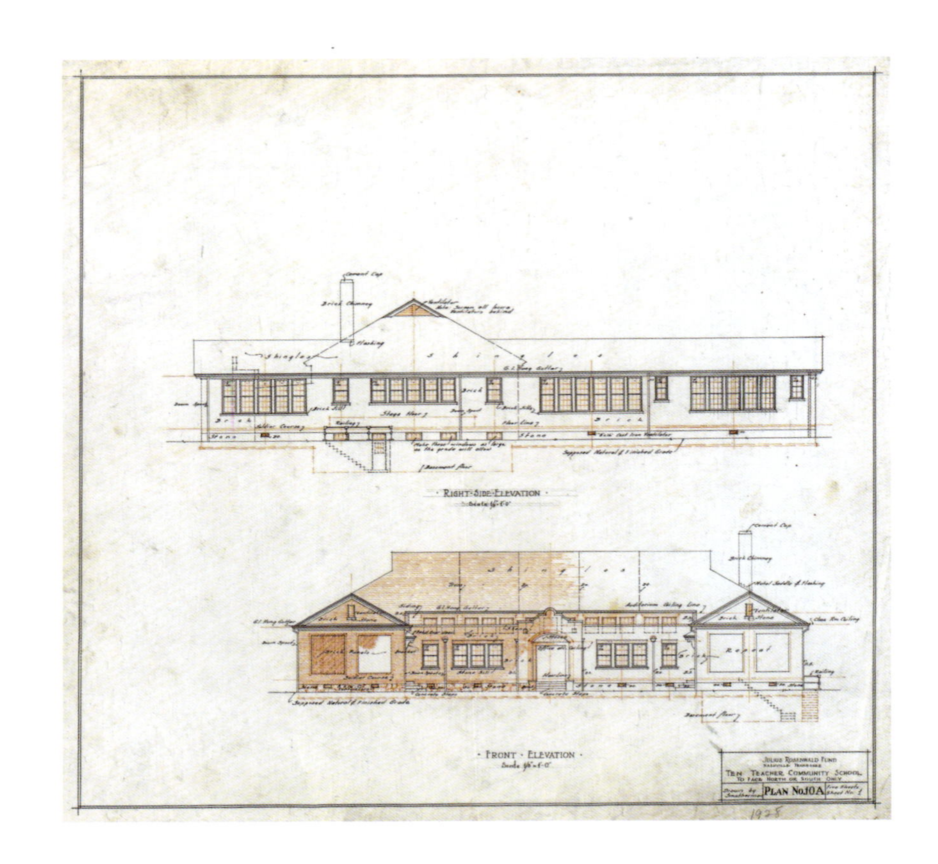

附图 6-3　朱利叶斯 · 罗森沃尔德基金会第 10A 号计划，1927 年。十教师学校的立面图，用墨水绘于亚麻布上，55.9 cm × 55.9 cm。藏于菲斯克大学约翰 · 霍普和奥里莉亚 · E. 富兰克林（John Hope and Aurelia E. Franklin）图书馆特色馆藏，罗森沃尔德基金会藏品

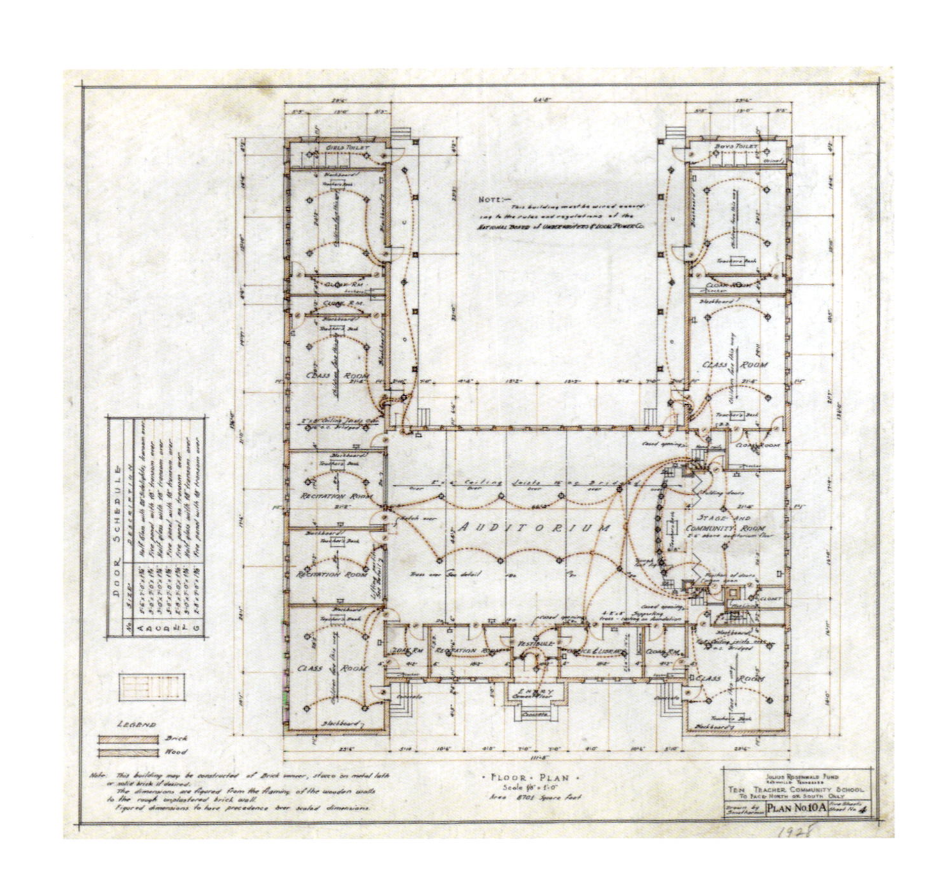

附图 6-4　朱利叶斯 · 罗森沃尔德基金会第 10A 号计划，1927 年。十教师学校的平面图，用墨水绘于亚麻布上，55.9 cm × 55.9 cm。藏于菲斯克大学约翰 · 霍普和奥里莉亚 · E. 富兰克林（John Hope and Aurelia E.Franklin）图书馆特色馆藏，罗森沃尔德基金会藏品

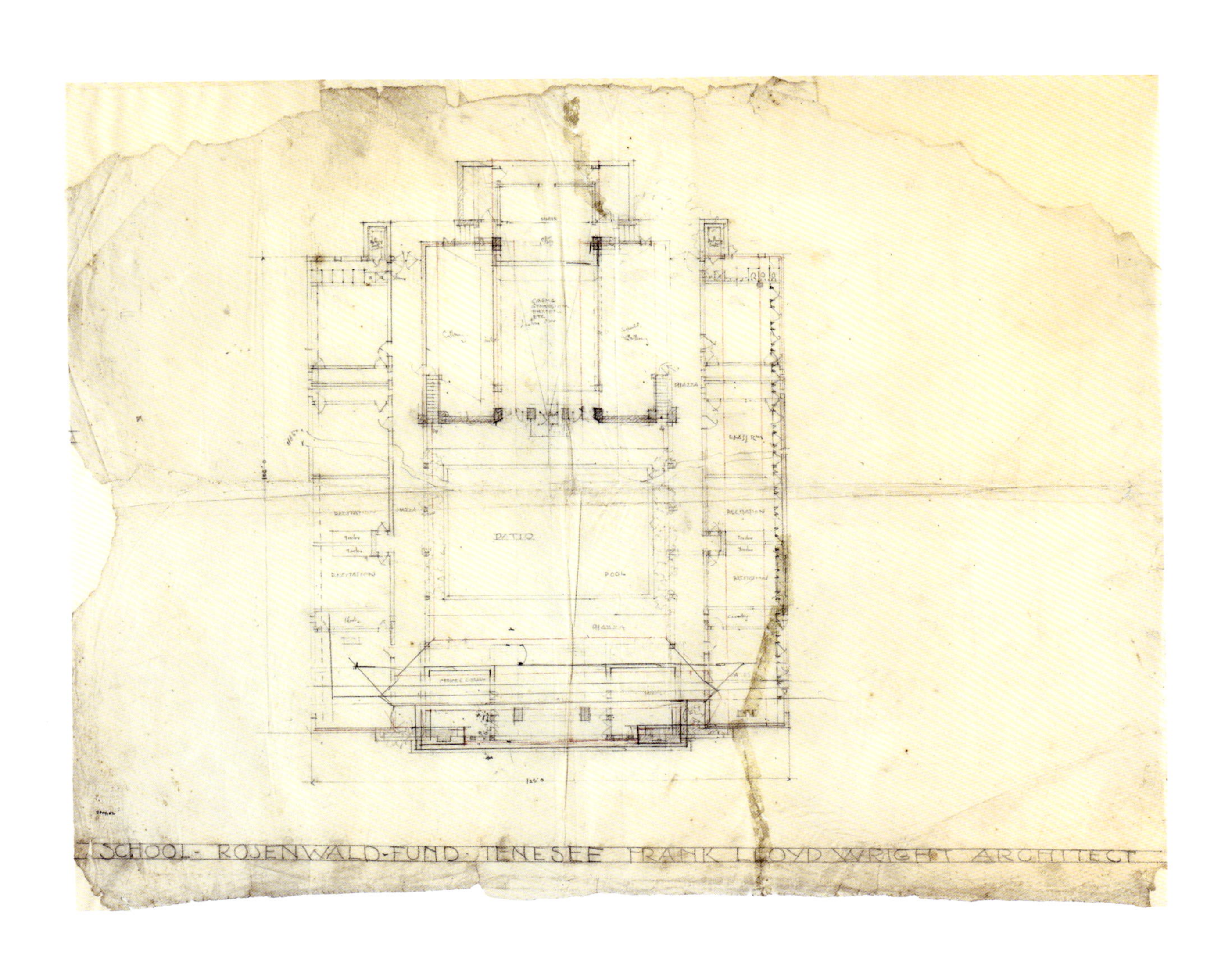

附图 6–5　罗森沃尔德学校，汉普顿师范和农业学院，弗吉尼亚州，设计于 1928 年，未建成。平面图，用铅笔和彩色铅笔绘于描图纸上，68.6 cm × 91.1 cm

附图 6-6　小熊星座学校与社区游戏屋，加利福尼亚州洛杉矶，1923 年。西侧透视图，
用铅笔和彩色铅笔绘于描图纸上，40 cm × 68.3 cm

附图 6-7　橡树园游乐场协会的游戏屋（“儿童交响乐”），伊利诺伊州橡树园，设计于1926 年，未建成。“哥布林屋”（“Goblin”house）的透视图，用铅笔和彩色铅笔绘于描图纸上，25.1 cm × 31.8 cm

附图 6-8　橡树园游乐场协会的游戏屋（“儿童交响乐”），伊利诺伊州橡树园，设计于1926 年，未建成。“约万纳屋”（“Iovanna”house）的透视图，用铅笔和彩色铅笔绘于描图纸上，28.3 cm × 29.2 cm

附图 6-9　橡树园游乐场协会的游戏屋（“儿童交响乐”），伊利诺伊州橡树园，设计于 1926 年，未建成。“安 · 巴克斯特之家”（“Ann Baxter”house）的透视图，用铅笔和彩色铅笔绘于描图纸上，28.3 cm × 34.6 cm

附图 6-10　橡树园游乐场协会的游戏屋（“儿童交响乐”），伊利诺伊州橡树园，设计于 1926 年，未建成。“很便宜小屋”（“Two for a Penny”house）的透视图，用铅笔和彩色铅笔绘于描图纸上，26.7 cm × 35.2 cm

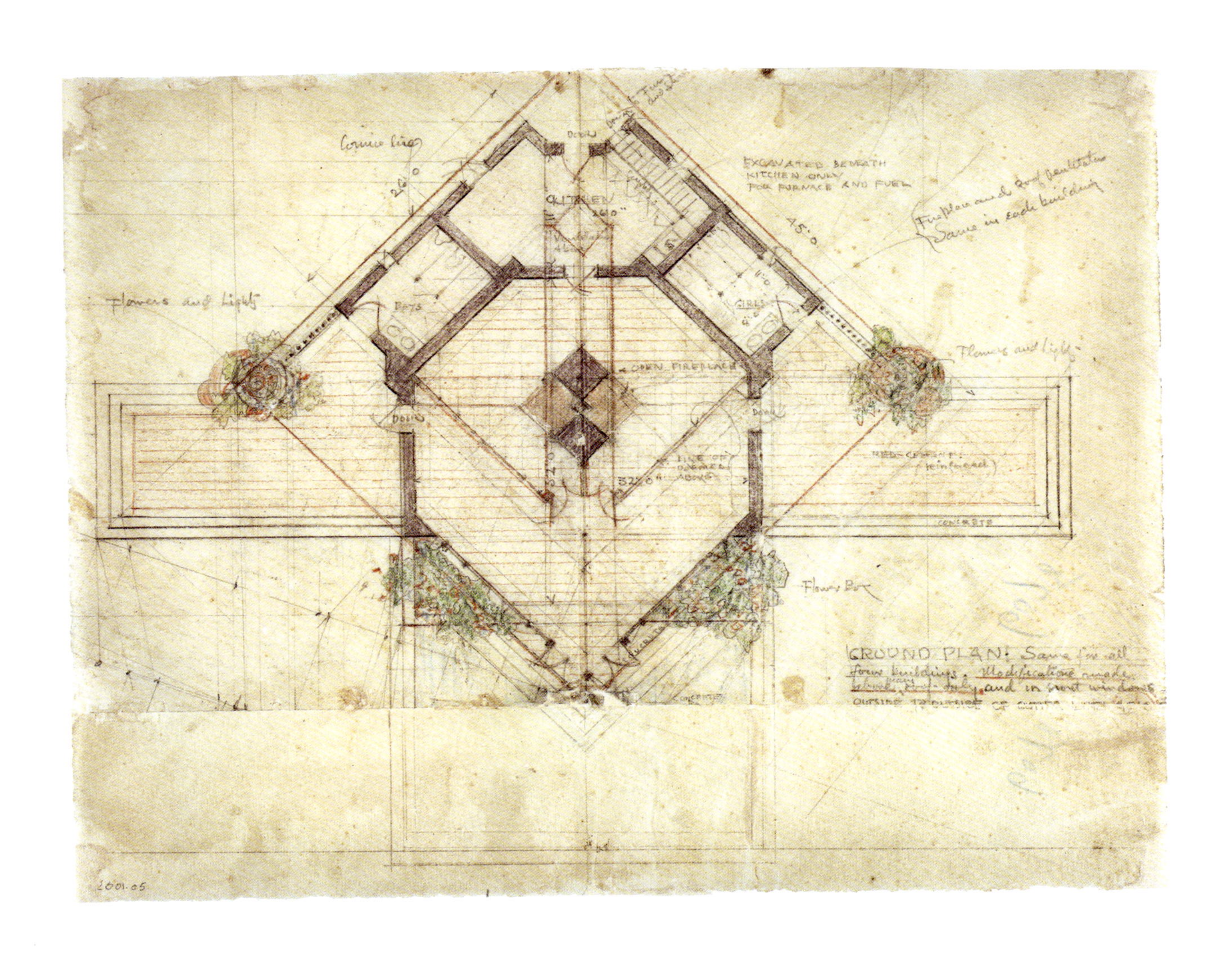

附图 6-11　橡树园游乐场协会的游戏屋（“儿童交响乐”），伊利诺伊州橡树园，设计于 1926 年，未建成。底层平面图，用铅笔和彩色铅笔绘于描图纸上，25.4 cm × 32.7 cm

注释

1 赖特写给马丁的信，1928 年 7 月 11 日，藏于汉普顿大学档案馆，弗兰克 · 劳埃德 · 赖特档案，达尔文 · 马丁档案夹。

2 弗兰克 · 劳埃德 · 赖特，《表面和体块——再一次！》(Surface and Mass—Again!)，载于《建筑记录》(*Architectural Record*) 第 66 期 (1929 年 7 月)，第 92—94 页。杰克 · 奎南，《弗兰克 · 劳埃德 · 赖特、达尔文 · 马丁和汉普顿学院的惠蒂尔学校》(Frank Lloyd Wright, Darwin D. Martin, and Whittier School for Hampton Institute)，载于《棱角线》(*Arris*) 第 21 期 (2010)。

3 赖特写给马丁的信，1928 年 7 月 11 日。

4 沃尔顿 · C. 约翰 (Walton C. John)，《汉普顿师范和农业学院：一所政府赠地学院的发展与其对教育的贡献》，教育司，内政部，1923 年第 27 号公告 (华盛顿特区政府印刷局)，第 7 页。

5 布克 · T. 华盛顿，《从奴役中崛起：一部自传》(*Up from Slavery: An Autobiography*. New York: Doubleday, Page, 1904)，第 143 页。

6 玛丽 · S. 霍夫施韦勒 (Mary S. Hoffschwelle)，《美国南方的罗森沃尔德学校》(*The Rosenwald Schools of the American South*. Gainesville: University Press of Florida, 2006)，第 242—243 页。

7 出处同注释 6，第 48 页。

8 该项目由赖特与建筑师德怀特 · 希尔德 · 珀金斯共同设计。参见约瑟夫 · 西里的《芝加哥的亚伯拉罕 · 林肯中心》(The Abraham Lincoln Center in Chicago)，载于《建筑史学会会刊》第 50 卷，第 3 期 (1991 年 9 月)，第 242 页。

9 出处同注释 8。

10 泰勒在塔斯基吉学院学习，是麻省理工学院的第一位黑人毕业生。参见埃伦 · 韦斯 (Ellen Weiss) 的《罗伯特 · R. 泰勒和塔斯基吉：一个非裔美国建筑师为布克 · 华盛顿做设计》(*Robert R. Taylor and Tuskegee: An African American Architect Designs for Booker T. Washington*. Montgomery, Ala. : New South Books, 2012)。

11 出处同注释 10，第 125—127 页。

12 塞缪尔 · L. 史密斯 (Samuel L. Smith)，时任朱利叶斯 · 罗森沃尔德基金会主任，在 1928 年 4 月 21 日写给马丁的信，藏于汉普顿大学档案馆，弗兰克 · 劳埃德 · 赖特档案，朱利叶斯 · 罗森沃尔德基金会档案夹。另见霍夫施韦勒的《美国南方的罗森沃尔德学校》，第 48 页。

13 朱利叶斯 · 罗森沃尔德基金会理事与嘉宾会议，1928 年 4 月 29 日，芝加哥大学图书馆特色馆藏研究中心，第 57 箱，1 号档案夹，"罗森沃尔德论文"。

14 格雷格写给马丁的信，1928 年 1 月 4 日，汉普顿大学档案馆，弗兰克 · 劳埃德 · 赖特档案，达尔文 · 马丁档案夹。

15 格雷格写给罗森沃尔德的信，1928 年 5 月 24 日，朱利叶斯 · 罗森沃尔德基金会档案馆，第 208 箱，请求援助的项目 / 人员，15 号档案夹，1917—1948 年，菲斯克大学档案馆，朱利叶斯 · 罗森沃尔德收藏，特色馆藏。

16 马丁写给格雷格的信，1928 年 4 月 5 日，藏于汉普顿大学档案馆，弗兰克 · 劳埃德 · 赖特档案，达尔文 · 马丁档案夹。

17 奎南，《弗兰克 · 劳埃德 · 赖特、达尔文 · 马丁和汉普顿学院的惠蒂尔学校》，第 25 页。

18 马丁写给格雷格的信，1928 年 6 月 12 日，藏于汉普顿大学档案馆，弗兰克 · 劳埃德 · 赖特档案，达尔文 · 马丁档案夹。

19 史密斯写给马丁的信，1928 年 4 月 21 日。

20 马丁写给赖特的信，1928 年 6 月 8 日，藏于汉普顿大学档案馆，弗兰克 · 劳埃德 · 赖特档案，达尔文 · 马丁档案夹。

21 马丁写给格雷格的信，1928 年 6 月 12 日，藏于汉普顿大学档案馆，弗兰克 · 劳埃德 · 赖特档案，达尔文 · 马丁档案夹。

22 赖特写给马丁的信，1928 年 7 月 27 日，藏于汉普顿大学档案馆，弗兰克 · 劳埃德 · 赖特档案，达尔文 · 马丁档案夹。

23 出处同注释 22，赖特在给马丁的信中还画了一个小小的剖面图。

24 达尔文 · 马丁写给詹姆斯 · E. 格雷格的信，1928 年 7 月 11 日，藏于汉普顿大学档案馆，弗兰克 · 劳埃德 · 赖特档案，达尔文 · 马丁档案夹。

25 欧内斯特 · 弗拉格，《弗拉格的小房子：经济设计与建造，1922 年》(*Flagg's Small Houses: Their Economic Design and Construction, 1922* .Mineola, N. Y. : Dover, 2006)，第 18—21 页。赖特写给马丁的信，1928 年 7 月 27 日。

26 出处同注释 25。

27 约翰 · 杜威和伊芙琳 · 杜威，《明日之学校》(*Schools of To-morrow*. New York: E. P. Dutton, 1916)，第 108 页。

28 赖特写给马丁的信，1928 年 7 月 27 日。

29 赖特写给马丁的信，1928 年 7 月 11 日。

30 来自影印本里的用打字机打上的标记，档案编号 2904.009，赖特基金会档案馆（现代艺术博物馆和艾弗里图书馆）。

31 赖特写给马丁的信，1928 年 7 月 11 日。

32 《在密尔沃基艺术学院的演讲》，载于《谈话》第 2 期，1945 年 12 月 4 日，副本，第 24—25 页，档案编号 2401.276A，赖特基金会档案馆（现代艺术博物馆和艾弗里图书馆）。

33 阿莱纳 · 洛克（Alaine Locke），《新黑人的哈勒姆麦加》（Harlem Mecca of the New Negro），载于《调查图解》第 6 卷，第 6 期（1926 年 3 月）。

34 杜波依斯，《汉普顿罢课》（The Hampton Strike），载于《民族》，1927 年 11 月 2 日，第 471—472 页。

35 《校长年度报告（1928 年 4 月 26 日）》，藏于汉普顿大学档案馆，詹姆斯 · E. 格雷格博士档案一般信件，受托人报告档案夹。

36 赖特写给马丁的信，1929 年 10 月 21 日，档案编号 M010A08，赖特基金会档案馆（现代艺术博物馆和艾弗里图书馆）。

37 菲尼克斯写给格雷格的信，1928 年 8 月 17 日，藏于汉普顿大学档案馆，弗兰克 · 劳埃德 · 赖特档案，惠蒂尔学校档案夹。

38 詹姆斯 · E. 格雷格写给赖特的信，1928 年 11 月 16 日，藏于汉普顿大学档案馆，弗兰克 · 劳埃德 · 赖特档案，弗兰克 · 劳埃德 · 赖特 / 达尔文 · 马丁档案夹。

章前图　米德韦花园，伊利诺伊州芝加哥，1913—1914 年。酒馆的壁画设计，用墨水、铅笔和彩色铅笔绘于描图纸上，60 cm × 55.2 cm

7
尖顶饰与“捕鼠器”：从米德韦花园到莫里斯礼品店的装饰

施皮罗斯·帕帕派求斯

弗兰克·劳埃德·赖特的米德韦花园（1913—1914年）被拆除后，坊间有众多关于它的传说，其中一个故事是这样的：芝加哥的娱乐设施被推土机推到密歇根湖里以支持防波堤的修建，一个尖顶饰“奇异地从水中升起”。[1] 当这座坚固建筑的其余部分早已被弃用时，幸存下来的建筑“皇冠”似乎继续与商业投机做斗争，拒绝被重新定义为垃圾填埋场。相反地，即使它的废墟早已长埋水下，这个挑战传统的尖顶饰仍傲然矗立，标志着这座建筑曾经的位置。

由于赖特设计了各种垂直标记对称地安装在米德韦花园的露台上（图7–1），我们可能永远不会确切地知道这个尖顶饰到底长什么样子。然而，我们可以想象，在它原始的背景下，它被米德韦花园高大的电灯塔所包围，这些电灯塔引导游客在夜间驱车前往这个受欢迎的场所。米德韦花园高耸的“烟囱”立面将这些中央塔架顶部的大型长方形框架标记为“水泥尖顶饰”，并显示它们支撑着长长的“串状”悬挂物，每一串上都绘以“红色、白色、橙色、蓝色、金色”的球形、立方体和金字塔形装饰物。[2] 然而，就像在项目的鸟瞰图中看到的从露台上升起的白色气球一样（见第126页附图7–1），由于资金限制，这些悬挂物从未真的实现过，这从一开始就限制了赖特为建筑制定的巨大装饰计划。

虽然从外观上消失了，但这些幻影般的尖顶饰和逐渐消逝的气球的圆圈会出现在米德韦花园的室内装饰中，因为它们层层叠叠的环形装饰物会在酒馆壁画（见章前图）上的多列彩色圆圈中回荡。具有预言性和讽刺意味的是，壁画中象征着“起泡饮料中的泡泡圈”一旦在壁画上消失，那么它们最终也会消失在密歇根湖的水波中。[3]

由于开业15年后的经营失败，曾经支撑米德韦花园消费主义者高涨情绪的装饰物，也转变成了它终将变成建筑废墟的先兆。如今，曾经统一了米德韦花园拱廊和观景阳台的装饰性混凝土砌块上饰有的“舞动的玻璃”图案的对角线将划过湖底的沙子，直到它们在侵蚀作用下逐渐失

图7–1　米德韦花园，伊利诺伊州芝加哥，1913—1914年。尖顶饰实景图

去棱角（见第 126 页附图 7–2）。[4]

在它们类似神话般的海洋来世中，米德韦花园的尖顶饰、壁画和装饰砌块在赖特整体装饰实践中起到了寓言符号的作用。在一个装饰性图案开始从建筑中消失的时代，装饰在赖特的设计中顽强地幸存下来，尽管经历了周期性的金融灾难，但它依然通过改造坚持存活下来，并且就像被取代的尖顶饰一样，它学习着如何在一个越来越“流动”的经济环境中“漂浮”，在这种环境中，任何建筑或人工制品都不可能稳定。即使表面上是和谐对称与有序的几何图形，赖特的装饰设计仍可作为普遍的不稳定和混乱的图形预言符号。

跟赖特本人一样，批评家和历史学家认为他的装饰是构成“整体”所必需的，展示出装饰内在的以及与结构的其他部分之间的“有机的”连贯性，它是一个真正的有机组合，而不是一个表面的应用层。[5] 本章以米德韦花园的故事为出发点，沿着一条不同的路径走向有机性，这是一条较少受到关注的整体性道路，更多地反映了赖特的韵律装饰在面对现实世界的经济困难和职业冲突时经常面临的破裂和解体。

经济问题在赖特的装饰实践和他关于装饰的写作中都发挥着重要作用。1909 年 1 月在橡树园举行的一次关于“装饰伦理”的演讲中，赖特认为装饰是一种原始的“欲望”，它早期“与每个民族文明尝试共存”，但今天（装饰）“至少消耗了这个国家三分之二的经济资源”。[6] 人们也许会以赖特自己在几个项目中设计的装饰物作为反对的理由：无论是为富有客户的私人住宅，还是为像米德韦花园这样的大型商业项目所做的设计中，与建筑“装饰”有关的部分都是一项重大开支，可能导致项目超出预算。在这方面，赖特为艾琳·巴恩斯达尔的两个工作室住宅绘制的家具图纸（图 7–2）很引人注目：在每件家具的标注尺寸旁边，或者在正立面和侧立面图中，赖特标出了价格，就像人们在家具目录页上看到的一样。在同一张图纸的下半部分则写有两份详细的预算清单，列出了家具和其他所有可以称为“装饰”的手工艺品的总费用，包括“灯座”“又软又厚的脚垫”“小地毯”和“窗帘”。[7] 线条和数字共同绘出了一间房子的“投影”，将具象视角与数字视角并置。人们可能会进一步推测，赖特的装饰中所谓“有机”或“整体”特征是商业策略的一部分，这使得很难将设计中的任何部分作为“多余的部分”删除。无论如何，由于资金短缺而被遗漏的装饰物（如米德韦花园的气球和尖顶饰悬挂物），将在建筑师的设计思想宝库中累积，并在未来的项目中以更大的数量和更高的成本卷土重来。

在装饰上的大额经济开支再次出现在赖特写于 1931 年的《向装潢设计师道歉》中，但在他有生之年，这篇文章并没有出版。赖特在开篇就提到“最近一次从洛杉矶到纽约的驾车旅行使

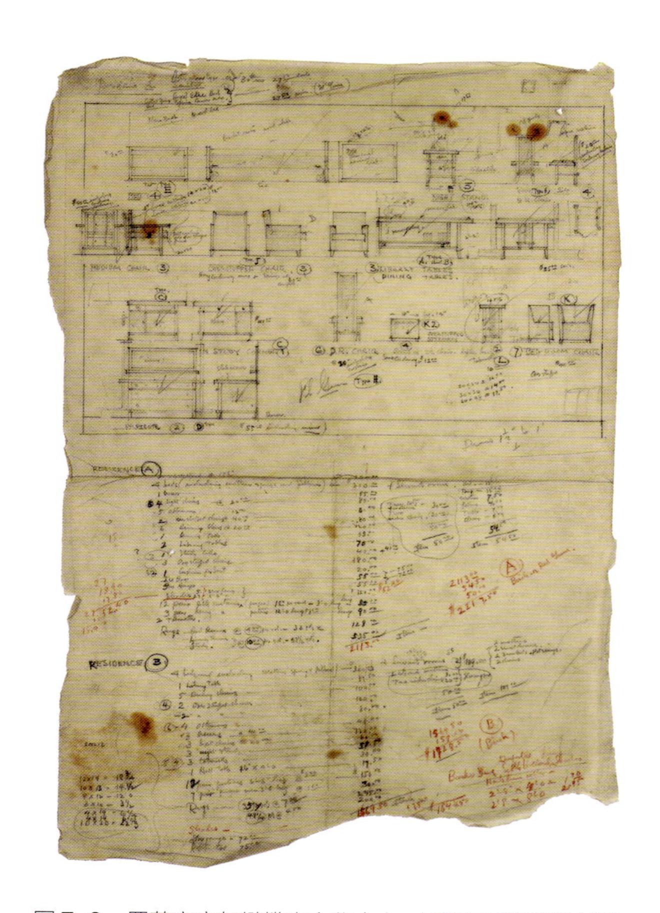

图 7–2　蜀葵之家与橄榄山文化中心，加利福尼亚州洛杉矶，1918—1921 年。工作室公寓 A 和 B 的家具与预制构件图纸，1920—1921 年，用墨水、铅笔和彩色铅笔绘于描图纸上，57.2 cm × 39.7 cm

我确信在某种或其他形式上，87% 的开支都花在装潢设计师身上”。[8] 赖特在这漫长的旅程中看到了什么，使他确信装潢设计师的财产在急剧增加（如果我们把 1931 年的占比与赖特 1910 年演讲的“三分之二”相比，在 20 年内增加了大约 30%）？建筑师（赖特）所指的显然是比建筑物或家具更广泛的东西。就像他那个时代的许多文化和社会理论家一样，文化和经济的日益“装饰化”令赖特目瞪口呆。他描述了诸如服装配饰、小玩意儿、电器、广告牌和电子屏幕（就像赖特反对在米德韦花园安装的那个部分）等“次要”的人工产品的扩散，这些东西将很快占领从纽约到洛杉矶的百货公司、酒店和娱乐中心的入口。

从赖特 1909 年和 1931 年发表的文章标题中似乎能看到从“装饰品”到“装饰风格”的逐渐过渡，也就是说，从一个单独的表面图案到一个有组织的主体系统，甚至扩展到建筑环境之外，并被掌控在“装潢设计师”的专业圈子里，按照赖特的说法，是装潢设计师的化身。赖特经常与装潢设计师的“社团”（在 20 世纪 30 年代中期，他将其称为“低级亵渎者”）产生争论，这表明虽然装潢设计师的专业范畴可能接近建筑师的专业领域，但他们永远不被认可。[9]“建筑师是一个‘装潢设计师’，但是装潢设计师是‘建筑师’吗？”赖特在文中如是问道。[10]

正如赖特在早期装饰设计中使用几何学所反映的那样，他使作品与众不同的最有力方法是他对自然的独特抽象化或对自然的“传统化”，这使得他的装饰有别于其他建筑师和“装潢设计师”。赞助人和建筑师将通过一种装饰图案“共同拥有”这座建筑，这种装饰图案遍布建筑的内外表面，并且是为该项目单独设计的。例如，位于伊利诺伊州斯普林菲尔德的苏珊·劳伦斯·达娜（Susan Lawrence Dana）的大宅邸（1902—1904 年）通过大量使用饰有各种漆树图案的彩色玻璃而统一起来（见第 93 页附图 5–9），将室内空间转化为一个隐蔽的微观世界，尽管如此，它仍然与自然保持着密切的对话（见第 127 页附图 7–3）。在外部立面的石膏门楣上，相同植物图案的变形被组织成一个几何形网络，将自然的传统化引发的对话延伸到机器、电力和工业基础设施的无机世界中（见第 127 页附图 7–4、附图 7–5）。

尽管接受了“机器的工艺美术”，但是赖特个人的装饰品和装饰设计与工业复制之间是一种试探性的且有点儿挑战性的关系。他设计的电灯、小地毯和家具通常都是为特定项目而定制的。[11] 一个罕见的例外是铜瓮（见第 128 页附图 7–6），它上面刻有圆形和方形的浮雕装饰图案，在达娜之家的内部非常醒目。这是建筑师为数不多的装饰性器物之一，从 19 世纪 90 年代初到 20 世纪 40 年代末，它们被有选择地重复安装在有限的几个他设计的住宅和商业空间内。

赖特答应为荷兰莱尔丹玻璃制造公司设计玻璃器皿和餐具（1929 年，见第 128 页附图 7–7），表面上看这是他第一次明确表示愿意尝试为工业生产而设计家居手工艺品，并且是在不考虑具体的房屋设计的前提下。然而，由于它们最初被设计为“陶瓷形式”，因此赖特设计的玻璃器皿并“不适合”大规模生产，几乎没有一件被工业化复制。[12] 建筑师（赖特）在设计中测试了相同形式和装饰图案在不同材料上的应用限度——这种转变自 19 世纪下半叶开始蔓延，当时作坊和工厂开始用不太贵重的材料机械地复制之前奢华的装饰性器物，供公众消费。

在从三维立体的器物转向印刷纸张的二维平面的同时，赖特为《自由》杂志封面做的彩色设计（1927—1928 年），为他提供了一个机会，扩展装饰物在不同材料和尺度之间进行转移的可能性。虽然《自由》杂志没有采纳这些封面设计，但建筑师（赖特）创造性地将它们应用到其他期刊和书籍，以及各种各样的工艺品和建筑设计中。最初的平面设计将赖特的传统化进程从水果和仙人掌花等植物世界扩展到人类的工艺品和建筑结构领域，如气球、旗帜、珠宝、礼品袋以及购物橱窗，每一个都代表着一年中的特定月份或季节。

赖特为《自由》杂志封面设计的“珠宝商的橱窗”（The Jeweller's Window）充分展示了赖特的装潢设计背后潜在的商业交易背景，该封面描绘了一系列悬挂在商店橱窗中的项链和吊坠（见第 128 页附图 7–8）。这些珠宝似乎悬在半空中，没有明显的支撑，然而厚重的黑色水平底座使其恢复了重力感，吊坠似乎穿透玻璃呈现在“窗框”的前面而不是后面。这意味着我们这些观众也仿佛置身于商店之中，与这些商品产生共鸣，而不是从街上路过时从外面观看它们。然而，令人印象深刻的是，橱窗里陈列的一些五颜六色的商品并不是手工制作的珠宝，而是“传统化”的圆形、方形和三角形的珍稀原石，堆在暗色的水平框架上，仿佛刚刚出土。[13] 我们先前所认为的窗框的底座，被证明是一个地质剖面，表明了人体装饰与地球的原始联系，以及在人类经济规律及其（建筑）构造形式出现之前，自然生态在形成装饰物质内容方面的作用。

芝加哥建筑师兼艺术家查尔斯·摩根（Charles Morgan）于 1929 年严格模仿赖特的《自由》封面而创作了五颜六色的马赛克，与其不同的是，赖特在将这些图案翻译成其他形式的作品超出了字意上的限制。在为戴维·赖特（David Wright）的房子绘制的平面图和地毯设计图（1950—1951 年，见第 129 页附图 7–9）中，另一本《自由》杂志封面上的“三月的气球”不仅落在客厅地毯上，而且扩散到圆柱、曲线内外墙、壁炉、窗户以及景观元素的周围。这种蔓延式的扩张是可能的，因为原来的封面上似乎绑着所有气球的绳子现在几乎不见了，这标志着垂直放置的气球（或米德韦花园壁画上的气泡柱）转变为地毯上水平摆放的气球。一张 1955 年的展示图同样改编自“三月的气球”封面，但基于为戴维·赖特设计的地毯，将地毯平面图的织物成分重新转换为图形图案（见第 130 页附图 7–10）。由于赖特在图纸的长边上签了自己的名字，这幅画暗示方向的模糊性更强，这意味着可能从最初的期刊封面的垂直格式转向地毯的水平布局。[14] 在植物图案的传统表现手法上，赖特始终保持着植物自然的垂直方向，但人类那些具有典型意义的手工制品在一些带有修饰性的抽象艺术中却助推着一种非传统的设计行为，这不但在无意中打破了万有引力定律，还助长了自由流通，从而促进了人类社会经济的不断发展。

赖特的环形饰物将在从住宅和商业场所向宗教场所的转变中进行另一场“革命”。如果在早期的设计中，建筑平面图的组织结构仅仅是在同一个项目的主要装饰图案中被提及的，那么在赖特晚期的建筑设计中，一些明显的装饰性平面图则以标志性的微缩平面标识的形式显示于建筑的内外表面。比如，这种平面和图标装饰的变化也应用到了威斯康星州沃瓦托萨的天使报喜希腊东正教教堂（1955—1961 年）的对称设计中，这座教堂是赖特设计生涯最后的宗教建筑之一，其建造和内部装饰在他死后 3 年才完成（见第 131 页附图 7–11）。平面图的圆圈和十字架图案由 4 个直径相等的圆圈相交而成，每一个都以一个正方形的 4 个角为中心，每一个都刻有礼堂的主圆圈和它的大圆顶，这不仅与东正教的主要礼拜仪式符号相呼应，还与赖特早期设计的主要装饰图案相呼应——包括他设计的瓮和 19 世纪 90 年代的标志性图案。同样的几何装饰在教堂内部的所有装饰特征以及周围景观的设计中都有不同程度的应用。

教堂中特别令人感兴趣的是祭坛屏风的装饰。祭坛屏风将圣殿与抬高的圣坛和礼堂分开，其由两块金色的金属板组成，这些金属板上有不同比例、形态各异的圆形和十字架图案（见第 132 页附图 7–12）。它的正面是一个“图标屏风”，有一个由交叉的大圆圈组成的高高的天棚，这些圆圈将宗教图标的框起来，并由一系列薄钢管柱支撑，形成一列拱形大门。图标屏风的背面是一个更密集的“穿孔装饰金属屏风”，这是一系列旋转的面板，其设计同样基于教堂的平面图，在半径为 6.4 cm 的密集交叉圆圈中显得很小。

这种双层屏风可以开关，定期向观众揭开宗教仪式的面纱，这就强调了装饰作为有形和无形之间、图像的形象和象征性的抽象之间的门槛的作用。装饰的内在修饰能力让屏风在参加仪式者和主持仪式者的空间之间进行调和，二者都被相同的几何图案包围。屏风是教堂的最高“发言人”。天使报喜是通过屏风上无限重复的圆形图案来完成的，人们不仅耳边回荡着神圣的话语，而且回荡在建筑师的象征性平面和装饰之中。

最初安装在祭坛屏风上的宗教图标和彩色玻璃凸窗的彩色几何图案都是由尤金·马塞林克设计的（见第 132 页附图 7–13）。赖特的设计师采用了拜占庭式和抽象式的混合风格，与希腊东正教教会所要求的传统拜占庭式风格格律有所不同。因为这个原因，马塞林克设计的图标后来被从屏风上移除，并且他的凸窗图案设计也从未实现。这位平面艺术家的设计以一个宗教人物为中心，以复杂的装饰图案为框架，这些图案代表云朵或波浪，并重复了赖特设计的大门屏风和抬高的圣坛栏杆上的几何图案。通过将赖特的装饰性平面图转化为喻意风景的视觉元素和宗教图像的有机组成部分，马塞林克的图标和玻璃设计不仅希望被建筑的几何装饰所框住，而且希望嵌入建筑的几何装饰中。也许，在这位自称为“天生的异教徒”的建筑师最后的几个教堂设计中，其不为外人道的遗嘱是，建筑装潢和装饰比任何正统宗教的典型仪式更能传达出普世的信息。[15] 正是装饰使建筑师成为高级的“亵渎者”。

赖特对装饰的扩展实践在二战后得到了最“完整”的表达，不是在教堂里，而是在一个更为朴素的商业空间——旧金山的莫里斯礼品店（V. C. Morris Gift Shop，1948—1949 年），这项工作重建了装饰与手工艺品和商业交易世界的有机联系。在这里，赖特浓缩了古根海姆博物馆（1943—1959 年）的第一版方案中的圆形平面图和坡道设计。坡道远离街道，位于一堵高大的砖墙之后，这面墙只有一个放射状的拱门做装饰，拱形的玻璃大门通向商店的入口大门（见第 133 页附图 7–14）。立面镶嵌着一排水平的“半透明方形玻璃”，上面有“夜间照明”的灯泡；在商店的左边，有一条高约 9.14 m 的垂直轨道，上面有凸出的砖瓦和“装有 16 个 40W 灯泡的插座”在夜晚会被点亮，这又一次让人想起米德韦花园的独立灯塔，只不过这里的像浮雕一样嵌于砖墙之上（图 7–3）。[16] 平整的立面赋予了它

图 7–3　莫里斯礼品店，加利福尼亚州旧金山，1948—1949 年。夜幕下的砖墙立面实景图

一种形象特性，期待它被马塞林克转换成印有半圆拱门和店主姓名的文具设计（图7-4）。就像“三月的气球”和戴维·赖特的小地毯及平面图一样，图形装饰和建筑平面图之间可以双向转换。通过图形装饰，建筑立面成为一种个人徽章，即使它醒目地写有客户的名字，但也毫无疑问地带有建筑师的签名。

当代的建筑杂志注意到，该店缺少一个开放的店面，甚至没有一个玻璃橱窗，而赖特却几乎把这点当作一面旗帜，标榜这家商店的设计是独特和颠覆传统的。[17] 同样值得注意的是，当维尔·莫里斯（Vere Morris）担心商店中的商品没有得到公开展示时，赖特这样回答：“我们不会把你漂亮的商品扔在街上。”此外赖特还表示，他的意图是“引诱”路人通过拱形玻璃隧道往里面看。然后，引导人们“深入其中”进而看到商店的坡道和桌子上“摆放的精美的瓷器和水晶”，潜在客户会“突然”在一种探索之心的驱使下推开门，之后……建筑师微笑着补充道，“你已经抓住他们了。这（设计）就像一个捕鼠器”。[18] 可能是玻璃和金属制的入口处拱形隧道使人想起由金属丝制成的古董捕鼠器，为动物类比提供了一种模型，然而正是这家商店朴素的外表背后丰富的内部装饰，体现了其伪装性的建筑逻辑。

除了虚构的动物化的顾客，这个令人着迷的围墙里最灵动的居民是出售的手工艺品，赖特似乎很热衷于为这些“美丽的商品”设计一个保护套不让它们暴露在街头。精心制作的原始状态下的莫里斯礼品店的照片捕捉到玻璃制品给陈列它们的深色木质橱柜增添了光泽，它们被整齐有序地放置在里面，就像工艺美术博物馆里的陈列品。赖特仿照自己早期作品中铜质或石质瓮而设计的大型球形花瓶，也嵌入到其他商品的陈列中。这些花瓶由透明塑料制成，其中一些有鱼和水生植物的图案，代表了礼品店原平面图中的水族馆。悬挂在天花板上的大花盆里的茂盛植被（赖特打算悬挂在斜坡上的球形花盆的圆形星座的唯一残余物，如第 134 页附图 7-15 中剖面图所示）以及半透明有机玻璃遮阳板中圆形“云朵”发出的环境光，进一步美化了自然与商业、私人与公共空间之间的模仿（见第 134 页附图 7-15）。[19] 在不透明的外墙的保护下，内部装饰赋予了这家私人商业机构家庭般的氛围，给人一种进入居室的感觉，而赖特确实是被委托为莫里斯家族设计一个住宅的，然而，尽管进行了多次设计尝试，这一设计也从未实现。[20] 在装饰性地恢复家庭生活方面，这家礼品店的底层平面图上还画了一个 19 世纪 90 年代赖特的原始铜瓮的小草图（画在平面图上，但在礼品店的原始照片中没有发现），设置在一个透明的半球形大碗旁边，碗里装满了透明的小塑料球，放在入口通道玻璃墙的正后方的“石桌”上。过路人瞥一眼“大地球仪”里的球，就会看到自己脸部的变形倒影，仿佛他们还没走进礼品店大门就已经被困在店内了。

赖特还设计了一系列圆形壁龛，这些壁龛被雕刻在斜坡的圆形墙壁上，其中一些壁龛作为垂直排列物品的支架或玻璃窗（比如《自由》杂

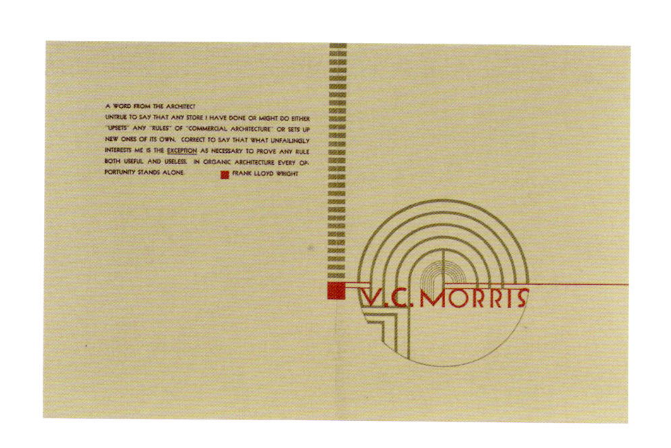

图 7-4　尤金·马塞林克为莫里斯礼品店做的平面设计，1948 年。静态图，29.1 cm × 43.8 cm

志封面“珠宝商的橱窗”上的悬挂吊坠或米德韦花园壁画上的圆柱）。从平面和凹陷浮雕到三维手工艺品和建筑特征，莫里斯礼品店通过建筑展示了从装饰品到实物的转变。赖特不仅设计了礼品店中陈列的一些商品，还从中挑选了一些手工艺品用于他的其他项目。建筑师和客户之间的这种专业服务的相互交换提供了礼品店的组织核心，并反映在其组织中。这家礼品店的支点是介于天花板和地面之间的螺旋形坡道。天窗的几何状“云朵”映射在一楼由内置陈列的艺术品和移动家具组成的浮岛上，包括一张大的半圆形桌子［由曼努埃尔·桑多瓦尔（Manuel Sandoval）设计］。这张半圆形桌子由两张旋转的四分之一桌面构成，并嵌套着几个较小的圆形桌子和凳子。其中一张小圆桌是莫里斯特别要求用来展示珠宝的，正如他写给赖特的一封信中所记录的那样，建筑师（赖特）在信的背面画了一张桌子的草图：桌子放在脚轮上，上面有一个旋转的玻璃顶、旋转的侧架和可移动的托盘（图 7–5）。这个圆形的工艺品是整个礼品店的概念模型，它以类似的旋转日程表运行。这让人想起“三月的气球”的旋转和悬浮组合，这些气球的圆圈会彼此接触、重叠或嵌套，使平面设计看起来有无限重新排列的可能。

这种旋转变化恰似赖特这个项目的来世：早先的业主去世后，后来的业主希望将这家礼品店作为“建筑师的博物馆”保存下来，但它最终被改造成一家服装百货公司，后来又变成了一家展示全球各地的民族艺术的私人画廊。[21] 纵观与赖特项目相关的改造、转换和“亵渎”，以及项目本身涉及的取消建设、财务失败和建筑倒塌，人们可能会认为，在建筑师的努力下顽强存在的装饰品不仅是建筑几何形状与现实世界和谐共存的有益象征，而且是它们灾难性碰撞的雏形。话说回来，赖特在装饰方面的遗风所呈现的某种自相矛盾，或者说“分裂”，存在于这些装饰本身的双重功能里。至于这些新的观念，既含有路易斯·沙利文所说的“本源性”（seed germ）之意，又留有如前文所述那些“放弃”或“取消”方案的痕迹。就这些方案而言，无论是个人的革命性灵感，还是集体的革命性创意，尽管没有一项变成了现实，但它们命中注定最终将不同凡响，无须装饰就宛如璀璨的星光。赖特自己的神话人格和有机意识形态与装饰有着深厚的亲和力，因为这两种思想基本上都是延续到 20 世纪的 19 世纪理念的雏形，甚至在建筑师生命的最后 20 年里经历了一个生机勃勃的来世。从米德韦花园的水下残骸到莫里斯礼品店于其原业主去世后被商品化之后的水族馆，装饰物作为赖特作品的纪念符号，在经济和生态转型的循环中进行变革。如果说赖特早期设计中机器时代的装饰代表了自然的传统化，那么水下米德韦花园中长满苔藓的侵蚀混凝土块则体现了自然对几何装饰的非传统化。这是一个新的“有机”方向，由米德韦花园失落的尖顶饰发出的信号，仍然在湖边的水沟里召唤。

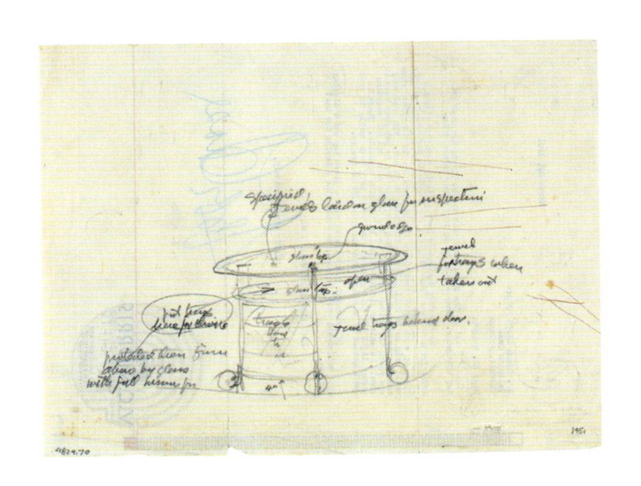

图 7–5　莫里斯礼品店，加利福尼亚州旧金山，1948—1949 年。对桌子的研究，由铅笔绘于右下角有签名的机打信件的背面，20.3 cm × 27.9 cm

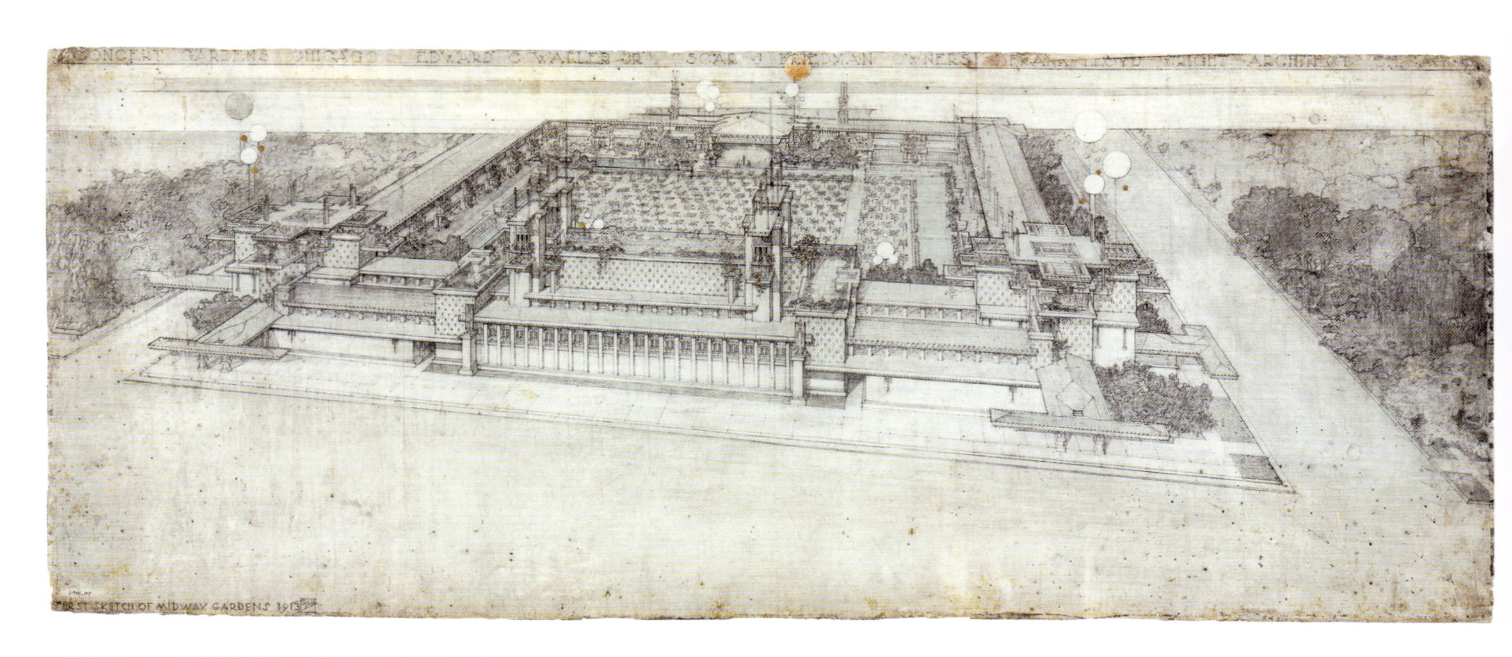

附图 7-1　米德韦花园，伊利诺伊州芝加哥，1913—1914 年。鸟瞰图，用铅笔和彩色铅笔绘于绘布上，41.3 cm × 101.6 cm

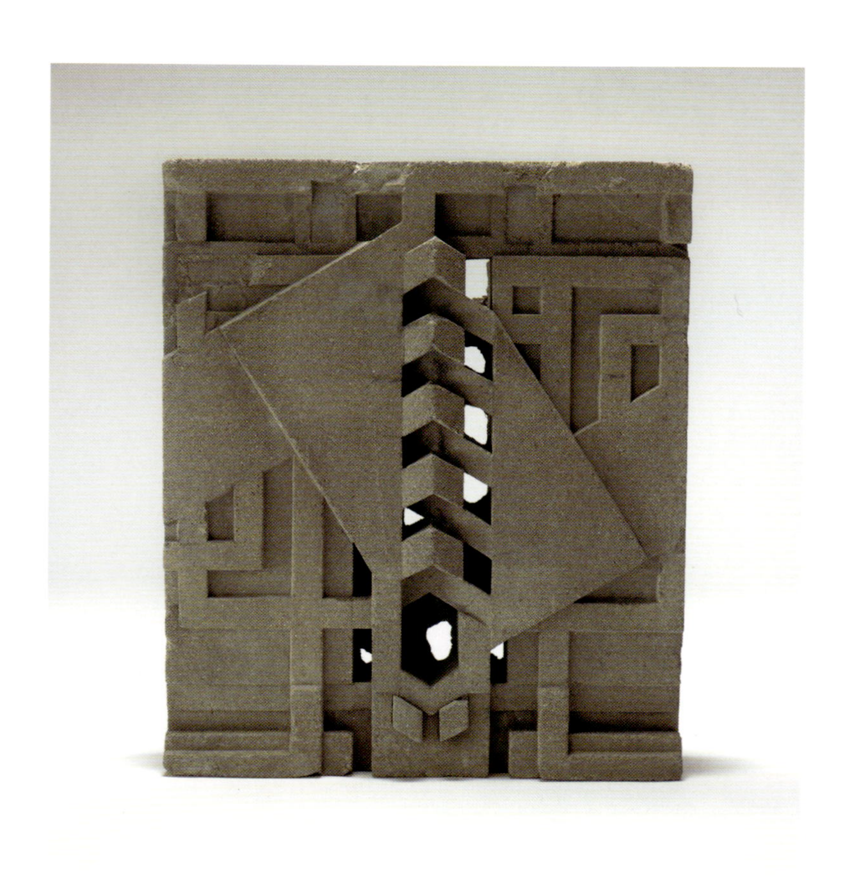

附图 7-2　米德韦花园，伊利诺伊州芝加哥，1913—1914 年。
混凝土雕刻砌块，83.2 cm × 68.6 cm × 16.5 cm

附图 7-3　达娜之家，伊利诺伊州斯普林菲尔德，1902—1904 年。餐厅室内透视图，用石墨和水彩绘于纸上，63.5 cm × 51.6 cm。藏于纽约艾弗里图书馆

附图 7-4　达娜之家，伊利诺伊州斯普林菲尔德，1902—1904 年。门楣研究，用铅笔和彩色铅笔绘于描图纸上，54.9 cm × 88.6 cm

附图 7-5　达娜之家，伊利诺伊州斯普林菲尔德，1902—1904 年。油漆绘制的石膏材质外部门楣，140.3 cm × 62.5 cm × 4.4 cm。藏于现代艺术博物馆，唐·马格纳（Don Magner）和埃德加·史密斯（Edgar Smith）捐赠

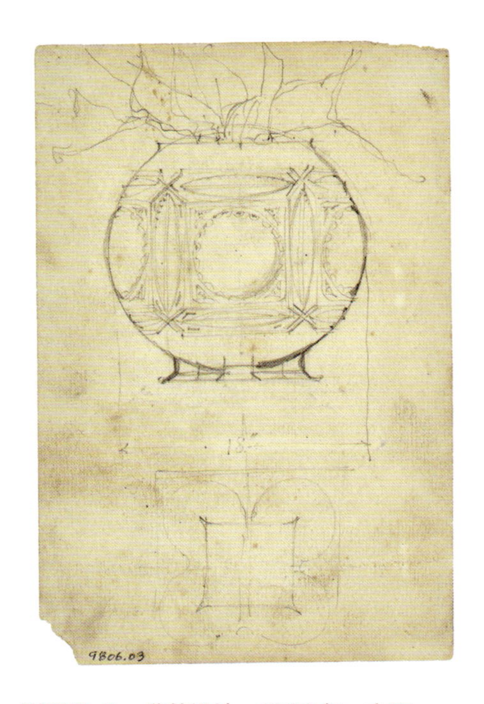

附图 7-6　瓮的设计，1898 年。立面图和平面图，用铅笔绘于描图纸上，45.1 cm × 24.1 cm

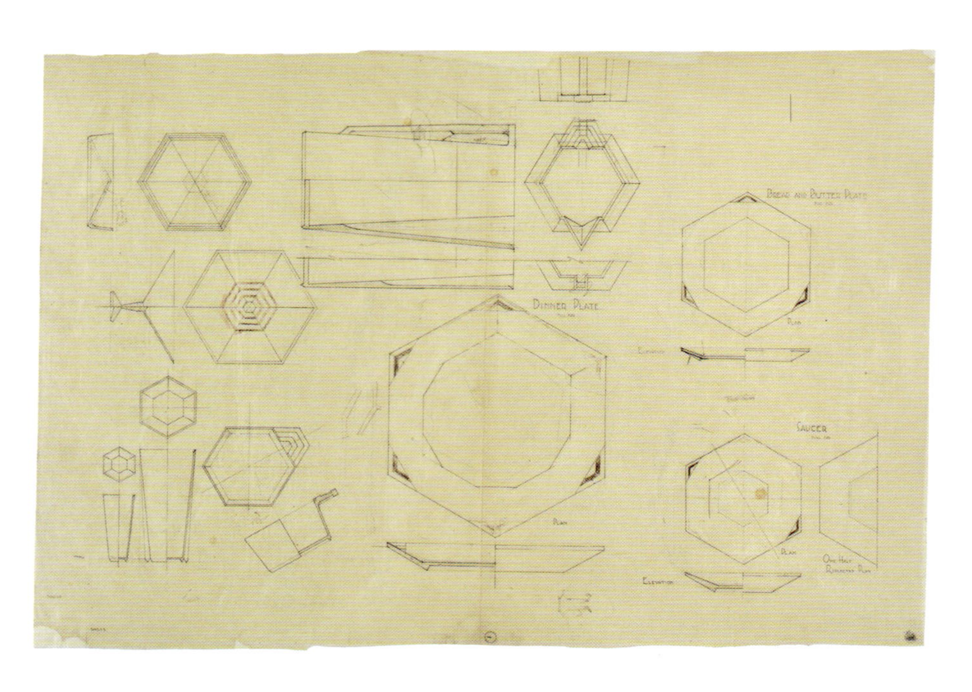

附图 7-7　为莱尔丹玻璃制造公司设计的玻璃器皿，1929 年。平面图、剖面图和立面图，用铅笔和彩色铅笔绘于描图纸上，73.7 cm × 106.7 cm

附图 7-8　“珠宝商的橱窗”，1927 年。赖特为《自由》杂志做的封面设计，用铅笔和彩色铅笔绘于彩色描图纸上，33.7 cm × 30.5 cm

附图 7-9　戴维 · 赖特住宅，亚利桑那州菲尼克斯，1950—1951 年。客厅平面图和小地毯设计图，用铅笔和彩色铅笔绘于描图纸上，88.9 cm × 74.9 cm

附图 7-10　“三月的气球”，1955 年。基于 1926 年为《自由》杂志做的封面设计绘制的该图，用彩色铅笔绘于纸上，71.8 cm×62.2 cm

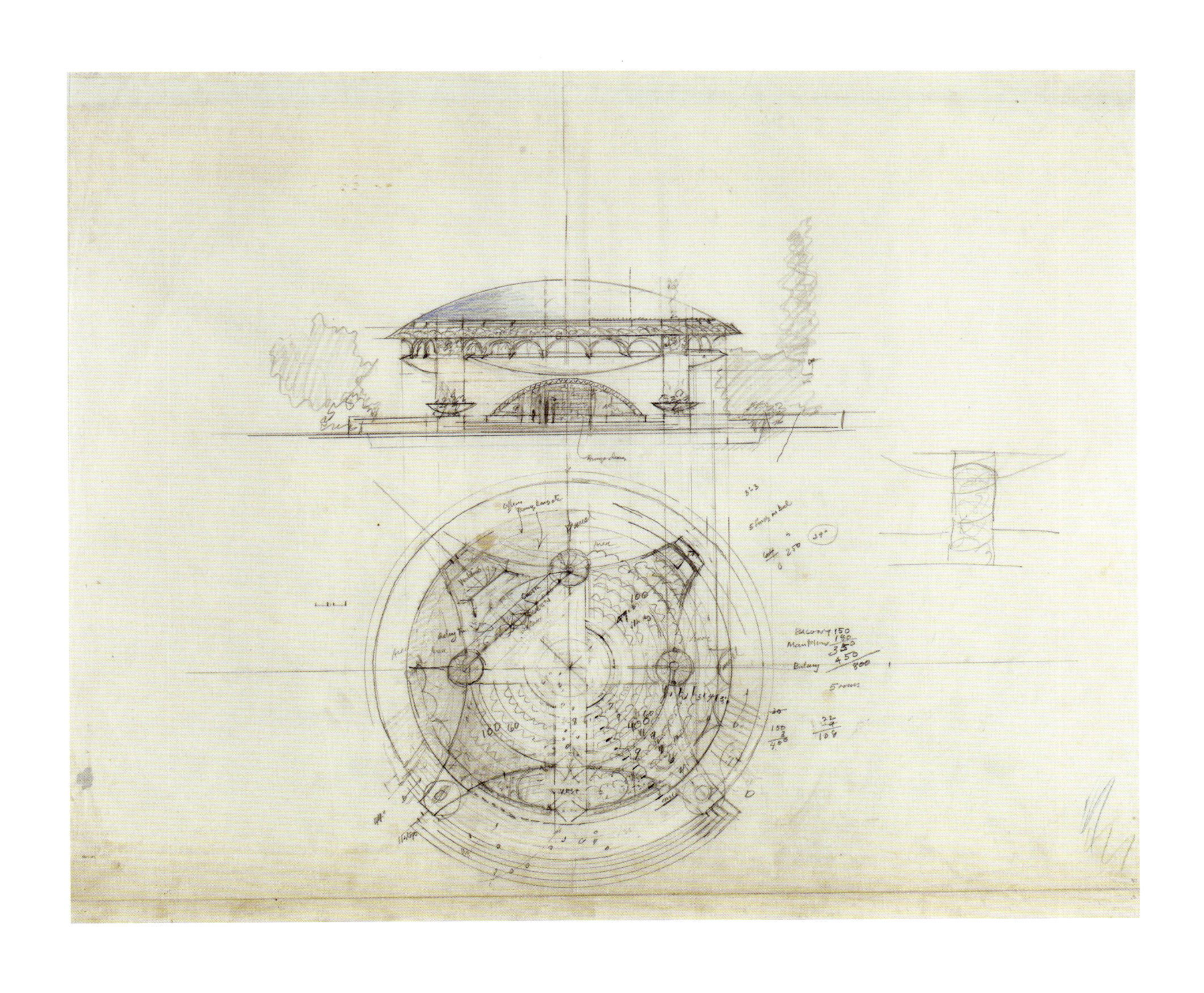

附图 7–11　天使报喜希腊东正教教堂，威斯康星州沃瓦托萨，1955—1961 年。
立面图和平面图，用铅笔和彩色铅笔绘于纸上，75.6 cm × 91.4 cm

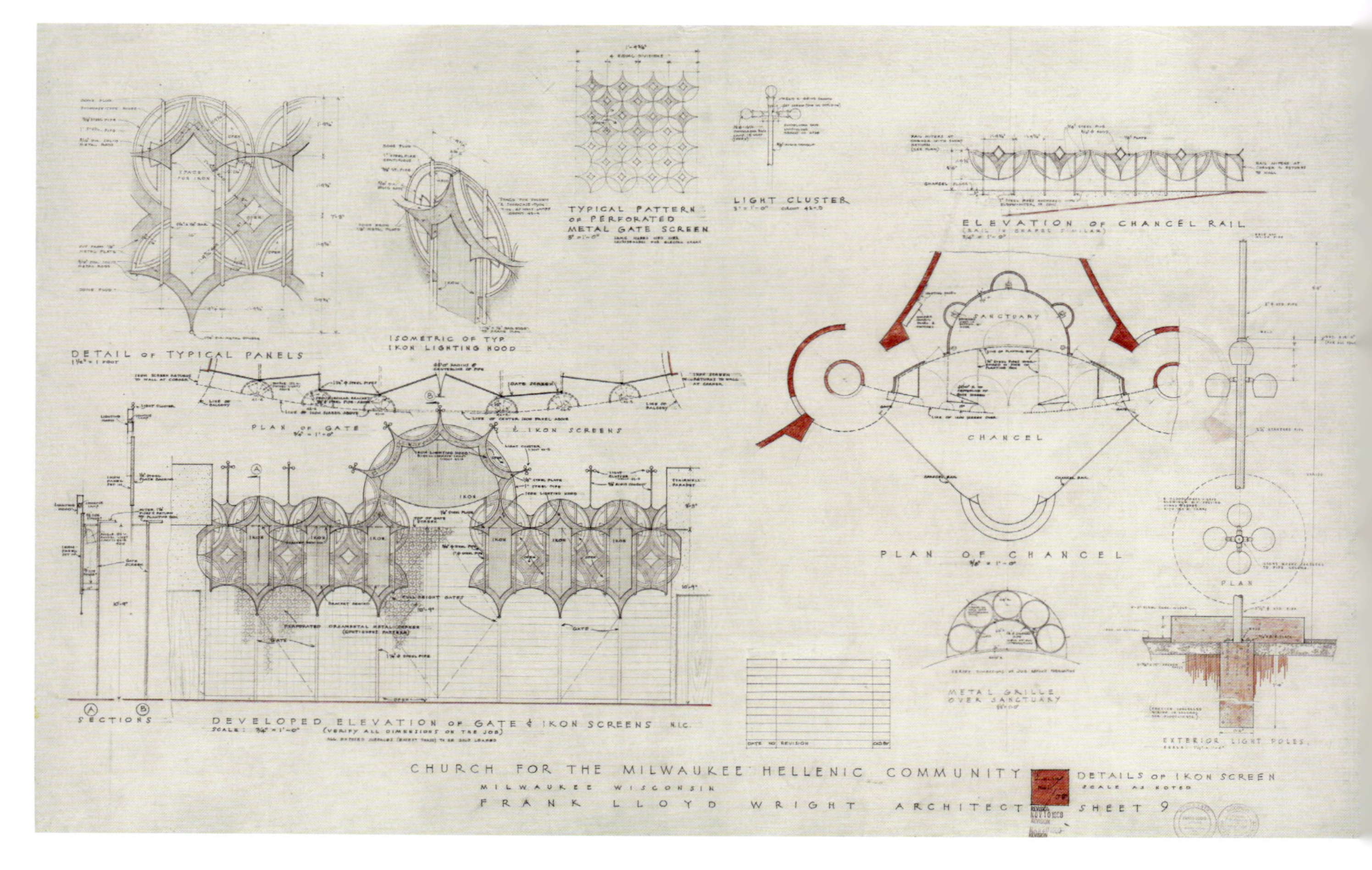

附图 7–12　天使报喜希腊东正教教堂，威斯康星州沃瓦托萨，1955—1961 年。圣坛的大门和图标屏风的平面图、剖面图和立面图细部。用墨水、铅笔和彩色铅笔绘于绘布上，96.5 cm × 152.4 cm

附图 7–13　天使报喜希腊东正教教堂，威斯康星州沃瓦托萨，1955—1961 年。尤金 · 马塞林克的玻璃花窗设计，用蜡笔和铅笔绘于纸上，61.6 cm × 122.6 cm

附图 7-14　莫里斯礼品店，加利福尼亚州旧金山，1948—1949 年。街道立面图，用墨水、铅笔和彩色铅笔绘于描图纸上，76.2 cm × 91.4 cm

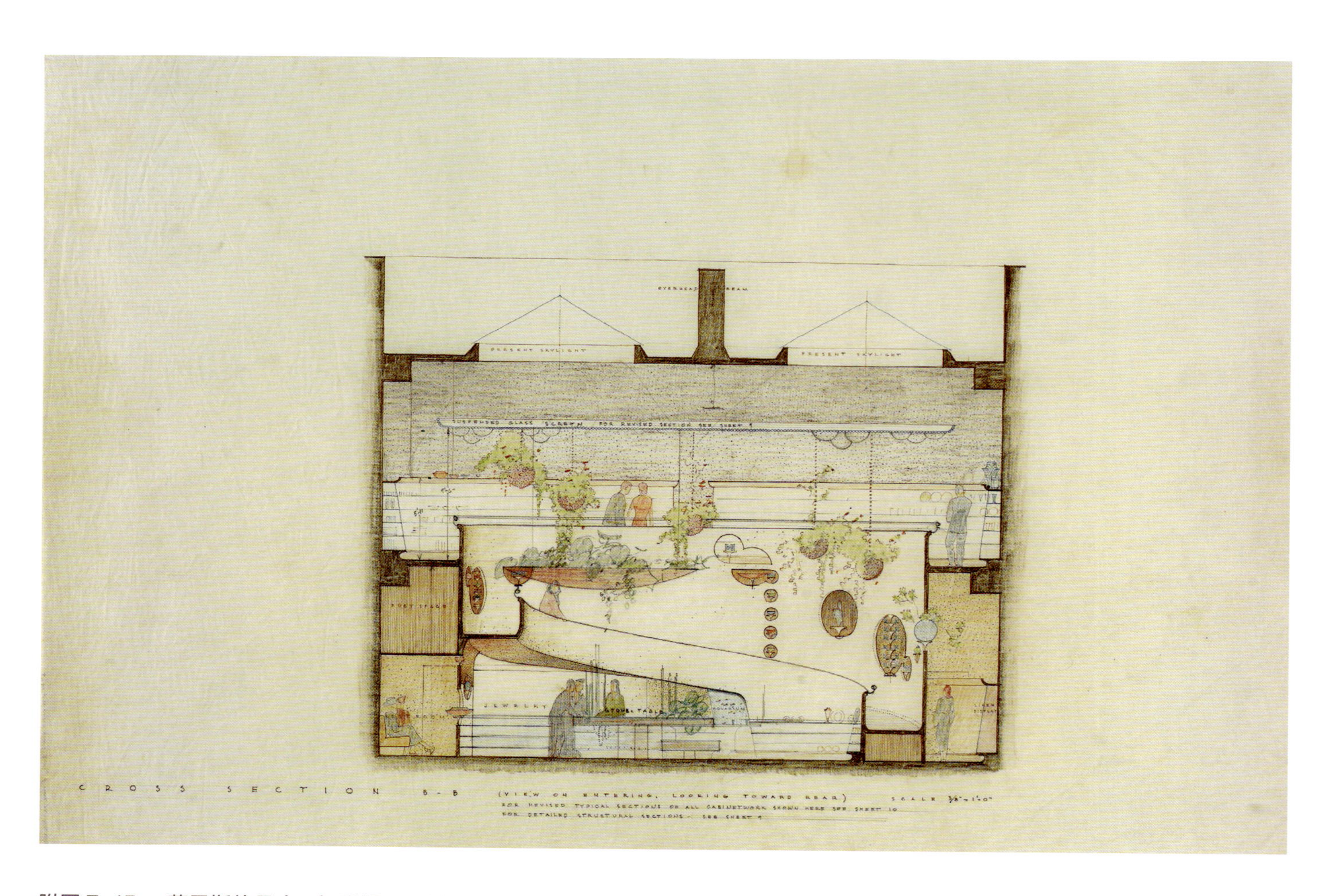

附图 7–15　莫里斯礼品店，加利福尼亚州旧金山，1948—1949 年。南北向剖面图，用墨水、铅笔和彩色铅笔绘于描图纸上，74.9 cm × 88.9 cm

注释

1 参见布伦丹·吉尔（Brendan Gill）的《弗兰克·劳埃德·赖特的多面人生》（*Many Masks: A Life of Frank Lloyd Wright*. New York: Da Capo, 1998），第 228 页。

2 档案编号 1401.082，赖特基金会档案馆（现代艺术博物馆和艾弗里图书馆）。

3 安东尼·埃罗弗森，《弗兰克·劳埃德·赖特：遗失的岁月，1910—1922》（*Frank Lloyd Wright: The Lost Years, 1910—1922. A Study of Influence*. 1993; repr. Austin: InnerformsLtd. com, 2009），第 164 页。

4 出处同注释 3，第 264 页。

5 参见弗兰克·劳埃德·赖特所著的《一部自传》中的“最终的整体装饰”（Integral Ornament at Last）一章，第 346—348 页。

6 赖特，引自杰西·海利（Jessie Higly）的《论装饰：弗兰克·劳埃德·赖特呼吁建立新文化》（On Ornamentation: Frank Lloyd Wright pleads for a new culture），载于《橡树叶》（*Oak Leaves*），1909 年 1 月 16 日，第 20 页。

7 档案编号 2002.012，赖特基金会档案馆（现代艺术博物馆和艾弗里图书馆）。

8 弗兰克·劳埃德·赖特，《向装潢设计师道歉》，收录于《赖特文选》（ *Collected Writings*），第 3—32 页。

9 参见尤金·马塞林克（代表赖特）写给格温德琳·索普（Gwendolen Thorpe，纽约装潢设计师俱乐部讲座委员会主席）的信，1935 年 10 月 6 日，档案编号 D024C01，赖特基金会档案馆（现代艺术博物馆和艾弗里图书馆）。

10 弗兰克·劳埃德·赖特，《向装潢设计师道歉》，第 33 页。

11 弗兰克·劳埃德·赖特，《机器的工艺美术》（1901 年），收录于《赖特文选》，第 1 页、第 58—72 页。

12 戴维·汉克斯（David Hanks），《弗兰克·劳埃德·赖特的装饰设计》（*The Decorative Designs of Frank Lloyd Wright*. New York: Dutton, 1979），第 185—186 页。

13 关于赖特为《自由》杂志封面设计的用宝石（如“黄晶”“绿宝石”和“碧玺”）来类比的装饰形式，参见彭妮·福勒的《弗兰克·劳埃德·赖特：平面艺术家》（*Frank Lloyd Wright, Graphic Artist*. Rohnert Park, Calif. : Pomegranate Press, 2002），第 84 页。

14 然而，在一张同时期的照片中，赖特似乎又在同一幅画的垂直方向上工作。出处同注释 13，第 4 页。

15 弗兰克·劳埃德·赖特，《遗嘱》（*A Testament*. New York: Bramhall House, 1957），第 23 页。

16 参见底层平面图的注释，档案编号 4826.006，赖特基金会档案馆（现代艺术博物馆和艾弗里图书馆）。

17 《弗兰克·劳埃德·赖特设计的礼品店》（Gift Shop by Frank Lloyd Wright），载于《建筑论坛》（*Architectural Forum*）第 92 卷，第 2 期（1950 年 2 月），第 79—85 页。

18 赖特，摘自法伊弗和二川幸夫（Yokio Futagawa）主编的《弗兰克·劳埃德·赖特》（*Frank Lloyd Wright*. Tokyo: A. D. A. Edita, 1984—1988），第 7—228 页。

19 V. C. 莫里斯写给赖特的信，1948 年 11 月 17 日，第 2 页，档案编号 B128D05，赖特基金会档案馆（现代艺术博物馆和艾弗里图书馆）。

20 参见保罗·V. 特纳（Paul V. Turner）的《弗兰克·劳埃德·赖特和旧金山》（*Frank Lloyd Wright and San Francisco*. New Haven, Conn. : Yale University Press, 2016），第 58—74 页。

21 莉莲·莫里斯（Lilian Morris）写给赖特的信，1957 年 7 月 16 日，档案编号 M263B05，赖特基金会档案馆（现代艺术博物馆和艾弗里图书馆）。同样引用在特纳的《弗兰克·劳埃德·赖特和旧金山》，第 74 页。

章前图　盖尔斯堡乡村住宅（Galesburg Country Homes）。密歇根州盖尔斯堡，1946—1949 年。总平面图，1947 年，用墨水和彩色铅笔绘于描图纸上，118.4 cm × 94.3 cm

8
在俯仰之间
提取盖尔斯堡的景观

迈克尔·德斯蒙德

弗兰克·劳埃德·赖特为密歇根州盖尔斯堡的社区设计的盖尔斯堡乡村住宅成为他整个职业生涯中最神秘又美丽的构想之一。彩色铅笔绘制的总平面图激发了人们的想象力(见章前图):图纸上，众多圆圈在翻滚，巨大的圆形地块覆盖在由旋转的地形线表示的和缓起伏的丘陵上，还有不规则形态的房屋、许多留存至今的绿树、一个规划建设的果园、一个花园与一排排葡萄藤，以及梯级落水的层叠水池和蜿蜒曲折的砾石道路。赖特利用抽象几何来促进人们对景观的认同，提高了景观作为社区基础的潜力，这一点在这幅图纸中体现地淋漓尽致。委托绘制图纸的盖尔斯堡成员对此的反馈是："我们对您所提出的关于本地区的开发构想感到不可思议——这简直是我们梦寐以求的。"[1]

在 19 世纪和 20 世纪之交，赖特的街区规划项目中占主导地位的是都市网格，与之相比，赖特在二战后对社区规模的设计形成了一种新的方法，将人们对建筑和对自我或群体的看法与自然环境联系在一起。这一方法的发展，可以从他革命性的流水别墅 [Fallingwater，也是考夫曼住宅（Kaufmann House），1934—1937 年；见第 144 页附图 8–1] 和约翰逊制蜡公司行政办公楼（Johnson Wax Administration Building，1936—1939 年）的设计之后的 10 年间制定的一系列规划项目中看出来，而一个非常明显的表现是，他也将无处不在的规划网格让位于动态和多样性的表现，反映出由汽车引起的建筑与景观的联系愈发密切。在盖尔斯堡的设计中，自然与人工之间的界限，甚至两者之间概念的差别，随着两者的相互依赖而逐渐消失。赖特在 1939 年伦敦的讲座中表示了对此的兴趣："我们正在谈论的是，乡村本身发展出一种建筑类型，而这种建筑将自然而然地成为乡间的一部分，属于乡间的建筑自然而优雅地存在着。这种建筑将会出现。事实上现在已经有一些了……我们在乡村拥有越多的这种建筑，社区生活就会变得越美丽，你就越意识不到建筑物作为入侵物的存在。"[2]

这种设计策略一开始是在被称为"翼展"（Wingspread）的大房子（图 8–1）中运用的，

图 8–1　翼展 [约翰逊住宅（Johnson House）]，威斯康星州温德角（Wind Point）。1937 年。鸟瞰图

这个房子是为约翰逊制蜡公司的老板赫伯特·约翰逊（Herbert Johnson）设计的，与此同时，该公司的行政办公楼也在建造中。在这个设计中，赖特用更复杂的旋转四边形构图代替了所有传统的对称构图，这在他的房屋平面图、总平面图和一些早期的鸟瞰图中能看出这一点。转年，在宾夕法尼亚州阿德莫尔的沙托普住宅项目（Suntop Homes Project）中，类似的形式再次出现。在这个部分完工的项目中，赖特在四边形公寓建筑的小平面图布局中采用了扭曲、旋转、并列的手法，实际上是将旋转运动融入设计过程中，创造了一个具有棱角的总平面图，其中建筑形式、车道和种植层合力形成了一种抽象的景观（图 8–2）。位于马萨诸塞州皮茨菲尔德的未建成的美国国防工人的住房，被称为“四叶草”（Cloverleaf，1941—1942 年），其结构改良自沙托普住宅，被种植着不同植物的独立小庭院所包围。房屋边缘呈圆形，用以反映汽车的运动轨迹（见第 145 页附图 8–2）。这些房屋的位置是相互联系的，这种方式既活跃了不断变化的群体特征概念，同时又不会让任何一个单一视角优先于其他的而凸显出来。在“四叶草”项目的鸟瞰图中，我们看到了各种尺度下个体特征和群体特征的关联，这种关联不断被建筑物内外及周边行驶的车辆所隐含的运动而变化。遍布整个场地的弯曲轨迹将重现由旋转的轮胎和方向盘带来的景观的变换，通过这种方式，汽车作为现代生活中心的潜力被展现出来。

赖特在这一系列的规划项目中，使用了弧线运动和旋转运动的设计，这种设计手法在以下 3 个项目的部分分区设计中达到顶峰，分别是盖尔斯堡（1947 年 3 月）、密歇根州卡拉马祖市附近的帕克文村（1947 年 4 月）和纽约的普莱森特维尔的美国风住宅（1947 年 5 月）。密歇根州的这两个项目是由一群来自卡拉马祖的普强制药公司的员工发起的，他们通过集体购买大片土地来发挥规模经济的优势。他们购买的土地一块靠近城镇，另一块在距城镇约 16.1 km 之处。赖特为盖

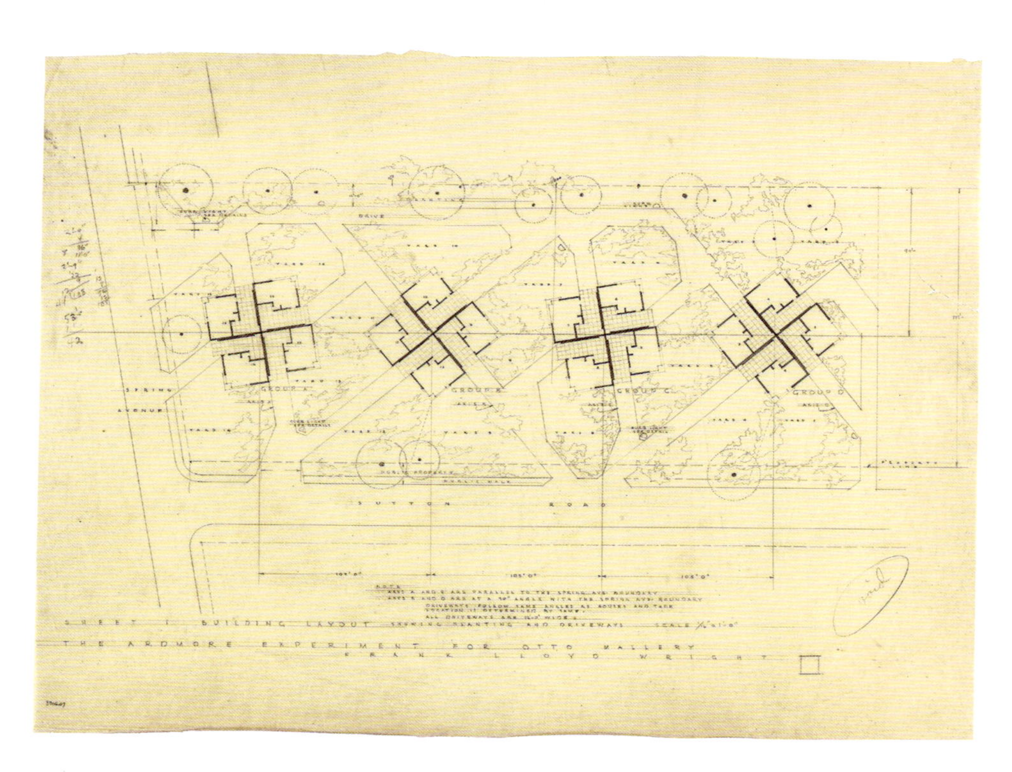

图 8–2　沙托普住宅，宾夕法尼亚州阿德莫尔，1938—1939 年。总平面图，用铅笔和墨水绘于纸上，68.6 cm × 104.1 cm

尔斯堡所做的是其中第一个项目，也是一个未建成的规划，但这奠定了 3 个项目的设计特性。盖尔斯堡小组有 5 名成员，他们希望将最终的规模限制在 15 人及其家属。他们购买的地块包括沿着县级公路的一段，整个场地有着绵延起伏的山丘，上面稀疏地种植着苹果树和其他成熟的硬木树，一条路经过中部的一个小山谷，通向开阔地域，旁边是树木繁茂的后方林地。该区域的北部有一条小河，成员们计划在那里筑坝方便游泳和钓鱼。

赖特以一种极具文字美和概念美的方案来呼应场地特征，规划了42个直径为61 m的圆形地块，它们散布在低矮的山丘上，并由狭窄的道路网络连接（见第 136 页章前图）。提交的平面图中未着色的圆形地块上带有地形描述，每个地块周围都种有灌木和背景植被，整块区域都笼罩在树木的绿荫之下。这是一种前所未有的形式、动态和景观的秩序。仔细观察，人们可以看到单独的地块都由带数字的小圆标记相连，三两块分为一组，表示人们要在它们之间作出选择。赖特希望每个成员从这些已划分的小组中选出一个地块，而未被选择的地块就成为公共用地，在那里建池塘、花园、果园或成为田地。每一次选择都要求成员们考虑与整体地形和道路位置的关系，并对其他成员的选择作出反馈——创建集群或者保持分散孤立的状态。该计划总共提出了 17 个这样的选择，并有无数种变化的可能。

虽然在这幅引人注目的平面图中有许多规划安排的范例，但似乎缺少网格。然而，网格的影响是真实存在的，因为几乎所有的地块都集中在正交的测量网格线上，这些网格线描绘了盖尔斯堡小组成员交付赖特设计的土地。他直接在收到的测量图上完成了设计初稿，后来他又广泛地利用了这个网格。在演示平面图中，网格则完全被压制在下面。在成员们选择了他们的地块之后，赖特唯一的建议是，在所选地块之间的共有土地上不要额外种植树木，这些区域应种植一些低矮的、自然生长的灌木，例如小檗或漆树，“在整个地带投下一抹彩色的网格”。[3] 由于山丘绵延起伏的特点，弯弯曲曲的道路将在这样一个个错落有致的独立景观圈之间穿插起伏，带来令人着迷的景致。当在环境中移动时，人们对个体、景观和群体的感知，甚至会比“四叶草”项目的更富于变化。由于对抽象的强调，人造和自然的界线变得模糊，并提醒着人们，人的意志和自然环境不断交织在一起，同时提醒着人们，如同一位从小在盖尔斯堡社区长大的居民认为的那样，家“不仅仅是一所房子”。[4]

这种将对建筑形式和景观的感知交织在一起的过程，也通过赖特在这一时期设计的许多独立住宅得到发展。这也是一种实验性方法，从他的草原式住宅和美国风住宅中使用的多个、重叠、部分不完整的正交参照系转变为动态的更为活跃的弧形和圆形参考系。赖特对这种方法的兴趣是在他最难以解释的一个住宅设计中发展出来的，那是为好莱坞电影艺术家拉尔夫·杰斯特（Ralph Jester）设计的、打算在洛杉矶以南的海岸建造的住宅（1938—1939 年，见第 146 页附图 8–3）。这些草图展示了对网格、动态和加州南部终年宜人的气候进行新的空间探索的初步成果。杰斯特住宅选定的位置坐落在高山环绕的一侧和太平洋外的壮阔景观之间，虽然这座住宅并未建成，但其住宅设计对这一令人印象深刻的山坡场地作出了回应。它将一个统领场地的规划网格与一系列圆形并列在一起，从凳子和其他座椅、桌子、床、壁炉、柱子和房间外壳到一个水面与地平线融合的无边游泳池。在这里，“外部”和“内部”的定义开始变得模糊，因为赖特将建筑元素彼此联系起来，并给予场地的景色一种新的自由。围墙、表皮、内和外，甚至是近和远，都有了新的意义。

在 20 世纪 40 年代初，赖特在设计“四叶草”

时通过网格和曲线运动来转移感知层次。几乎就在同一时间，他在得克萨斯州的埃尔帕索为劳埃德·伯林厄姆（Lloyd Burlingham）设计了一座令人震惊的新式住宅，在那里能够俯瞰里奥格兰德谷（1940—1942 年，见第 147 页附图 8–4）。这个未建成的住宅设计在控制网格和平面图的组织中心之间建立了一种与刚刚描述的项目设计有所不同的关系。在杰斯特住宅项目的演示平面图中，石质地面上的图案是由任意形状的碎片组成的，在某些区域，这些碎片拼成清晰的边长 1.2 m 的正方形网格，而在另一些区域，则随着圆形房间、柱子和家具而摇摆不定。相比之下，在对伯林厄姆住宅设计的初期研究中，赖特利用测量的正交模块先将房子固定在地形上，然后才让网格完全消失。这个房子是由弧形的围合线、封闭线和流通线组成的，并以从网格测量点上选择的两个中心为中心组织起来（见第 147 页附图 8–5）。一个中心位于场地高处露头的岩石上，定义了一系列同心圆弧，形成了车道、封闭的私人花园以及房屋的客厅和卧室部分；另一个位于空间之外，形成了一系列互补的弧线，界定了环绕在一个带游泳池的半月形场地周围的厨房和服务间。这两个推拉式的中心似乎悬浮在有防护石的山腰和遥远的河谷之间，建立了一种可操作的戏剧性。这是对赖特在住宅设计中经常提到的“前景和庇护所”动态的一种重新激活。

在杰斯特住宅和伯林厄姆住宅设计中使用的形式、符号和感知的新结构，清晰地出现在赖特为赫伯特·雅各布斯（Herbert Jacobs）设计的第二栋住宅建筑中，该住宅以“太阳半圆形”之称而闻名（图 8–3），而此时他为所罗门·R. 古根海姆博物馆做的设计也刚刚开始。该设计的曲线形状由一个被一分为二的中心所决定。低矮的房子俯瞰着一个下沉的圆形花园，它与太阳升起落下的路径对应。低矮的植物布满花园，形成一个完整的圆形，使人想起最初建造房屋时非常醒目的地平线。房屋内外空间由连续的弧形后围墙聚合。圆环上的凸出部分预留用作壁炉、浴室或一些实用功能空间，以及一个强调内外整体性的水池。一间悬挑的阁楼（卧室）居于其上，弯曲的连续玻璃幕墙和法式门给人带来整体性的体验，并与内外环境和天空结合形成一个不受约束的整

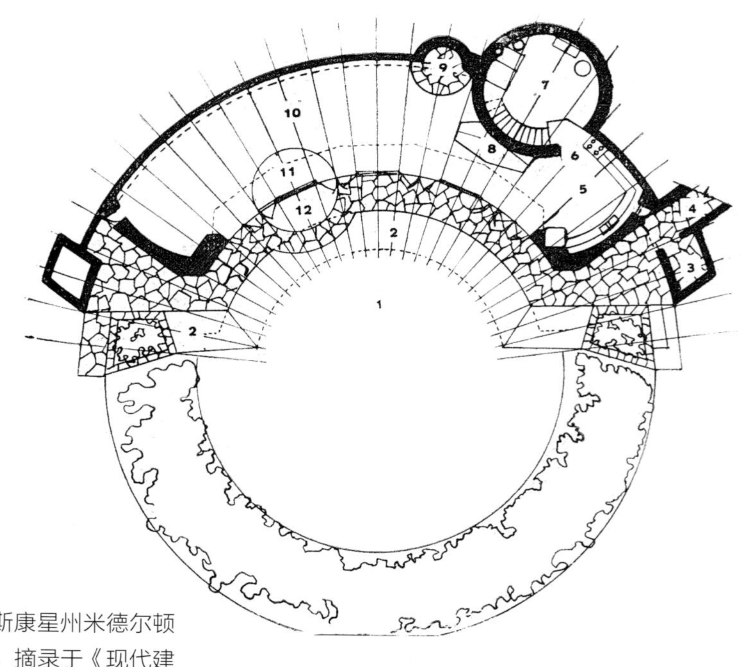

图 8-3　雅各布斯住宅（太阳半圆形），威斯康星州米德尔顿（Middleton），1943—1948 年。总平面图，摘录于《现代建筑艺术》（*L'Architecture d'aujourd'hui*）第 24 卷第 50 期（1953 年 12 月）

体。伯林厄姆住宅设计中圆环的应用展现了符号引用、认知改进和经验积累的结合，随着设计中双边寓意深刻的几何图形合拢成一个整体，符号的二元性不可避免地成为建筑学的组成部分。

由于赖特在之后几年中看到了各种各样的景观，因此雅各布斯住宅设计中的统一性要求被放宽了。赖特为肯尼思·哈格罗夫（Kenneth Hargrove）做的设计（图 8–4）和为小巴利亚里诺（J. J. Vallarino Jr.）做的设计（1951—1957 年，见第 148 页附图 8–6、附图 8–7），针对分别位于加利福尼亚州的奥林达和佛罗里达州的巴拿马城的两处场地拓展了这一策略。虽然赖特为这些客户都设计了多个改良方案，但是这两处住宅最后都未能建成。这两处设计与杰斯特设计方案和伯林厄姆设计方案一样，利用了场地与远处外部景观的空间关系，并利用逐渐升高的地面作为背景来营造圣殿的感觉。在这些设计中，不断弯曲的后墙的稳定性被各种中心区空间的弧形所抵消，包括起居室、用餐区、户外露台和台阶、圆形游戏室以及朝向远景的游泳池。此外，这种多样性体现在不同的层次上，例如客厅抬升起来面向远处景观，用餐区下沉靠近厨房和娱乐室，而上层卧室侧翼单独置于所有房间之上。空间的转移、下沉和运动意向组合起来形成一个连续空间，实现与外部自然世界的连接。在这些以圆为主题的住宅设计中，赖特扩展了“美国风”几何结构与向外投射的空间围合概念，把景观的特征融入进来，带来了一种新的“连续性”建筑理念。“我们所拥有的外部空间不再只是单纯的外部空间”，他写道，“外部空间和内部空间也不再作为两个分离的部分。如今外部空间可以融入内部，而内部空间也能拓展到外部，它们互为彼此……地面的开阔区域会与建筑物融为一体，而建筑的内部空间也延伸出去与场地的远景相连。”[5]

1951 年，赖特向莉莲·考夫曼（Liliane Kaufmann）提交了他职业生涯中最富有表现力的设计之一，这或许可以作为 20 年前为其丈夫建造的流水别墅的补充。乍一看博尔德住宅（Boulder House，见第 149 页附图 8–8），其简单的组织理念似乎很明显，构成房子主体的三部分与庭院和巨石散布的景观形成的不断扩大的圆圈之间形成了鲜明的对比，前者具有偶然性，而后者更具

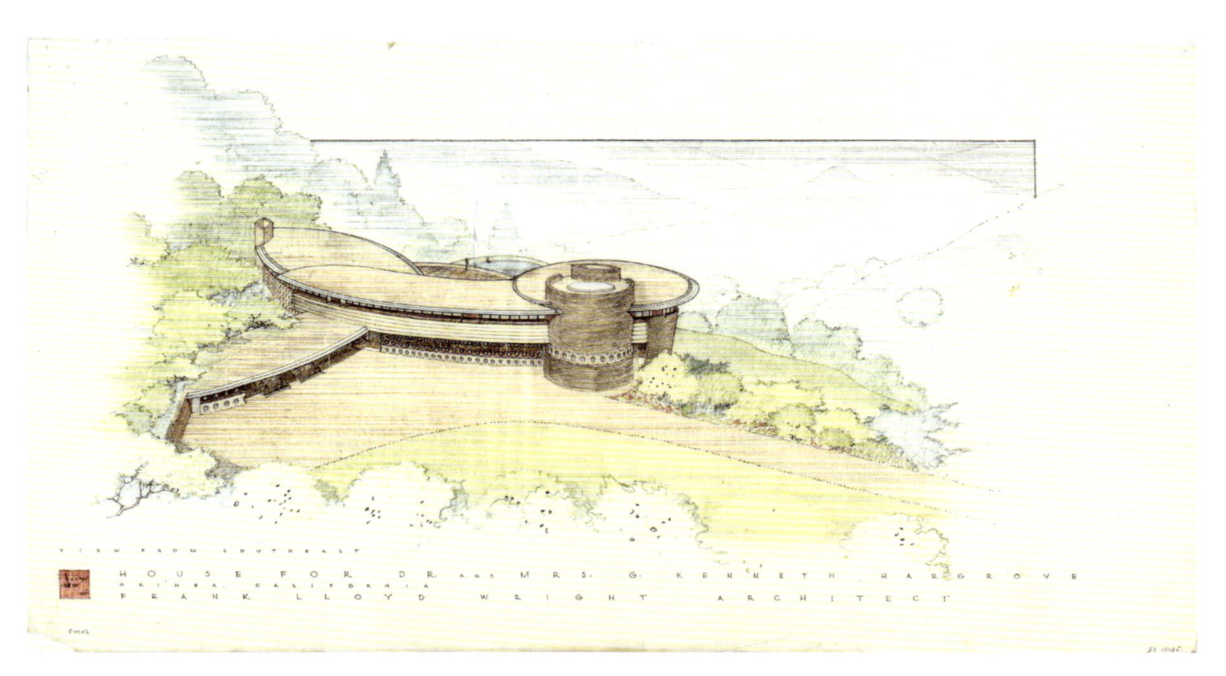

图 8–4　哈格罗夫住宅，加利福尼亚州奥林达，设计于 1950 年，未建成。东南方向鸟瞰图，用铅笔、彩色铅笔和墨水绘于描图纸上，47.9 cm × 88.9 cm

整体性。但是形式的相互作用只是故事的一部分，因为这些是通过在平面图中看不到的周围景观的关系和感知来激发的。这个未建成项目的效果图传达了赖特在该方面的意图。人们对建筑的体验会从停放汽车的中央前庭开始，之后随即映入眼帘的就是车库侧翼围成的草坪与碎石参半的地景，围绕壁炉一组凸出的石块，构成了一幅图画。这幅图显示了一组树木朝着离山脊最近的一个方向生长，这些山脊沿着西部边缘延伸到峡谷中，当树木向圣罗莎山脉的大棕榈峡谷深处延伸时，便与山脊建立了一种亲密的关系。人们被入口引向餐厅弯曲的一侧，穿过围绕房屋主体的水池上的一座桥，然后被吸引进客厅，客厅本身以反向动线明确了房屋的中心。这是一个由位置和方向的流动变化组成的过程，先是这个方向，然后是那个方向，先是穿过压缩的空间，然后是广阔的视野，当房子围绕着你的时候，会不断地改变你看它和看外部可见世界的参照系。餐厅和客房的凸出部分将人们的注意力吸引到外面，因为它们呼应并强化了设计的曲线结构。最后，平面图（图 8-5）中有一个高耸的圆形平台，悬挑在天空和沙漠景观中，是一个浅浅的阴影圈，一边被山脉包围，另一边被房子所包围。从鸟瞰图（见第 149 页附图 8-8）来看，在沙漠地面上散布着月牙状的房屋，与山形相呼应，将人们的目光拉向远方。这个设计类似于一个太阳系的动态运动模型，显示出围绕一个中心点运行的行星和其他星体的轨道，但没有清楚地说明总体的秩序。建筑物的线条和地球上的事物之间的关系不断变化，一切都变得错乱、偏离轴线、细微错位，创造出一种类似于我们在自然世界中获得的空间体验：在自然世界中，随着前进，我们不断用感知建立新的参照系。这是一种新型的建筑，是他晚年几十个这样的设计的缩影，这些设计很少有被落实建造的，但没有一个设计能像这个这样含义丰富。[6]

赖特为一位名叫劳尔·贝莱雷斯（Raúl Baillères）的墨西哥商人设计的住宅，是他理念的真正体现，“与周围自然景观相联系的建筑，是景观之美的说明者和开发者……”[7] 在阿卡普尔科市的一处壮观之地，赖特设计的这座房屋栖于阿卡普尔科湾之上，周围是一片开阔的露台，向北望去则是一连串的巨石，越过台阶、露台、游泳池和坡道向北望向下方的海滩，让人在平面图和立面图以及剖透视中的拱形围墙里就具有丰富感受（见第 150 页附图 8-9，第 151 页附图 8-10、附图 8-11）。这一体验始于上方道路上的一个门

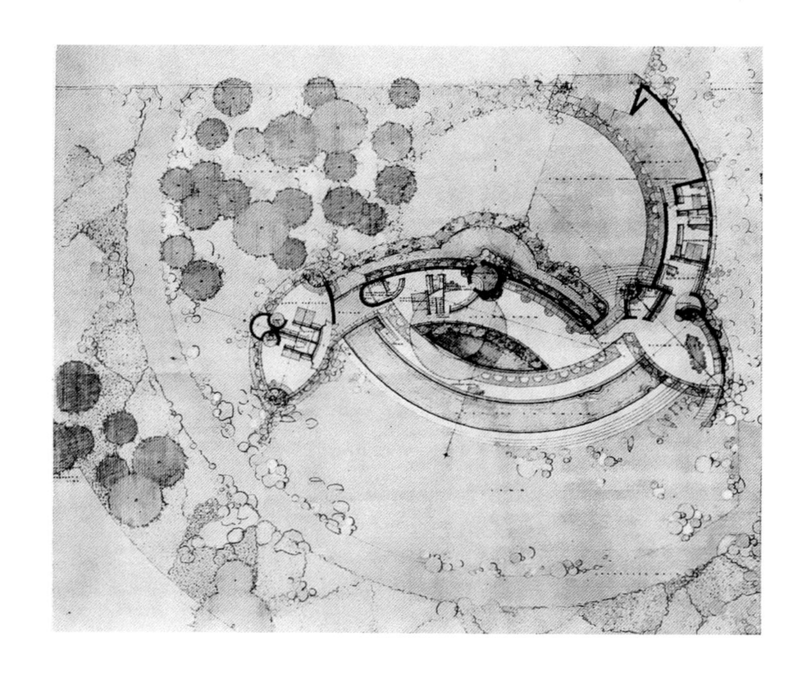

图 8-5　博尔德住宅，加利福尼亚州棕榈泉，设计于 1951 年。总平面图，摘录于《现代建筑艺术》第 24 卷第 50 期（1953 年 12 月）

楼，入口车道经过一个标志着溪谷源头的喷泉水池。溪谷的水要经过一系列的花园景观，沿着通往海滩的路径，先将人带到铺有碎石的汽车庭院，然后通过通向大海的坡道到达房子下面。离开入口车道后，人们被弯曲的台阶吸引到大天井中。这里的空间是由一处巨大的柱廊、一面弯曲的墙壁和一面缓慢上升的天花板组成的，其中部分延伸到一块巨大的圆石上，周围是中心空间的一个水池。房间的曲线与一组相似形态的大石头相对应，这些石头沿着山坡散落下来，继续向外延伸。经过狭窄的空间之后，是由这个最独特的内外庭院空间构成的远景，视野被拉向远处的海湾平面，其弯曲的边缘被周围的山峦所环绕，与房子的动感相呼应。房子塑造出海湾本身的样子，这与它自然的地理环境有关。赖特使用这些自然的特征来界定空间，好像它们是设计的元素，并将它们融入房子的结构设计中。

这种将解构几何与大自然空间动态结合的抽象概念，也是赖特在旧金山设计的第一所莫里斯住宅（V. C. Morris House，1944—1946 年；见第 152 页附图 8–12、附图 8–13）的关键。它坐落在陆地的边缘，可以俯瞰金门海峡和太平洋，这是他职业生涯中最引人注目的设计之一。正交参照系和圆形参照系、汽车和自然界、前景和庇护所之间的关系，在这里就像他设计的其他东西一样活跃。这个设计始于一幅用彩色铅笔直接绘制在海角勘测蓝图上的总平面图，从一个弯曲的入口车道向外延伸，越过一个巨大的落石峭壁延伸到悬挑的圆形房屋。测量师的参考网格实际上是用来限制房子、长廊和露台边缘的。这个既实用又具概念性的设计框架随后被用于二维和三维空间的设计中，用于控制弧线的运动方向，仪式性地将房子安设在海天交汇处。从街道上看的效果图戏剧化地表现了汽车的弯曲运动，并将其转向延伸到露台边缘的步行街。该空间充分利用了海洋和天空的视野：客厅的圆形地板仿佛漂浮在海面上，伸向海平线；而它的天花板边缘缓缓地上翘，逐渐指向天空。长廊和平台建立了一个框架，呈现了简化的笛卡尔坐标系，用于衡量我们在自然界中的位置。我们不只是存在于世界上，我们也被自己对它的理解所包围着，而这正是赖特的抽象学所具有的强大力量。一者成为抵达另一者的工具。我们应该把它看作一种不断演变的手段与目的的关系，还是认为它像持续不断的隐喻关系一样，某一种关系总是转化为另一种关系，把我们所站立的地面与海洋、天空、自然精灵等活生生的象征联系起来？赖特从一开始就在建筑中通过抽象表现手法、通过对线形和平面的利用来强调建筑的环境和感知。这种应用可能在此处达到了极致。这毕竟是地平线，当它与天空相遇时，水平面就变成了垂直面。

附图 8-1　流水别墅，宾夕法尼亚州米尔润，1934—1937 年。西南方向透视图，用铅笔和彩色铅笔绘于纸上，39.1 cm × 69.2 cm

附图 8-2 “四叶草”住宅，马萨诸塞州皮茨菲尔德，设计于 1941—1942 年，未建成。
鸟瞰图，用铅笔、彩色铅笔和墨水绘于描图纸上，74.6 cm × 91.4 cm

附图 8-3　杰斯特住宅，加利福尼亚州帕洛斯弗迪斯（Palos Verdes），设计于 1938—1939 年，未建成。
透视图和底层平面图，用墨水、铅笔和彩色铅笔绘于纸上，87.3 cm × 82 cm

附图 8-4　伯林厄姆住宅，得克萨斯州埃尔帕索，设计于 1940—1942 年，未建成。透视图，用墨水、彩色铅笔和铅笔绘于描图纸上，46.7 cm × 105.1 cm

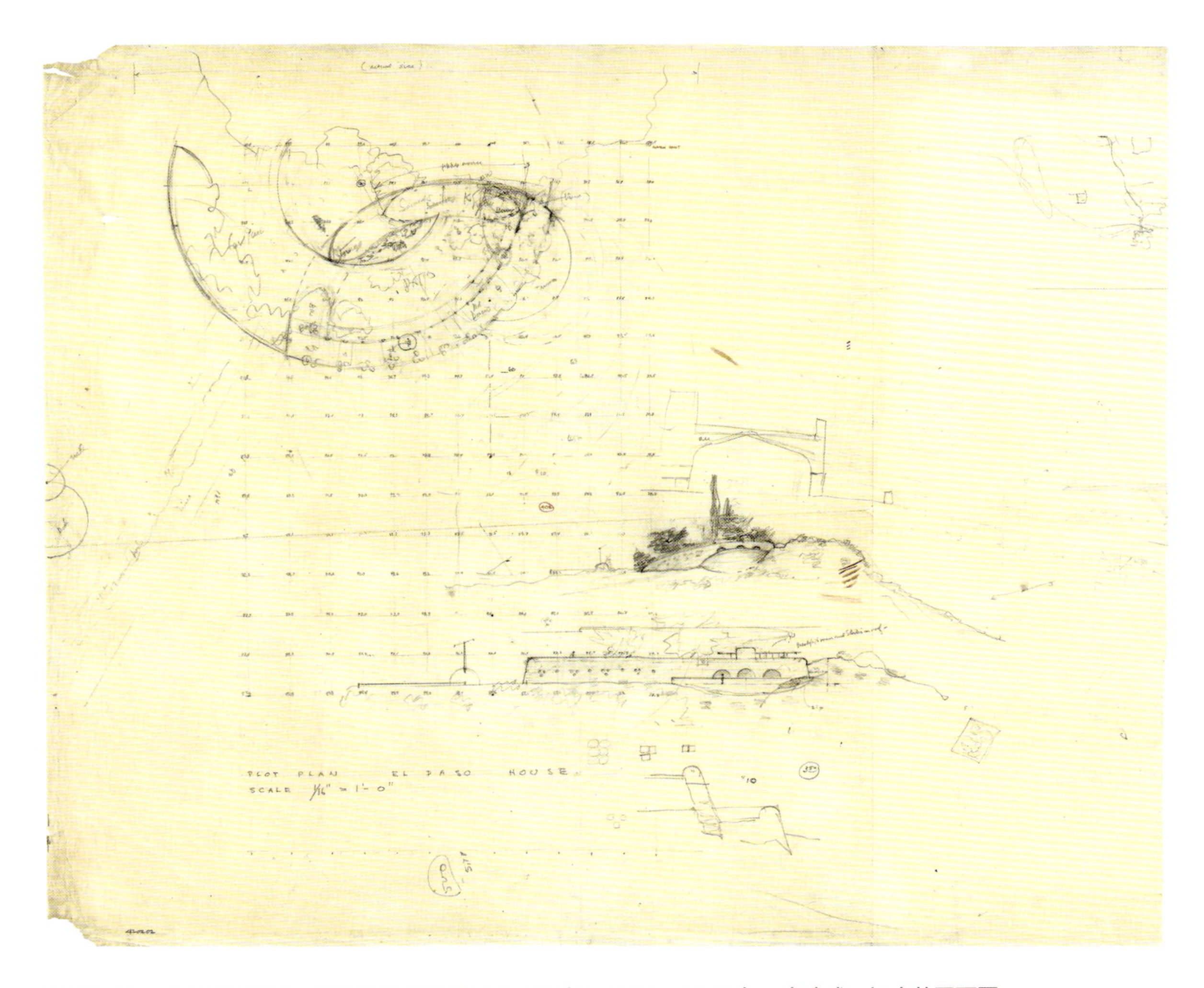

附图 8-5　伯林厄姆住宅，得克萨斯州埃尔帕索，设计于 1940—1942 年，未建成。初步总平面图、立面图以及透视图，用铅笔和彩色铅笔绘于描图纸上，90.5 cm × 109.5 cm

附图 8-6　小巴利亚里诺住宅，佛罗里达州巴拿马城，设计于 1951—1957 年，未建成。西南方向透视图，用墨水、铅笔和彩色铅笔绘于描图纸上，34.9 cm × 86.7 cm

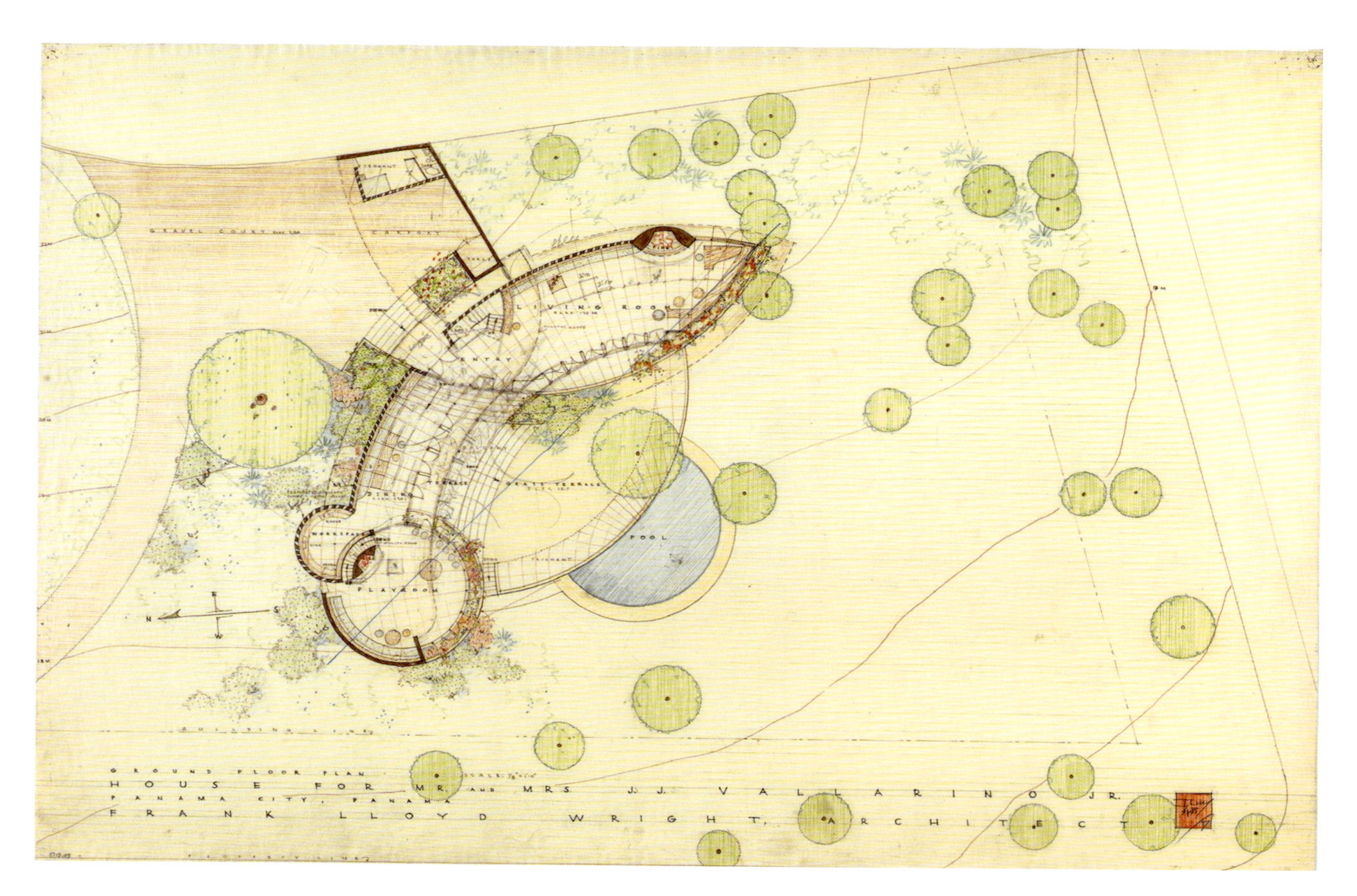

附图 8-7　小巴利亚里诺住宅，佛罗里达州巴拿马城，设计于 1951—1957 年，未建成。底层平面图，用墨水、铅笔和彩色铅笔绘于描图纸上，60 cm × 90.8 cm

附图 8-8　博尔德住宅，加利福尼亚州棕榈泉，设计于 1951 年，未建成。鸟瞰图，用墨水、铅笔和彩色铅笔绘于描图纸上，64.1 cm × 90 cm

附图 8-9　贝莱雷斯住宅，墨西哥，阿卡普尔科，设计于 1952 年，未建成。东北、西北、东南方向立面图，用墨水、铅笔和彩色铅笔绘于描图纸上，79.1 cm×148 cm

附图 8-10　贝莱雷斯住宅，墨西哥，阿卡普尔科，设计于 1952 年，未建成。露台的剖面透视图，用墨水、铅笔和彩色铅笔绘于描图纸上，80.6 cm × 134.3 cm

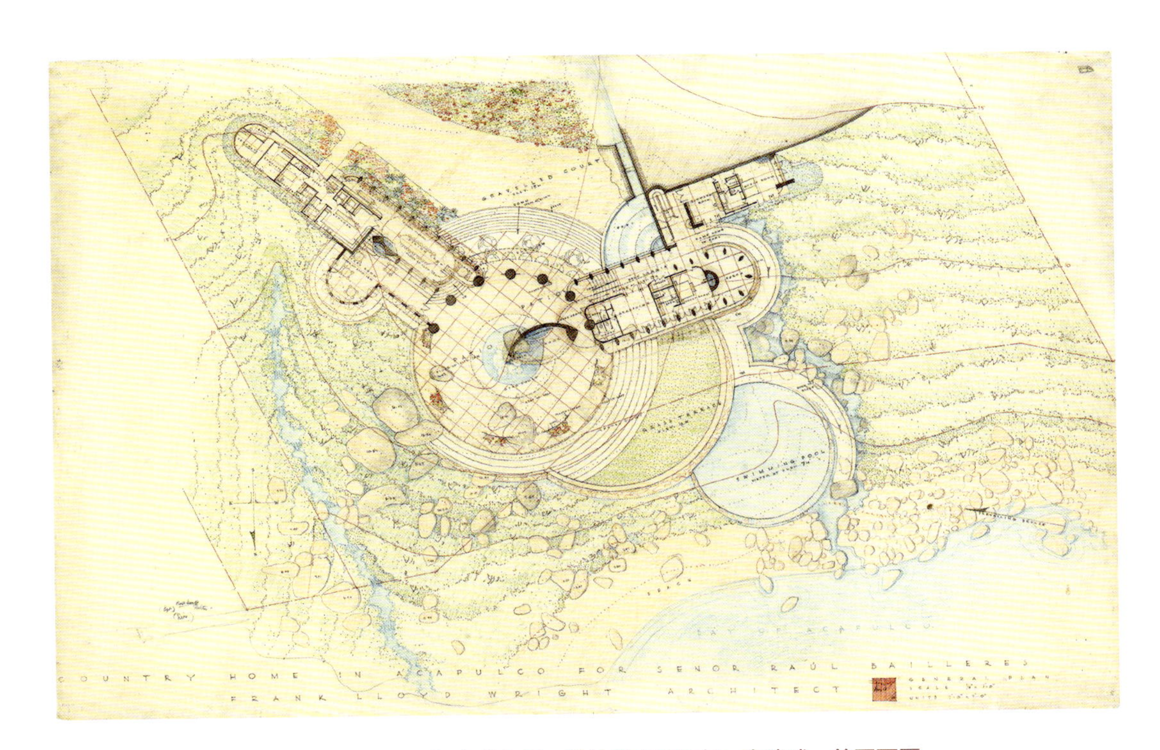

附图 8-11　贝莱雷斯住宅，墨西哥，阿卡普尔科，设计于 1952 年，未建成。总平面图，用墨水、铅笔和彩色铅笔绘于描图纸上，90.8 cm × 142.2 cm

附图 8–12　莫里斯住宅，加利福尼亚州旧金山，设计于 1944—1946 年，未建成。远眺金门海峡的透视图，用墨水、铅笔和彩色铅笔绘于描图纸上，89.2 cm × 113.7 cm

附图 8–13　莫里斯住宅，加利福尼亚州旧金山，设计于 1944—1946 年，未建成。仰角透视图，用墨水、铅笔和彩色铅笔绘于描图纸上，101.9 cm × 106.4 cm

注释

1. 柯蒂斯·迈耶（Curtis Meyer）写给赖特的信，1947 年 4 月 17 日，档案编号 G084C01，赖特基金会档案馆（现代艺术博物馆和艾弗里图书馆）。这个方案最终没有被采纳，主要是考虑到在密歇根州的漫长冬季砾石路面的养护问题。尽管赖特最初的景观设计没有付诸实践，但他提出的第二个方案——没有明确选择机制的 21 个地块——被部分实施建造。
2. 弗兰克·劳埃德·赖特，《有机建筑——民主的建筑》（*An Organic Architecture, The Architecture of Democracy*. London: Lund Humphries, 1939），第 16 页、第 33—34 页。
3. 弗兰克·劳埃德·赖特，引自《密歇根州卡拉马祖附近的两个“四叶草”住宅小区》（Two Cloverleaf Subdivisions Near Kalamazoo, Michigan）的一节，出自赖特设计并专用于介绍他的作品的两期专刊中的第二个。《建筑论坛》第 88 卷，第 1 期（1948 年 1 月），第 84 页。
4. 萨拉·维斯布拉特·沙斯特克（Sara Weisblatt Schastok），《外观、景观和世界观——弗兰克·劳埃德·赖特和英亩》（Facade,Landscape,and Worldview—Frank Lloyd Wright and The Acres），出自 *Memar*（译者注：伊朗的一份关于建筑和城市设计的双月刊）第 96 期（2016 年 4/5 月）。萨拉·维斯布拉特·沙斯特克从小生活在赖特设计的盖尔斯堡的房子里。
5. 弗兰克·劳埃德·赖特，《一部自传》，第 337—338 页。
6. 赖特对博尔德住宅的鸟瞰渲染图（附图 8-8）中，在右手边有一张小漫画呈现了现代主义风格的沙漠房屋，该房屋是埃德加·考夫曼几年前委托理查德·诺伊特拉（Richard Neutra）建造的。
7. 赖特，引自“塔里埃森 III”一节，出自赖特设计并专用于介绍他的作品的两期专刊中的第一个，《建筑论坛》第 68 卷，第 1 期（1938 年 1 月），第 3 页。

THE CHICAGO SUNDAY TRIBUNE: JULY 8, 1917. PART 1—PAGE 9.

This home is being built by P. D. Diamond & Co. in Ridge Homes, the new restricted residential subdivision being offered by Burhans-Ellinwood & Co. at Tracy, 103d Street and Hoyne Avenue.

YOU CAN OWN AN AMERICAN HOME

BEFORE the summer is over you can be the possessor of an American Home, built for YOU from the plan YOU select. You and your family can be enjoying its unique, beautiful design, its convenient arrangement, its enduring construction.

You can occupy it late this summer or early this coming fall. The price will be guaranteed in advance. The arrangement for payment will meet your convenience.

People in Chicago are just beginning to realize that American Homes are not high priced. Because American Homes look better and have the air of being out of the class of ordinary houses, many home builders have hesitated even to investigate them.

Now that they understand that an American Home costs no more, or even less than others, they are buying rapidly.

We want you, if you are contemplating owning a home now or in the future, to talk to us. All we ask is the opportunity to place before you the facts regarding the moderate prices and our special arrangements which will allow your American Home to be built NOW instead of in the distant future. But first may we remind you of the special advantages of American Homes, which would make you buy even if the price were much higher.

This Is Distinctly American Architecture

American Homes reflect American spirit. They are the most recent triumph of Frank Lloyd Wright, recognized at home and abroad as America's greatest architect. His fame is world-wide, though his most important work has been to teach the American people how they can live in houses that are beautiful, convenient, and enduring.

An American Home is as truly the product of the country and as thoroughly national as a French chateau or an Italian villa.

Homes With Personality and Beauty

American Homes have character. They command recognition. Their dignity, their quiet lines, their strength and their individuality, make them stand forth from the mass of ordinary designs.

These houses are the one, new, stirring note in this oldest and most important of all the arts—the art of home building. As a great writer has said: "They have music and meaning in them."

Convenient, Practical Enduring

When you first see an American Home, either the actual structure or the drawing which we show you, you will be struck by its beauty, its cheery, homelike appearance.

When you enter an American Home you will marvel at the skill which could so perfectly combine charm of outline and effect with absolute convenience and practicability for everyday use.

American Homes are "livable" places for you and your family to spend your lives in. They seem "home" to you from the day you take possession. They make for cheer and comfort and happiness.

Cross-lighting and cross-ventilation make them healthful. Scientific designing gives ample space where it is needed and saves steps. Every woman will be delighted with these plans. They reduce her responsibilities, whether she executes personally or merely supervises household duties. All the little extras and advantages that mean so much in the daily routine of home maintenance are found in American Homes.

The Home You Would Plan

American Homes are the kind you yourself would plan. In fact, you will plan yours, for you will choose, from among the many, exactly the one that suits your every need as to space and the number and arrangement of rooms. All the faults of the ordinary house plan are eliminated. No waste space, no dark corners. Every square foot of an American Home has its use and its value to you.

And you have the choice of so many designs that you are sure to find one that is essentially YOUR home, the home you have sought but never before found.

A Guaranteed Price No "Extras"

If you have ever built for yourself, or if your friends have, you know that the bugbear of home-building is the long list of "extras" that mount up as the construction goes forward.

These "extras" can not worry you when you purchase an American Home. The price is guaranteed. You know in advance exactly what your American Home will cost. And the quality of material and workmanship is guaranteed.

Built by Established Contractors

The American System does not alter present building conditions. American Homes are being erected by established contractors and builders who are enthusiastic over the practical character of the construction, and beauty and permanence of the finished edifice.

Come to Our Office—Learn How YOU Can Own An American Home

To you who live in apartments or in a house not your own, decide now to have a beautiful home of your own. Learn how easily you can become the owner of an American Home—within the next few months. Our arrangement will surprise you. You will find the terms suited to your convenience. Payments can be made monthly. American Homes range in price from $3,000 up.

And see the plans of American Homes. They are different and more complete. Some drawings show not only the walls, doors and windows, but the position of the furniture. It is as if the roof were lifted off. You look into your future home as it will be when you occupy it.

You can study the specifications that protect you at every stage of construction. You will be quoted the guaranteed price—no "extras"—on your completed home ready for occupancy, with quality guaranteed and no building worries.

A visit to our office places you under no obligations whatever. So come at your earliest opportunity. Let us prove every advantage of American Homes. You are to be the judge. We gladly place the facts before you and leave the decision to you. But act at once. For your American Home can be built this summer if you wish, under this broad, generous plan.

Or Write for Suggestions Suiting Your Requirements

If you cannot conveniently meet with us at our office, we will send you a number of beautiful illustrations, together with interesting facts about American Homes.

BUILDERS

Elmhurst GEO. R. CHAPMAN, S. E. Corner Kenilworth Ave. and St. Charles Road, Telephone Elmhurst 34

Berwyn ELLINWOOD & BRAGG, 6808 Windsor Avenue, Phones Berwyn 522, Randolph 3886

North Shore, West Side, La Grange to Naperville AMERICAN HOME BUILDING CO., Room 810, Chicago Savings Bank Building, 7 West Madison Street, Phone Majestic 7859

South Side, Riverside, Hollywood P. D. DIAMOND & CO., 2211 W. 110th Pl. Ph. Beverly 812, Loop Office: Room 808, 7 West Madison St

Gary INGWOLD MOE, Pres. of the Gen'l Construction Co., 801-4 Gary Theatre Bldg. Phone Gary 84 or 58

Champaign J. F. HESSEL

Decatur E. C. RAKOW, 209 Empress Bldg.

TO BUILDERS: These houses are built by builders having exclusive rights in their territories. There are still desirable territories not yet closed, for which we will be glad to hear from strong builders who can appreciate the sales possibilities of this enterprise. This applies not only to the immediate Chicago district, but to the surrounding Middle West which is handled from the Chicago office.

TO SUBDIVIDERS: Nothing could better put the stamp of quality on any subdivision than the building of some of these American Homes, designed by Frank Lloyd Wright. We will be glad to show you how easily this is possible.

LOCAL REPRESENTATIVES OF THE AMERICAN HOME BLDG. COMPANY

Waukegan & Lake Forest Barnum & Wells, Coon Building, Waukegan, Phone Waukegan 1093

Highland Park Henry K. Coale & Son, New Pearl Theatre Bldg. Phone Highland Park 17

Ravinia and Glencoe McGuire & Orr, G. H. Engelhart, Manager, Phone Glencoe 13

Hubbard Woods & Winnetka McGuire & Orr, Winnetka, W. J. Moir, Manager, Phone Winnetka 272

Kenilworth and Wilmette J. A. Shane, 1122 Central Av., Wilmette, Phone Wilmette 1079

"L" Terminal, Wilmette McGuire & Orr, Samuel McCune, Manager, Phone Wilmette 227

Central Street, Evanston Hanney Sons, Inc. End of car line, Phone Evanston 2280

Rogers Park M. J. Roughan, 1335 Jarvis Avenue, Phone Rogers Park 697

Oak Park and Austin Biggs Bros. 5625 South Boulevard, Phone Austin 136

River Forest Thos. E. McBride, Ashland and Lake Streets, Phone River Forest 4630

Maywood Chas. Heller, Madison St. and Fifth Av. Phone Maywood 116

Forest Park Theo. L. Lobstein & Co. 7207 West Twelfth Street, Phone Forest Park 2044

Norwood Park Geo. J. Eckhoff, 6022 Avondale Avenue, Phone Newcastle 984

La Grange Robertson & Robinson, Phone La Grange 668

Hinsdale E. F. Davis, 5 Washington Street, Phone Hinsdale 563

Special M. S. Hubbard, 23 N. Dearborn St., Chicago, Phone Central 1111

Pettit & Rockwell, Chicago Savings Bank Building, 7 West Madison Street—Telephone Central 677

CHICAGO BRANCH OF THE RICHARDS CO., MILWAUKEE, WIS.

章前图　美国系统建造房屋，设计于 1915—1917 年，未建成。摘录于《芝加哥论坛报》（周日版），1917 年 7 月 8 日

9
美国系统建造房屋：创造者与批量生产

迈克尔·奥斯曼

1917 年，密尔沃基市房地产开发商、实业家阿瑟·L. 理查兹（Arthur L. Richards）所拥有的理查兹公司在《芝加哥每日论坛报》（*Chicago Daily Tribune*）的几个周日版上刊登了房屋广告。在一个整版广告的中间，该公司大胆地宣布："您可以拥有一栋这样的美式住宅"（见章前图）。广告中用文字解释道，这些美式住宅是由"美国最伟大的建筑师"弗兰克·劳埃德·赖特设计的。[1] 广告的底部是来自威斯康星州、伊利诺伊州和印第安纳州的建筑商名单，他们可以提供如图中所示的这种住宅。赖特设计美国系统建造房屋时，其工作重点是设计一套建造体系，即使用工厂中用机器生产的建筑零件，以降低对劳动力的需求，从而生产出更划算的产品。直到 20 世纪 30 年代末，赖特仍然对设计美国中产阶级房屋感兴趣，他从使用批量生产的零件进行设计转向了使用标准大样进行房间制图的设计。与工厂的模块化生产不同，赖特制定了一套准则以指导他众多的学徒制造他自创的美国风住宅。由于学徒们的劳动是免费的，因此依此标准设计的大约 60 栋住宅不仅节约了设计成本，还扩大了赖特的影响力。前后两种方法之间的区别——使用工厂制造的建筑零件与依据标准草图设计房间——显示了 20 世纪前几十年赖特所采用的创作类型。这两种方法都使得赖特的实践与不同的批量生产方式灵活相接。

早在 1901 年，赖特就直言不讳地提出机械化是建筑设计的中心。他提倡使用工厂制造的零件和新材料，这样不仅可以降低建筑成本，使建筑更容易建造，而且可以确保它们具有文化意义。[2] 他设计的防火住宅的价格为 5 000 美元，这个住宅设计以及包括使用混凝土在内的一些想法于 1907 年首次刊登在《女士家居杂志》（*Ladies' Home Journal*）上。但是直到 1915 年，在理查兹的委托下，赖特才把全部精力投入到建筑成本节约方法的开发上。对于赖特来说，这是一个探索他对机械工程的兴趣的机会；而对于理查兹来说，赖特作为一个具有影响力的著名建筑师可以帮助推广这些规模和成本各异的房屋。[3]

为了减少劳动力成本，赖特与理查兹公司的工厂合作，以限制施工现场的木工数量。从施工图纸（比如窗台的施工图纸）中，人们就能看出，将熟练木工转化成工厂作业的复杂性（见第 160 页附图 9–1）。房屋设计是围绕模块组织的，而批量生产的建筑零件，如窗户、窗中梃、门、窗框细节和内部元件，在所有房子内部都有着连续而系统的设计，由此将美国系统建造房屋标记为赖特梦寐以求的"风格"的产品（见第 161 页附图 9–2，第 162 页附图 9–3、附图 9–4、附图 9–5）。

理查兹希望能够与专业建筑师以及西尔斯罗巴克公司（Sears，Roebuck and Co.’s，简称“西尔斯”）的邮购房屋进行竞争。在 20 世纪的前 10 年，西尔斯不仅通过工厂、仓库和配送设施网络提供组建房屋所需的所有组件，还有会计师进行融资以及建筑师帮助客户设计和装饰房屋（图 9–1）。[4] 建造西尔斯房屋的一些方法与建造美国系统建造房屋的方法有部分相似。例如，理查兹和赖特参考了西尔斯在“现成的”木材交付方面的创新。这意味着在施工现场几乎不需要锯，从而将木匠的劳动量减少了一半。但与理查兹公司的广告不同，西尔斯在产品目录中将自身形容为“服务于顾客的大型组织”，在交付之前每位客户都可以定制自己的房子。因此，虽然是机器制造的，但西尔斯房屋之间还是有很多细微的差别，以满足中产阶级对舒适度等的各种要求。[5]

赖特不太接受这种大规模生产房屋的开放式态度。在芝加哥面对商人群体的演讲中，赖特将他的系统建造房屋与其竞争对手的产品进行了比较：“我认为，有些美国建筑没有考虑到机器性和现代性的趋势，这对人们没有任何好处……但是……我不希望对这个新的‘系统’产生任何误解。这些建筑绝不是我们所听过的那种将材料捆绑在一起销售并且可以以任意方式组装的预制建筑。美国系统建造房屋不是一栋预制房子，而是一个家园……通过系统化的设计以保证结果……我希望以合适的价格为人们提供美丽的住房，而关键就在于将建筑整体打包。”[6]

由于工厂生产减少了建筑师与房屋建造各方面的直接接触，因此建筑的可重复性使得建筑师以创作者的身份成为系统的发明者，而不是任何一栋建筑的设计者。与赖特早期在芝加哥及其郊区建造的房屋不同，系统建造房屋不是围绕客户的愿望设计的，相反，它们向潜在的买家提供数量有限的选择。赖特承认其创作者身份的转变，并在该项目每张图的右下角发表声明：该系统的所有组件也是所申请专利的组成部分。尽管没有证据表明这些文件曾经被发送到美国专利局，但赖特为该系统申请知识产权的意图是相当明确的。[7] 赖特坚持美观、系统化和可预测的结果，而不是西尔斯提供的灵活、规模化的操作，这说明他既是客户和建筑商眼中的创作者，也是工业基础设施的发明人。

虽然理查兹公司仅成功地在密尔沃基市附近建造了 20 多栋这样的房屋，但赖特实际上监督绘制了约 1000 幅该系统图纸。事实上，与这个项目相关的材料是赖特基金会档案保存的所有资料中数量最多的。这是一项巨大的努力：员工们为市场营销制作文件，为客户制定合同，

图 9–1　来自西尔斯罗巴克公司产品目录的内页，“致敬比尔特现代住宅”（芝加哥，1918 年）

与工业生产者沟通，以及为选定的建筑商制定施工文件。[8] 尽管直接参与了这种最先进的管理范式，但赖特却声称从未将这种管理方法应用到自己的工作室。在 1932 年的自传中，赖特强调自己拒绝参与任何形式的办公室管理。“这里从来没有像常见的建筑师工作室那样的组织，也不太需要这种管理。我在哪儿，工作室就在哪儿：我就代表了工作室。”[9] 这句话指出了建筑师对其创作者身份的看法，是他能聚集起所有雇员的原因，也是赖特个人风格的延伸。

虽然赖特对现代管理文化持否定态度，但令人惊讶的是，1918 年纽约布法罗的赖特拉金大厦（1902—1906 年）中庭的一幅图被选为《办公室管理：原理与实践》（*Office Management: Its Principles and Practice*）的卷首插画，这是一本将弗雷德里克·温斯洛·泰勒（Frederick Winslow Taylor）的组织方法应用到办公室工作的书。[10] 此外，商业媒体将拉金的邮购处理中心视为“行政大楼的典范”，认为它代表了“一座忠实于商业理想的宏伟纪念碑”。[11] 一层平面图的图纸表明，公司行政需求的重要方面被纳入建筑设计中，包括定位了所有地板插座、壁灯、吸顶灯、留声机和电话的照明计划（图 9-2）。也许官僚主义体现在建筑设计中的重要标志就是拉金公司的秘书达尔文·马丁和经理威廉·希思（William Heath）的办公桌处于中心位置。[12] 因此，赖特充分意识到管理和基础设施对白领的价值，他在自传中的评论表明了他对创作者身份的认知上的转变。

自从 1929 年股市崩盘以来，赖特遭遇了一系列个人灾难，也几乎没接到任何工作。几年之后，也就是 1932 年，他在威斯康星州斯普林格林市成立了一所建筑学校——塔里埃森学社，这所学校坐落在他的祖宅旧址上。为了获得基本收入来维持工作室的运营，赖特在学社“聘用”想成为建筑师的学徒，他们每年支付 650 美元的学费（相比之下，同年宾夕法尼亚大学的本科生学费为 400 美元）。1933 年，塔里埃森的学费几乎翻了一番。最初报名的学徒大约有 20 位。学徒们为了学习如何制作赖特的设计而支付了这笔巨款，并在最后几年成为绘制建筑图纸的主要劳动力。在塔里埃森，赖特的著述是向学徒们开放的，这是因为这些教育基础设施指导了他们的工作，这与商业世界中使用的管理策略形成了鲜明的对比，例如在拉金大厦平面图的组织中所体现的那些。[13]

为了容纳这批新的学生工人，赖特提议在与主屋相距一定距离处建造一个连接宿舍的绘图室，作为塔里埃森场地内改造后的山坡家庭学校的延伸。在专家的监督下，学徒们开始在附近采

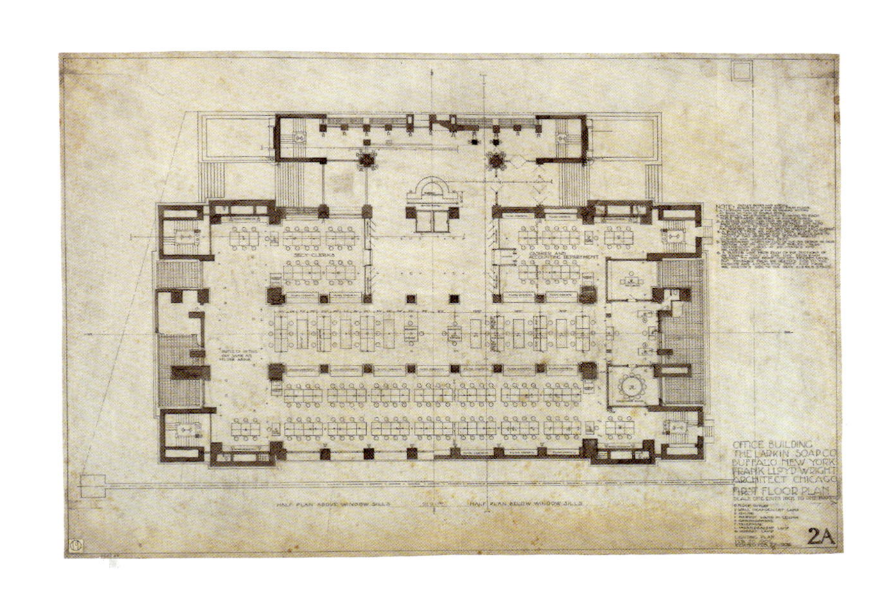

图 9-2　拉金大厦，纽约州布法罗，1902—1906 年。一层平面图，用墨水和铅笔绘于绘布上，61.6 cm × 94 cm

石，用石灰石生产石灰，在邻近的土地上砍伐树木制成椽木板，然后建造他们用以工作和生活的建筑。一位早期学徒埃德加·塔费尔回忆说，教学方法基本上是事必躬亲：做饭、清洁和不断拓展综合设施对于学社来说都很重要。“在绘图室以及塔里埃森的其他地方”，他写道，“我们在实践中学习。一开始，由高级绘图员监督，赖特先生让我们抄绘他早期建筑的图纸，并为下面山坡上正在建设的房间绘制图纸。”[14] 要明白抄绘的重要性：虽然在当时，抄绘在其他工作室也是很普遍的做法，但在塔里埃森，抄绘是将学校经济和工作室经济整合起来的一种手段，因为这一切都是为再现赖特的创作而服务的。

广亩城市（Broadacre City）项目（1929—1935 年）清楚地展现了学习与工作的结合，该项目是由第一批塔里埃森学徒开展的，阐述了赖特在 1932 年出版的著作《消失的城市》中关于城市化的观点。[15] 这本书大部分是对勒·柯布西耶提出的通过将高层建筑置于绿色景观中以缓解城市拥堵问题的观点的回应，强调了赖特在郊区建设基础设施的愿景。[16] 因此，该项目举例说明了如何在面积为 41 km^2 的一片土地上体现赖特的美国风理念，并用一个边长为 3.9 m 的正方形模型来表现（图 9-3）。1935 年，该模型在纽约新建的洛克菲勒中心（Rockefeller Center）展出，部分资金来源于匹兹堡百货公司老板埃德加·考夫曼。埃德加·考夫曼在大萧条时期给予赖特最大的支持，委托他设计了著名的流水别墅（1934—1937 年）。但考夫曼并不是该模型的唯一资金来源，学徒们还用他们的学费来支付这笔费用，而且建造模型的劳动者也正是他们自己。在该模型展示的一年内，学社开始根据模型所描述的价值观念设计美国风住宅。

系统建造房屋的设计被命名为“美国风”，说明了赖特对于一个以机器和专利为中心的国家的看法，同时“美国风”这个名称也反映了他在大萧条时期优先考虑的事情。美国风房屋的设计利用了那个时代背景下高失业率所带来的有更大承受能力的熟练劳动力，可以要求大师级的工匠用精细的施工技术在材料种类有限的情况下进行工作。尽管没有严格的知识产权法律，但是由此形成的工艺水平以及学社的监督保障了赖特的名声。[17]

赫伯特·雅各布斯是赖特的客户，也是后来赖特命名的美国风 1 号（Usonian 1）的所有者。他回忆起 1936 年对塔里埃森的参观，他和妻子“由 20 位建筑学徒带领着……穿过迷宫式的条状绘图桌，来到了正坐着的建筑师（赖特）的面前”。[18] 雅各布斯惊讶于这样一位有名的建筑师会接一个预算只有 5000 美元的小房子设计项目。在与赖特会面后，住宅最终预算定为 5500 美元，其中包括 450 美元的设计费。[19] 塔里埃森温馨又层次分明的环境提供了一种基础设施，使得这样的委托在经济上是可行的，尽管当时人

图9-3　广亩城市，设计于1929—1935年，未建成。赖特和他的学徒们在亚利桑那州研究广亩城市模型时的照片。埃德加·塔费尔拍摄，藏于芝加哥艺术学院赖尔森与伯纳姆档案馆，历史建筑与景观影像部

们通常不太支持美国国内的建筑实验。事实上，根据1934年的美国《国家住房法》，联邦住房管理局（Federal Housing Administration，FHA）不会为任何美国风住宅提供任何资金。对此的一个解释是，根据FHA标准，银行不会为这些房屋提供贷款，因为它们的建筑体系是非常规的，例如独特的墙壁装配或者赖特提出的通过混凝土板传递热辐射的方法。面对住房债务的不断扩大，这些房屋的建造只能通过免除设计劳动力的费用和自由使用客户拥有的资金来实现。[20]

虽然雅各布斯住宅（1936—1937年，见第163页附图9–6）在很多方面都是实验性的，但却试图将建筑诠释为典型。从平面图上考虑，以0.6 m×1.2 m的模块组织墙体分布，可以减少材料的浪费（见第163页附图9–7）。这个矩形网格清晰地反映出在住宅规模下的1英亩的广亩城市式的模块，尽管后者并不是完美的双正方形。但是对于扩展赖特的名声来说，为项目（见第164页附图9–8）绘制的细节要比几何平面更为重要。这些微小的元素将成为未来20年设计美国风住宅的"语法"。[21]除此之外，这些细节还定义了松木板和木板墙，以及用胶合板芯代替螺柱等特性。雅各布斯住宅的墙体比传统的墙更薄，并与转角和书架完美合为一体（图9–4）。这些不再是简单的墙壁。传统建筑用多层包覆才得以隐藏起粗糙的工作面，而赖特的墙展现出必要的细节，展示了木匠的工艺。例如，美国风住宅的窗户细节比一般系统建造房屋的要少得多，但是需要木匠用库存的木材定制窗框，在不粉刷的情况下，错误是无处隐藏的，因此对木匠的要求也更高。

在接下来的20年中，赖特设计了140栋美国风住宅，其中许多栋都采用了雅各布斯住宅中的细节，这些都被总结在一张名为"标准节点详图表"的图纸中。档案馆中保存了8张这样的表格，最后一张表格是在1940年5月23日完成绘制的。随后，为了在现代艺术博物馆的庭院中建造一座示范建筑，此表在9月23日进行了修订，但可惜的是这座建筑并未建成（见第164页附图9–9）。新的学徒不能仅仅抄绘旧项目的图纸，还被要求掌握这些标准节点详图，并运用到他们在学社设计的房屋中。如此，标准节点详图表成为使得设计过程本身可以批量生产和集中控制的工具，而不是用批量生产的零件来代表建筑师的名声。

在塔里埃森完成美国风住宅的图纸之后，学徒通常会将图纸带到现场，作为总承包商来监督该地区工匠们的工作。这种全方位服务的操作意味着可以不用标注详细的尺寸，允许在现场进行解释。组织网格和标准节点详图是实现房屋建设的首要指导原则。因此，在绘制室内设计的标准节点详图，而不是规范化的施工零件组成的机器系统，体现了学徒受到的教育程度，集中反映出赖特的风格。"标准节点详图表"通过一系列小规模决策的指导辅助规范了房屋的建造。这样的"内部标准"并非建筑建造所独有的，也存在于许多工业实践中，但它们代表了一种设计上的控制形式，与现代主义史学中通常关注的诸如钢筋或混凝土等材料的工业化建造有所不同。美国风住宅证明，建筑师的身份也可以通过现代经济中的一些方法得到拓展，即在许多训练有素的人（尤其是那些熟练的工匠）的帮助下，不断复制建筑师的风格。

图9–4　雅各布斯住宅，威斯康星州麦迪逊，1936—1937年，起居室

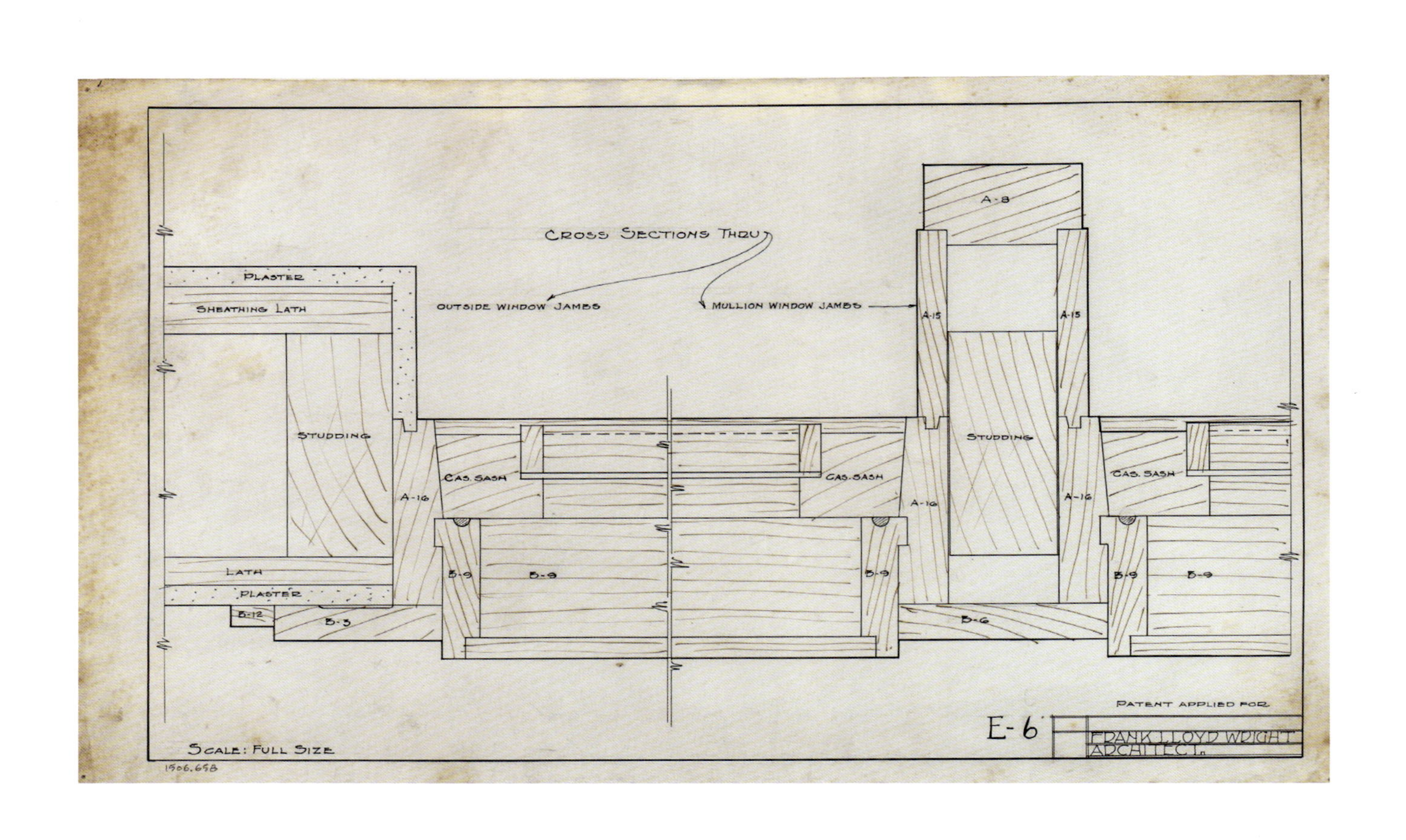

附图 9–1　美国系统建造房屋，设计于 1915—1917 年，未建成。窗户详图，用墨水绘于绘布上，30.5 cm × 51.4 cm

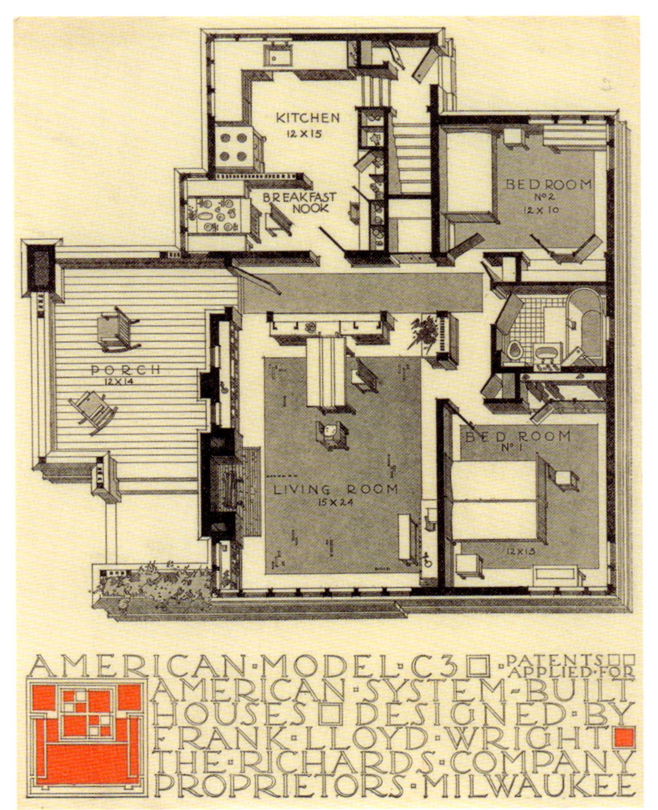

附图 9-2　美国系统建造房屋，设计于1915—1917年，未建成。模型C3，平版印刷，单幅尺寸为27.9 cm×21.6 cm。与附图9-3、附图 9-4、附图 9-5 同藏于现代艺术博物馆，小戴维 · 洛克菲勒基金会（David Rockefeller, Jr. Fund）、艾拉 · 霍华德 · 利维基金会（Ira Howard Levy Fund）和杰弗里 · P. 克莱因购买基金会（Jeffrey P. Klein Purchase Fund）捐赠

附图 9-3　美国系统建造房屋，设计于 1915—1917 年，未建成。模型 D101，平版印刷，27.9 cm × 21.6 cm

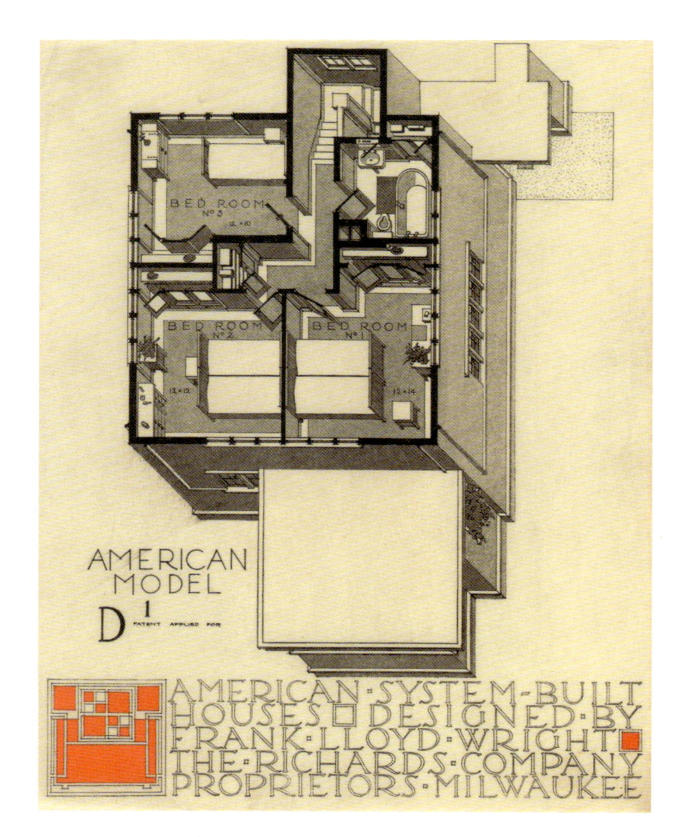

附图 9-4　美国系统建造房屋，设计于 1915—1917 年，未建成。模型 D1，平版印刷，27.9 cm × 21.6 cm

附图 9-5　美国系统建造房屋，设计于 1915—1917 年，未建成。模型 A101，平版印刷，27.9 cm × 21.6 cm

附图 9-6　雅各布斯住宅，威斯康星州麦迪逊，1936—1937 年。室外透视图，用铅笔和彩色铅笔绘于纸上，55.2 cm × 81.3 cm

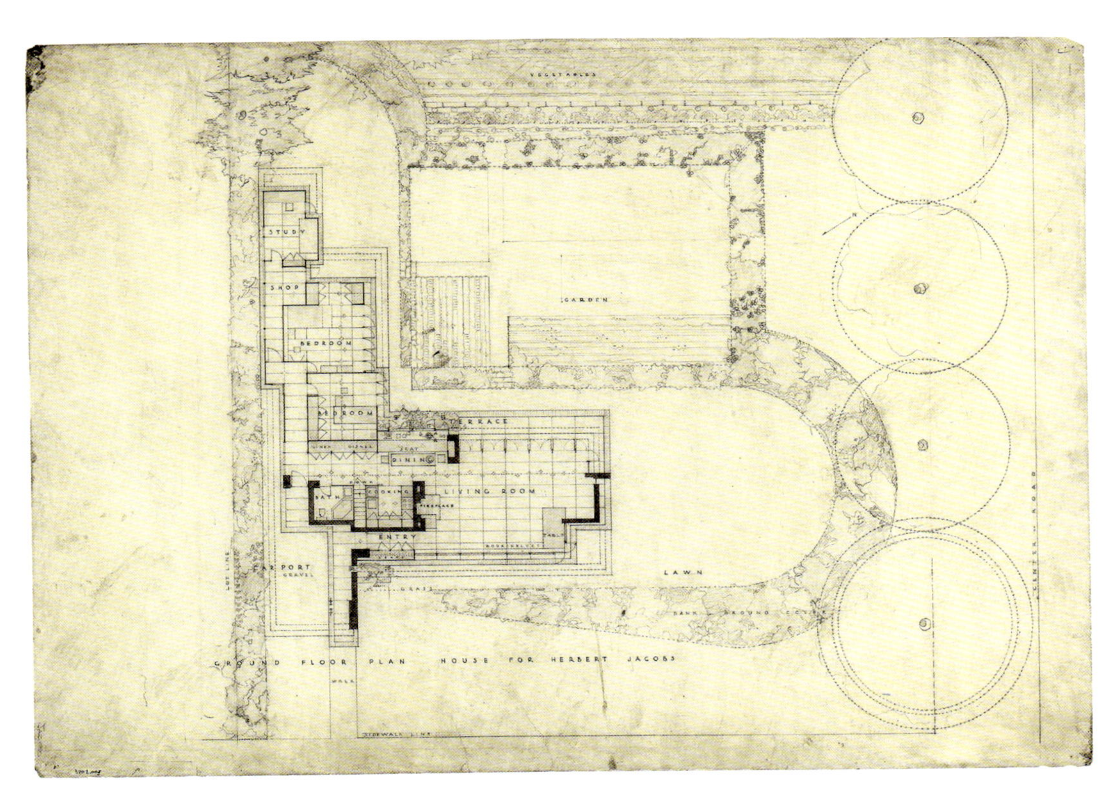

附图 9-7　雅各布斯住宅，威斯康星州麦迪逊，1936—1937 年。底层平面图，用铅笔和墨水绘于描图纸上，61.3 cm × 86.4 cm

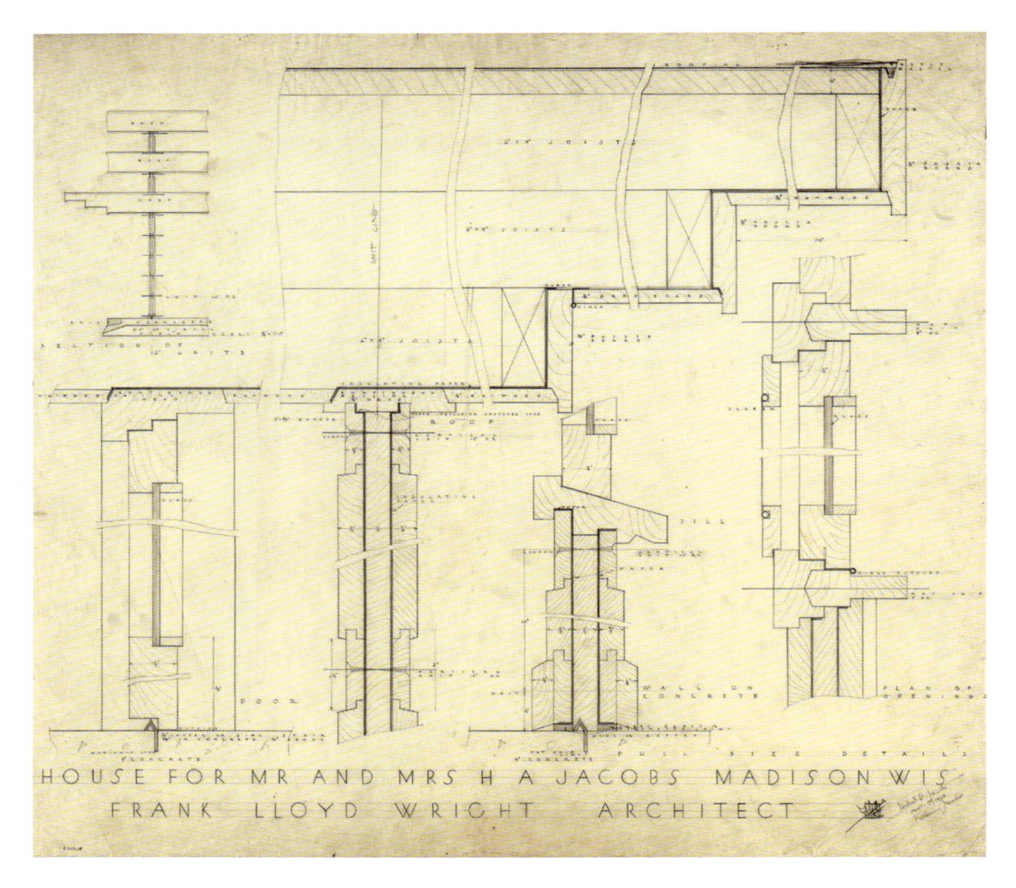

附图 9-8　雅各布斯住宅，威斯康星州麦迪逊，1936—1937 年。施工详图，用铅笔绘于描图纸上，78.1 cm × 86.4 cm

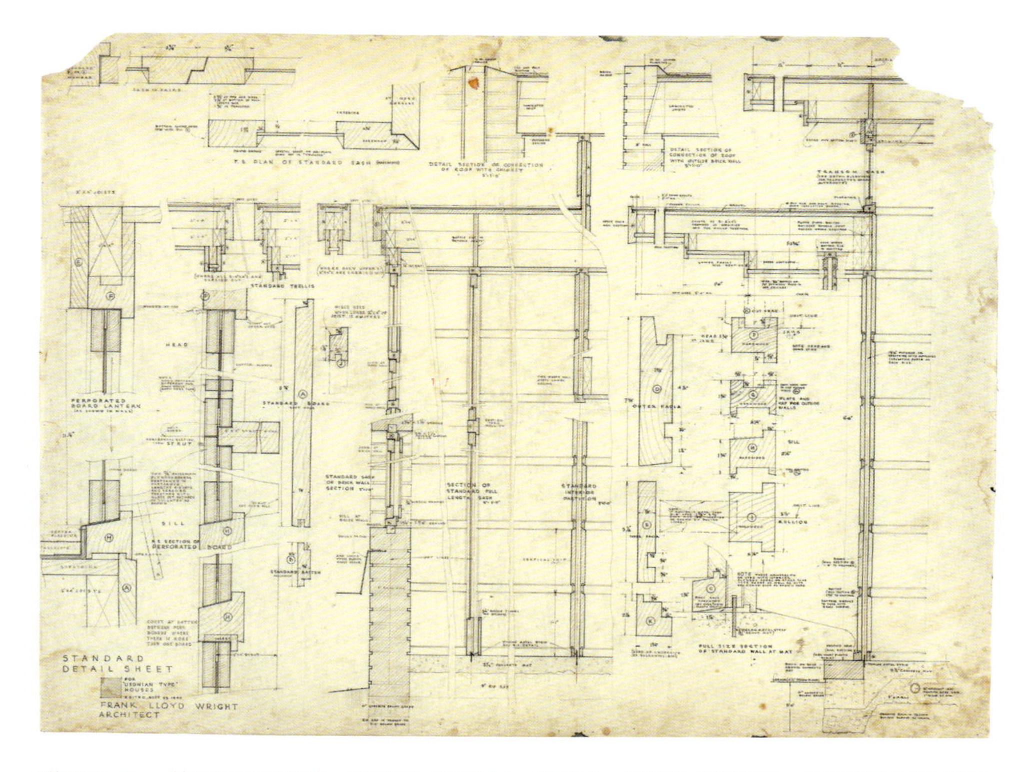

附图 9-9　美国风类型住宅，设计于 1940 年，未建成。标准节点详图表，用铅笔和墨水绘于描图纸上，91.4 cm × 119.4 cm

注释

1 在赖特基金会档案中保存着这则广告的撕下来的一页（现代艺术博物馆和艾弗里图书馆），档案编号 1506.162。它发表在《芝加哥论坛报》（周日版）上，1917 年 7 月 8 日，第 9 页。其他发表于在 1916 年 9 月 17 日、1917 年 3 月 4 日和 1917 年 6 月 3 日。

2 参见《机器的工艺美术》，第 58—68 页。

3 一则广告提到："小房子的价格为 2750~3500 美元不等，大房子的价格为 5000~100000 美元不等。"《美国住宅》（American Homes），《芝加哥论坛报》（周日版），1917 年 3 月 4 日，第 7 页。雪莉 · 杜 · 弗伦 · 麦克阿瑟（Shirley du Fresne McArthur），《弗兰克 · 劳埃德 · 赖特：密尔沃基的美国系统建造房屋》（*Frank Lloyd Wright: American System-Built Homes in Milwaukee*. North Point Historical Society,1983）。肯尼思 · 马丁 · 高（Kenneth Martin Kao），《弗兰克 · 劳埃德 · 赖特：建筑艺术实验》（Frank Lloyd Wright: Experiments in the Art of Building），《模数》（*Modulus*）第 22 期（1993 年），第 66—93 页。

4 阿瑟 · L. 理查兹写给赖特的信，1917 年 2 月 6 日，档案编号 R001C06，赖特基金会档案馆（现代艺术博物馆和艾弗里图书馆）。

5 西尔斯罗巴克公司产品目录，"致敬比尔特现代住宅"（芝加哥，1918 年）。

6 参见《美国的房屋建筑系统》（The American System of House Building），载于《西方建筑师》（*Western Architect*），1916 年 9 月期，第 120—121 页。着重强调。

7 理查兹公司于 1916 年 11 月发给赖特的合同，上面规定赖特将以他的名义拥有这些平面图和规范的"适当专利和版权"。理查兹公司声称拥有使用这些专利和版权的"专属权利与特权"。理查兹公司将合同寄给赖特，档案编号 W306A01，赖特基金会档案馆（现代艺术博物馆和艾弗里图书馆）。

8 威廉 · 阿林 · 斯托勒（William Allin Storrer），《弗兰克 · 劳埃德 · 赖特的建筑：完整目录》（*The Architecture of Frank Lloyd Wright: A Complete Catalog.* Chicago: University of Chicago Press, 2002），第 198—210 页。

9 弗兰克 · 劳埃德 · 赖特，《一部自传》，第 236 页。

10 李 · 加洛韦（Lee Galloway），《办公室管理：原理与实践》（*Office Management: Its Principles and Practice.* New York: Ronald Press, 1918）。

11 乔治 · 特威迈尔（George Twitmyer），《行政大楼的典范》（A Model Administration Building），载于《商业人杂志》（*Business Man's Magazine*）第 19 期（1907 年 4 月），第 43 页。

12 这两个人都向赖特委托了住房项目设计。对拉金大厦的完整处理，参见杰克 · 奎南的《弗兰克 · 劳埃德 · 赖特的拉金大厦：神话与现实》（*Frank Lloyd Wright's Larkin Building: Myth and Fact*. Chicago: University of Chicago Press, 1987, 2006）。

13 埃德加 · 塔费尔，《天才的学徒：与弗兰克 · 劳埃德 · 赖特共度的岁月》（*Apprentice to Genius: Years with Frank Lloyd Wright*. New York: McGraw-Hill, 1979），第 15—16 页。

14 出处同注释 13，第 164 页。

15 弗兰克 · 劳埃德 · 赖特，《消失的城市》。

16 尼尔 · 莱文，《弗兰克 · 劳埃德 · 赖特的城市主义》（*The Urbanism of Frank Lloyd Wright.* Princeton N. J. : Princeton University Press, 2016），第 157 页。

17 这些住宅应更严格地归美国所有，赖特称之为"美国风"。他声称这个名称是从塞缪尔 · 巴特勒（Samuel Butler）那里得来的。参见约翰 · 萨金特（John Sergeant），《弗兰克 · 劳埃德 · 赖特的美国风住宅：有机建筑案例》（*Frank Lloyd Wright's Usonian Houses: The Case for Organic Architecture*. New York: Whitney Library of Design, Watson-Guptill Publications, 1976）。

18 赫伯特 · 雅各布斯与凯瑟琳 · 雅各布斯（Katherine Jacobs），《与弗兰克 · 劳埃德 · 赖特一起建造：插图回忆录》（*Building with Frank Lloyd Wright: An Illustrated Memoir*. San Francisco: Chronicle Books, 1978），第 3 页。

19 弗兰克 · 劳埃德 · 赖特，《美国风住宅 1 号》（"The Usonian House 1"），载于《自然之家》（*The Natural House*. New York: Horizon Press, 1954），第 81—91 页；唐纳德 · 卡莱克（Donald Kalec），《雅各布斯住宅 1 号》（"The Jacobs House 1"），载于《弗兰克 · 劳埃德 · 赖特和麦迪逊：艺术与社会互动的 80 年》（*Frank Lloyd Wright and Madison: Eight Decades of Artistic and Social Interaction*），保罗 · 斯普拉格编（ed. Paul Sprague, Madison: University of Wisconsin Press, 1992），第 91—100 页。

20 路易斯 · 海曼（Louis Hyman），《债务国：红墨水中的美国历史》（*Debtor Nation: The History of America in Red Ink*. Princeton, N. J. : Princeton University Press, 2011）。

21 乔治 · 查德威克（George Chadwick），《成为塔里埃森成员的挑战》（"The Challenge of Being a Taliesin Fellow"，1940），载于《关于赖特的文章：弗兰克 · 劳埃德 · 赖特评论精选》（1983 年版），第 60 页。

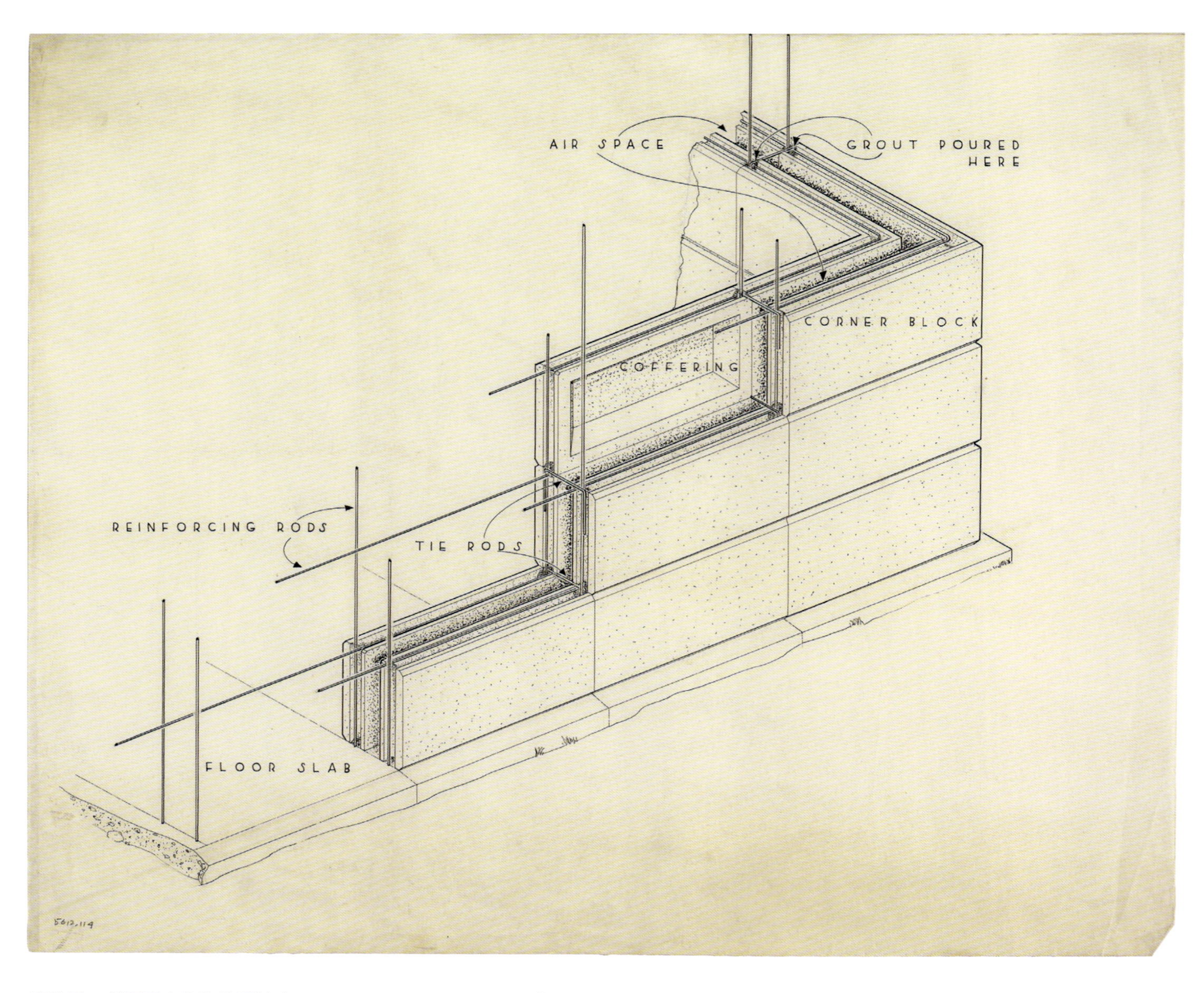

章前图　美国风自动构造系统（Usonian Automatic System），设计于 20 世纪 50 年代早期，未建成。
轴测图，1954 年，用墨水绘于描图纸上，52.1 cm × 63.5 cm

10
“自己动手”——美国风自动构造系统

马修·申斯贝里

现在大多数人可以养花了，
因为所有人都得到了种子。
——《花》，阿尔弗雷德·丁尼生（Alfred Tennyson）

借助美国风自动构造系统，弗兰克·劳埃德·赖特为美国居民——这是赖特对文化先进的北美地区市民的爱称——提供了“自己动手”建设自己的家园与社区的方式。尽管赖特多年来一直困扰于如何设计出大规模价格适中的住房，并在这一过程中发明了众多构造系统，但美国风自动构造系统与以往的系统不同：在敏感性上它几乎是开源的，它明确地允许任何人在自己的土地上建造属于自己的建筑。

1954年，在《自然之家》首次出版的轴测图描绘了美国风自动构造系统是如何工作的（见章前图）。[1]这个想法很简单：混凝土砌块通过纵横交错贯穿连接处的钢筋得以加固，就像用织布机编织的一样。它的开放性意味着它也是能够扩展的，能够用来建造小型住宅、大型市政中心以及基础设施，比如挡土墙、露台和马路。最重要的是，赖特预想任何人都可以操作和使用这个系统，因为其基本原则——编织，对劳动力、专业技能或先进技术的要求很低。此外，材料也很容易获得。赖特希望这个系统的用户以他们自己的土地为骨料，来自行浇筑混凝土砌块。这个系统是完全标准化的，只包括12种不同的浇筑混凝土砌块。个人可以在小范围内使用该系统，也可以与其他人合作搭建更大的结构。通过这种方式，美国风自动构造系统接近于自力更生与群居生活之间、个人主动与合作行动之间的民主关系。

设计一种系统而不是一栋建筑意味着什么？系统是开放式的，能够发展和变化，而蓝图则限定了最终产品。赖特设想，随着时间推移，美国风自动构造系统将发展出一个更民主的公民结构——无论是在物质层面上还是在社会性质上。他解释了其政治潜力，并将这样一种建设方法描述为“一个自由的社会，尽管完全标准化，但它仍然确立了多样化的民主理想——个人的主权。由此，真正的建筑才有发展、进化的可能”。[2]美国风自动构造系统不亚于一种实现社会公平的工具。

先例

赖特的第一批价格适中的住房设计出现在20世纪初的《女士家居杂志》上，试图用当时常见的邮购策略来普及他的住宅设计。随后，他在1915—1917年的美国系统建造房屋设计（见第161~162页附图9–2~附图9–5）中试验了工厂生产的房屋。该系统通过在工厂预制建筑部件来降低成本，为确保质量，这些部件由有资质的承包商制造。赖特早期设想的美国系统建造房屋是利用工业和机械化提高效率的尝试，同时仍然生产出优质且美观的产品。

早在1901年，赖特至少在理论上，就已经将工业当作民主的代理人。当时他在赫尔馆（一个芝加哥多元化民间组织），向听众读了他的开创性论文《机器的工艺美术》。在他的演讲中，赖特认为机器是“民主的伟大先驱”。他引用了维克多·雨果《巴黎圣母院》（1831年）中的观点，即印刷机将知识以能够复写的形式解放出来，已经取代了先前归属于建筑的象征性和公民性功能：书已经取代了建筑。赖特认为，要使建筑保持与民主的相关性，就必须学习印刷机——“伟大城市诞生之后问世的第一台伟大的机器”。[3]为此，赖特试图将建筑生产工具化，将机器作为一种节省劳动力的工具，为文明带来更多的美丽、多样性和尊严。[4]《芝加哥论坛报》将赖特的观点总结为：“这个观点……认为不应该有奴隶或类似奴隶的产品。相反，它断言机器生产……可以而且也应该是真正的艺术。”[5]

赖特在工业生产与美国系统建造房屋的结合上取得了一定的成功。到了20世纪20年代，在加利福尼亚州工作时，他开始尝试另一种建筑系统，这种建筑系统采用了一种更适合周围沙漠气候的新材料：混凝土。当时的住宅建筑很少使用混凝土——赖特称之为“建筑业的弃儿”[6]——但他从混凝土的可塑性中看到了可能性：“混凝土是一种可塑材料，容易受到想象力的影响。我从中看到一种迂回曲折的感觉。为什么不编织一种建筑呢？……在编织的时候，钢筋作为经纱、砌块作为纬纱……我又开始有兴趣了。”[7]

第一批用混凝土砌块建造的项目是洛杉矶的一系列房屋，混凝土在长时间日照下性能比木材好，也防火。首先在米勒德住宅（见第172页附图10–1），然后在恩尼斯住宅（Ennis House，1924—1925年）等后续的设计中，赖特通过将混凝土浇筑到用建筑工地上的土壤制造的图案丰富的模具中，来应对混凝土建构方面的挑战——其无定形、可塑的特性。[8]这一过程将周围景观的纹理和自然色彩带入混凝土中，从而使材料“具有树木纹理般的美感”。[9]在恩尼斯住宅项目中，赖特关系亲密的合作伙伴们监督了施工过程，其中利用了开放式的编织过程和系统的可扩展性——赖特将其描述为编织块系统（见第173页附图10–2）——来构建漫无边际的复合体。房屋和挡土墙几乎难以区分，建筑横跨丘陵地带拼在一起并且具有多种功能，如用于出入和集水的道路，用于水土保持和制造凉爽的微气候的梯田花园（见第173页附图10–3）。

赖特在恩尼斯住宅以及20世纪20年代洛杉矶的其他混凝土砌块试验中成功地将一种平淡无奇的材料转化为一种美观且可扩展的建造系统。但是，该系统对民主性和参与性进程的适用性是有限的，因为它至少在某种程度上仍然需要熟练工人。赖特在20世纪30年代美国风住宅的项目中承认了这个难题，他又进行了另一种价格适中住房的尝试——使用预制的夹层板（sandwich panels），这种板子是通过在板材和板条中包裹一层胶合板芯制成。夹层板降低了美国风房屋的成本，但是其设计和施工非常复杂且精确，需要学徒掌握标准细节，然后前往监督施工。正如赖特自己后来写道：“像这样的住房是一个建筑师的创作。它不是一个施工者或者一个业余者的努力。如果方案被泄露，会存在相当大的被模仿的风险。”[10]

20世纪30年代普遍存在的社会和经济危机再次激发了赖特对建筑推动民主的雄心。但是，大萧条也迫使他重新构建了建筑与机械化之间的关系。在菲尼克斯城建造亚利桑那州比尔特莫尔酒店（Arizona Biltmore Hotel）时，他成功地应用了编织块系统，该酒店于1929年2月开业。但他最雄心勃勃的应用此系统的项目——位于钱德勒附近的圣马科斯沙漠酒店（1928—1929年），因10月份股票市场崩溃而失败。1930年，赖特在普林斯顿大学发表了一系列演讲，在演讲中他满怀忧虑地表示，机器力量及其带来的标准化有可能降低而不是提高建筑和人类生活的质量。[11]他对机械化和建筑的忧虑扩展到了房地产。后来，赖特批判了大规模住房开发，当时郊区中预制的房屋和城市高密度高层住宅正在大规模出现，以解决第二次世界大战后大量退伍军人返回家园造成的普遍住房短缺：“动物被圈养了，人类被‘安置了’……我们美国人在地球上种下了人类精神的全面主张——‘个人的主权’……现在重要的是把工厂带回家……每个人的权利都忠于自己，做更好的自我，自由地梦想和建造……要认识到机器是预制生产的优质工具，应为人所用而不是驾驭人类。”[12]

看起来工厂生产已经导致了“奴隶”般的状况和产品，正如赖特在1901年的演讲《机器的工艺美术》中告诫过的那样。正是对这种状况的担忧，才促使赖特探索新的建筑方式让建筑实现如印刷机一样的伟大工作，进而促进社会民主。自从赖特在20世纪初第一次参与大规模生产以来，他一直试图通过将复杂工艺外包给工厂或者教授给自己训练有素的学徒来降低成本，同时保持最高的设计标准。赖特凭借美国风自动构造系统，推出了一种替代机器生产的方法，即“将工厂带回家中”。

美国风自动构造

1938年，赖特在华盛顿特区联邦建筑师协会发表演讲，他大胆地声称：“我不会在没有预测现在社会秩序终结的情况下建造房屋。”[13]在十多年的时间里，赖特发明了一种新的施工系统，它不依赖于机器或训练有素的工匠，而是简化的、开放式的，没有专家也可以使用：自己建造。1949年，赖特革新了他的编织块系统，称为美国风自动构造系统，将系统简化到只包括12种标准形状的砌块，由此在不同的规模上可以构造出各种各样的结构（见第174页附图10–4）。赖特解释说，“自动构造”意味着现在房主可以自己建造这些房屋。至少在某种程度上他们确实做到了。

一些房主，如西雅图的伊丽莎白·特雷西和威廉·特雷西（Elizabeth and William Tracy，1955年）以及圣路易斯的贝特·帕帕斯和西奥多·帕帕斯（Bette and Theodore Pappas,1955年）都铸造了模具，并有效地建造了自己的房屋。辛辛那提的贝弗利·汤肯斯和杰拉尔德·汤肯斯（Beverly and Gerald Tonkens，1954年）聘请赖特的孙子埃里克·劳埃德·赖特（Eric Lloyd Wright，也是塔里埃森的学徒）来监督当地承包商建造房屋，如果不那么繁忙的时候，也会让家人和孩子们参与其中。房屋都是使用12种标准砌块建造的，包括用于墙壁、屋顶和边梁的砌块，以及用玻璃镶嵌的特别漂亮的穿孔角块（见图10–1和第175页附图10–5、附图10–6）。

美国风自动构造利用了机器的灵魂，而不是工厂生产模式。作为一种系统，即便它本身可能十分复杂无法真正做到自己动手，但它能够无限复制并且任何人都可以使用。相比于赖特早期基于木结构的施工系统，这种方法拥有材料以及政治上的优势，因为混凝土砌块是可扩展的而且是相对可持续的，这是一个重要的考虑因素，因为赖特开始担心过度使用木材会威胁到“美国风森林”。他承认，“随着国家年龄的增长，木材会变得越发珍贵”。[14]此外，相对于混凝土，木材的构造特性限制了可以用其构建的建筑物的种类和大小。正如赖特所认为的那样，如果个人住房是城市的基础，从而也是政治和社会现实的基石，那么混凝土提供了在社区规模上建造的能力。

事实上，赖特在他运用的所有建筑材料中，一直在寻求一种能够将房屋和社区联系起来的系统。在普林斯顿大学发表的最后一场名为《城市》的演讲中，他用标题为《小型市政厅，石膏框架，1912—1913年》的图片对文本进行了说明。[15]事实上，这个项目是1915—1917年美国系统建造房屋之一，根本不是市政厅（见第176页附图10–7）。[16]尽管如此，值得注意的是，赖特用一个独立的房子来说明“城市”，并且这

图10–1　汤肯斯住宅，俄亥俄州辛辛那提，1954年。使用美国风自动构造系统建造的墙

个房子被赋予了公民的功能。该项目交付的时候还有另一个有趣的与公民相关的事情发生，也就是在 1912—1913 年，芝加哥城市俱乐部为小区设计举办了一次国际竞赛，而赖特提交了一个令人瞩目的参赛作品（见第 185 页图 11-4）——广亩城市（1929—1935 年）的早期原型。这个作品是一块方形场地，边缘有线性交通道路，商业区与主要道路接壤，房屋交融穿插于网格结构里，而市政功能聚集在线性公园系统中。这座城市以现有的城市网格作为枢纽交织在一起，展现了聚集与构成、自然与文化，实现自下而上与自上而下的融合。赖特细致入微的设计将城市维度归因于住房，平衡了个人和公共区域的空间划分。

多年后，赖特就广亩城市进行演讲时，倡导建造这样的小型市政厅，称之为“小型论坛”，并赞扬它们能将不同的人和观点聚集在一个空间中：“你为什么不建立这样的小论坛呢？就在下面的劳工区……建一个。劳工们可以站起来攻击老板，他们的老板也可以反击，就像你知道的他们现在在报纸上做的那样。他们可以在论坛里做得更好……我们需要教育和激励我们的人民在这个我们称之为民主的事情上采取强有力的行动。我们必须把事情说清楚。为了做到这一点，我们必须聚在一起表达自己的想法。这不正是民主的精神所在吗？”[17]

小论坛通过为社区提供物理空间和社会空间来调和他们的差异，从而创造了实践民主的机会。1941 年，赖特将这个想法进一步推进，创办了《塔里埃森报：来自民主少数派的非政治性声音》，这是一系列由塔里埃森自行印制的小册子，是赖特发表和传播他的政治观点的工具。在当时的政治环境下，赖特清楚地理解了物理社区与社会群体之间、媒体与民主之间的复杂关系，这似乎特别有先见之明。他建议听他演讲的那些听众也去创办“小报纸”：“让他们‘摆脱束缚’。要确保他们具有最好的自由民主素质；他们真的是草根或更好的……上帝知道我们被这家报业巨头的填鸭式‘喂养’搞得如此厌倦，现在这家报业为了利益组织得非常紧密，以至于它永远不会让任何有损自身利益或对一般‘既得利益’有任何影响的事情通过。让我们再次听到美国人民的声音！”[18]

当然，小报纸能比建筑物更加顺畅地传播思想，让人想起雨果的诗意描述：印刷机翻印的报纸不受束缚地在风中飘扬，就像黎明时离开大教堂的鸟儿。正如印刷机让知识大众化一样，赖特的自己建造系统旨在让建筑大众化。

赖特将自己动手构造系统与政治抱负融合得最成功的可以说是塔里埃森和西塔里埃森的小论坛。赖特将塔里埃森想象成模范的民主社区——它是在社会和建筑两方面民主潜力的实现，也是美国风自动构造系统潜在的必然结果。他早在 1938 年受委托设计佛罗里达南方学院的校园时（见第 176 页附图 10-8），就测试了小型社区规模的自建混凝土砌块的限制。赖特在那里采用了 20 世纪 20 年代的编织块系统，同时派塔里埃森学徒指导佛罗里达南方学院的学生使用该系统进行建造，并且在教育和参与式劳动的综合中，在公民尺度上，学生助力建设了自己的校园（图 10-2）。然而，学生们在参与佛罗里达南方学院的施工过程中，仍然受到技术娴熟的学徒和赖特本人的大量监督和指导。在西塔里

图 10-2　佛罗里达南方学院，佛罗里达州莱克兰（Lakeland）。始建于 1938 年。墙体施工

埃森，赖特能够进一步实现他的雄心壮志，即通过“自己动手”建设来推进民主社会关系。

1954 年，也就是美国风自动构造系统轴测图在《自然之家》上出版的同一年，赖特建议塔里埃森的所有学徒都应该使用该系统创作设计。这些设计作业在当年 12 月集体提交，它们现在仍然可以在赖特基金会档案中找到。其中一名学徒在沙漠校园的一个现有帐篷地点修建了美国风自动构造系统的变体（图 10–3）。1955 年，学徒戴维·道奇（David Dodge）对所有帐篷地点进行了调查，详细说明了构成这些微型社区的生态和建筑因素的组合。值得注意的是，道奇绘制了已发表的轴测图和鲜为人知的学社帐篷平面图，表明个人主权主张与公民设计诉求之间的关系具有累积、变化和非线性特征。

赖特将森林作为生活社区的隐喻，让个人与社会整体保持平衡，他将这种编织块建筑称为“自然而然地立于其中的树木”。[19] 目前对森林生态学的研究表明，在土壤中菌根网络的帮助下，不同种类的树木不仅通过根部交换信息，还交换物质——这表明这些树中大约一半的碳是由群落中的其他树木提供的。[20] 除了单纯的类比以外，新兴的社会生物学表明，对植物群落适用的道理同样适用于人类——正是通过微妙的根源组织才建立起可以迅速恢复的社区。因此，美国风自动构造系统是对个人主动和合作行动的号召，它承认从我们生活的织锦中，即私人和公共、花园和公园、小规模和大规模之间，编织出了城市结构。

图 10–3　西塔里埃森，亚利桑那州斯科茨代尔，始于 1938 年。用混凝土砌块建造的沙漠避难所，罗伯特·拜豪尔考（Robert Beharka）拍摄于 1954 年，雅尼娜·费里斯·拜豪尔考（Jeanine Ferris Beharka）藏品

附图 10–1　米勒德住宅，加利福尼亚州帕萨迪纳（Pasadena），1923—1924 年。花园视角透视图，用铅笔和彩色铅笔绘于纸上，52.7 cm × 49.8 cm。藏于纽约现代艺术博物馆，沃尔特 · 霍克希尔德（Walter Hochschild）夫妇捐赠

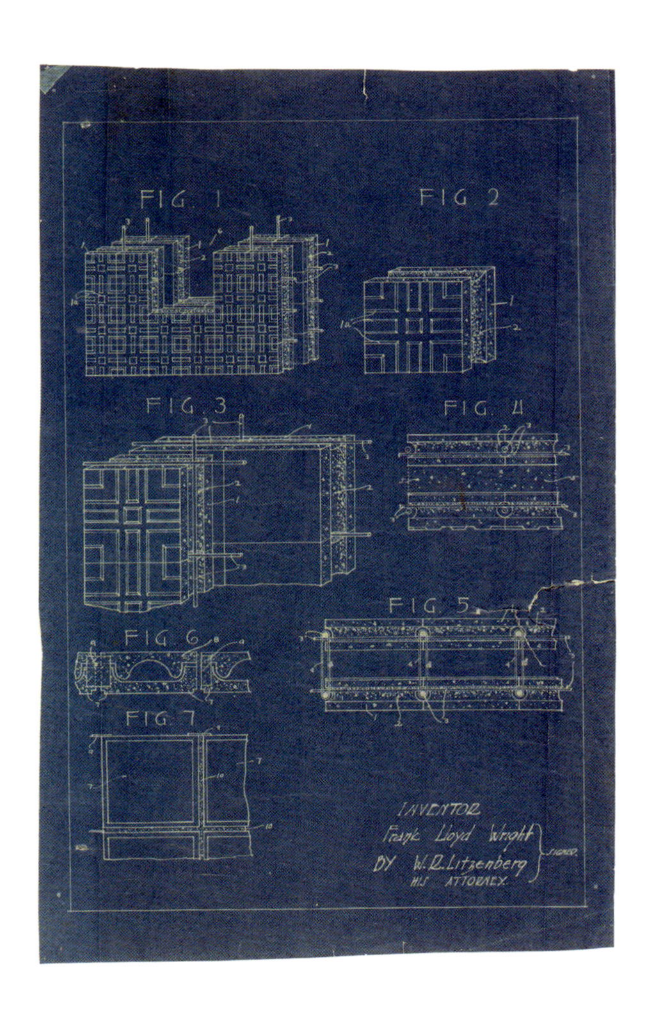

附图 10-2　编织块系统，始于 1923 年。节点详图。用墨水绘于蓝图上，36.2 cm × 22.5 cm

附图 10-3　恩尼斯住宅，加利福尼亚州洛杉矶，1924—1925 年。西南方向平面图和透视图，用铅笔、彩色铅笔和墨水绘于描图纸上，51.1 cm × 99.4 cm

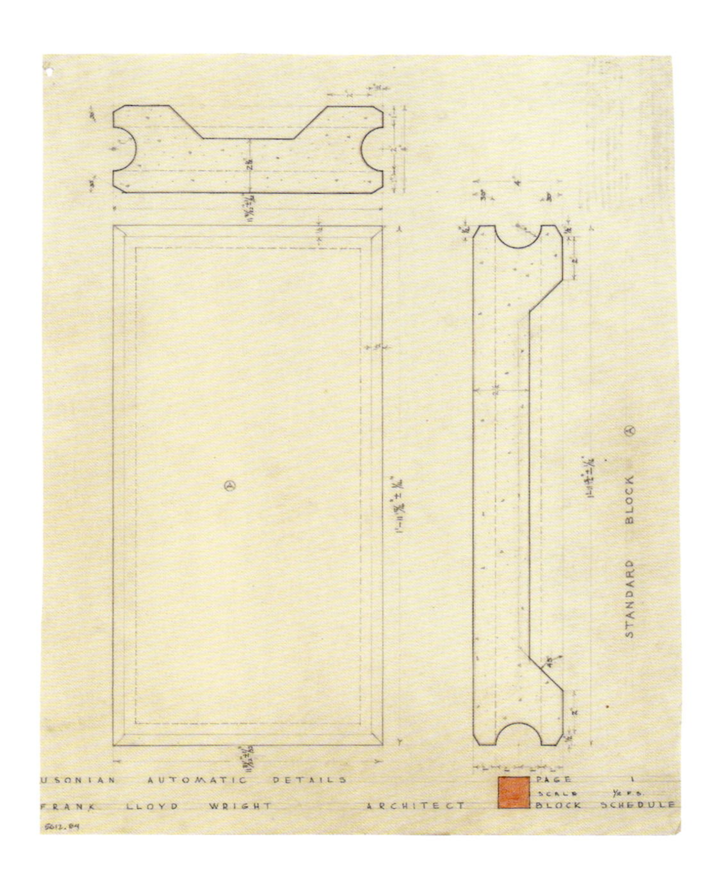

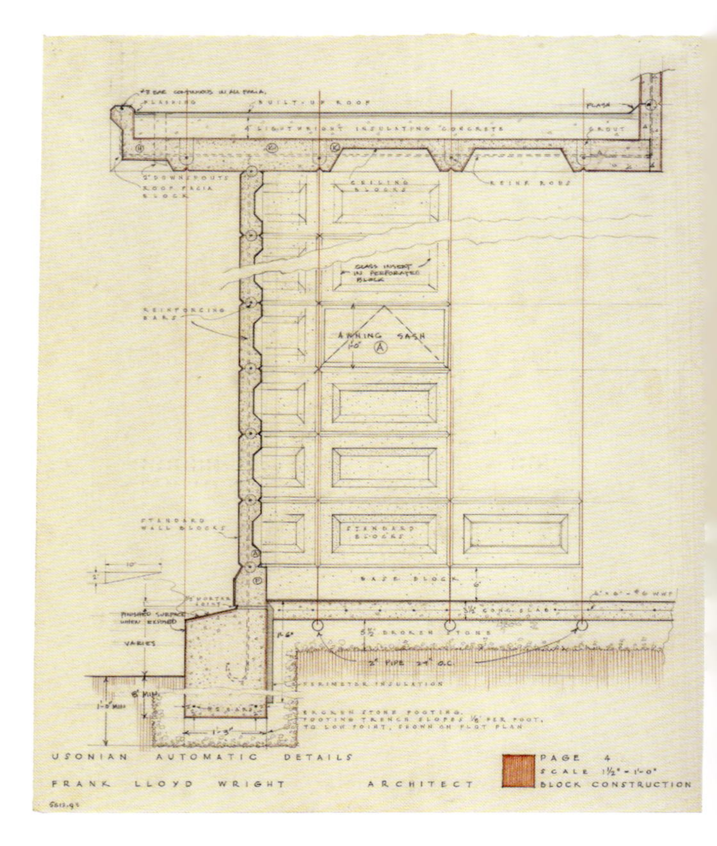

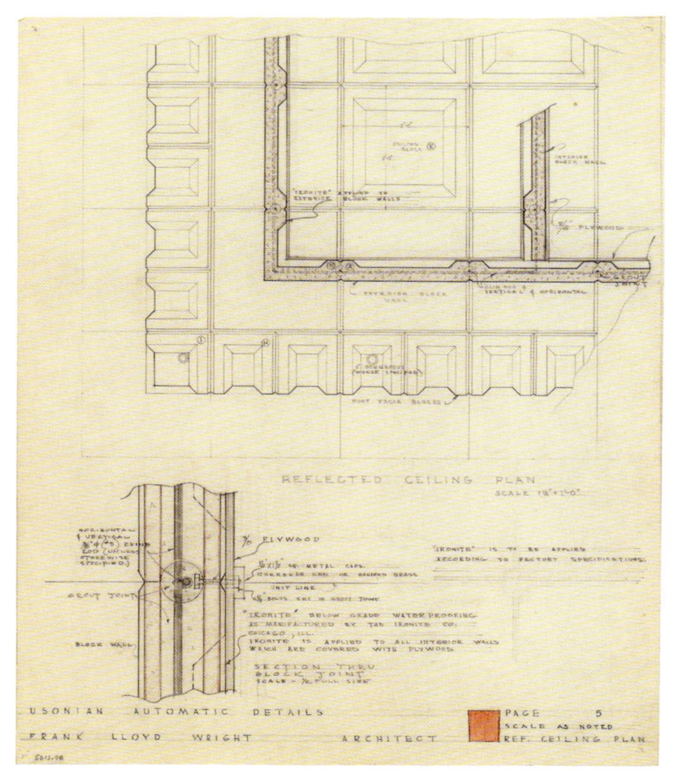

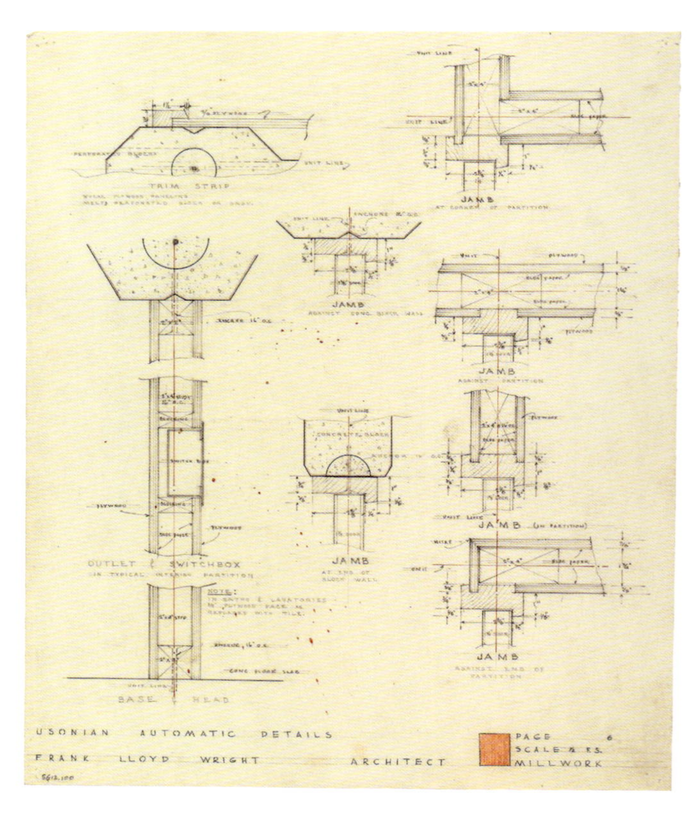

附图 10-4　美国风自动构造系统，设计于 20 世纪 50 年代早期，未建成。施工详图，用铅笔、彩色铅笔和墨水绘于描图纸上，单幅尺寸约为 45.7 cm × 38.1 cm

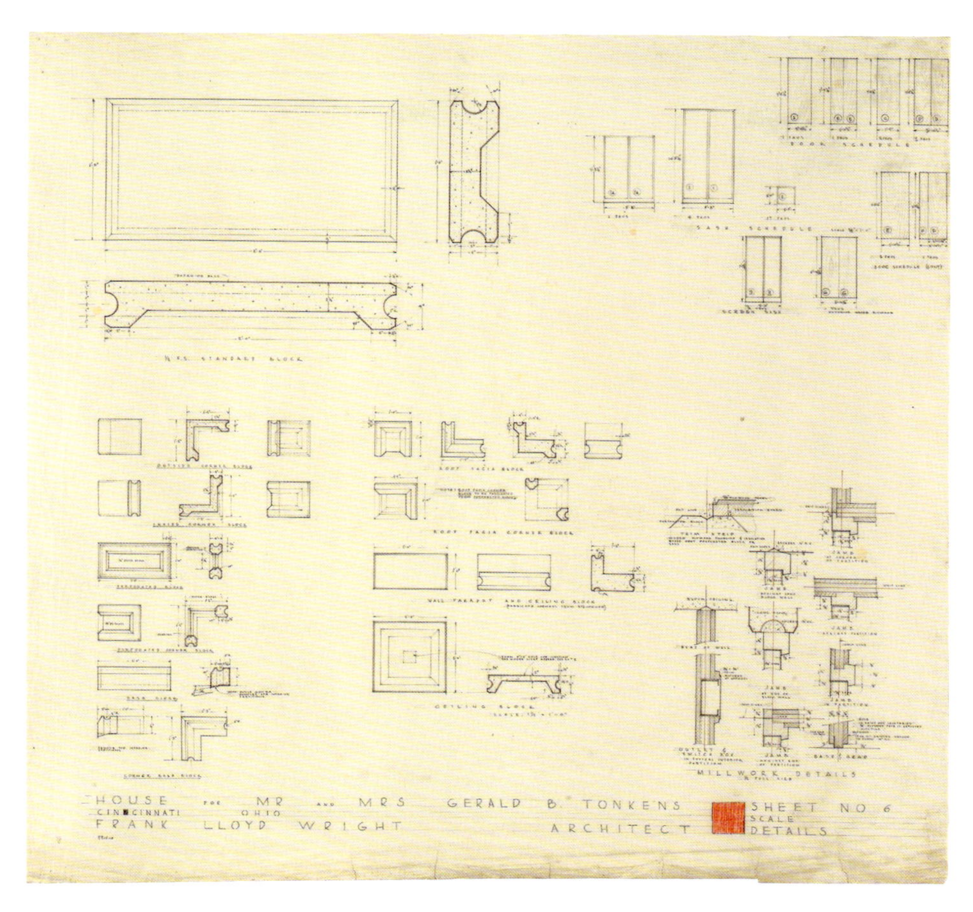

附图 10-5　汤肯斯住宅，俄亥俄州辛辛那提，1954 年。预制木建材和块料节点图，用铅笔和彩色铅笔绘于描图纸上，92.1 cm × 95.9 cm

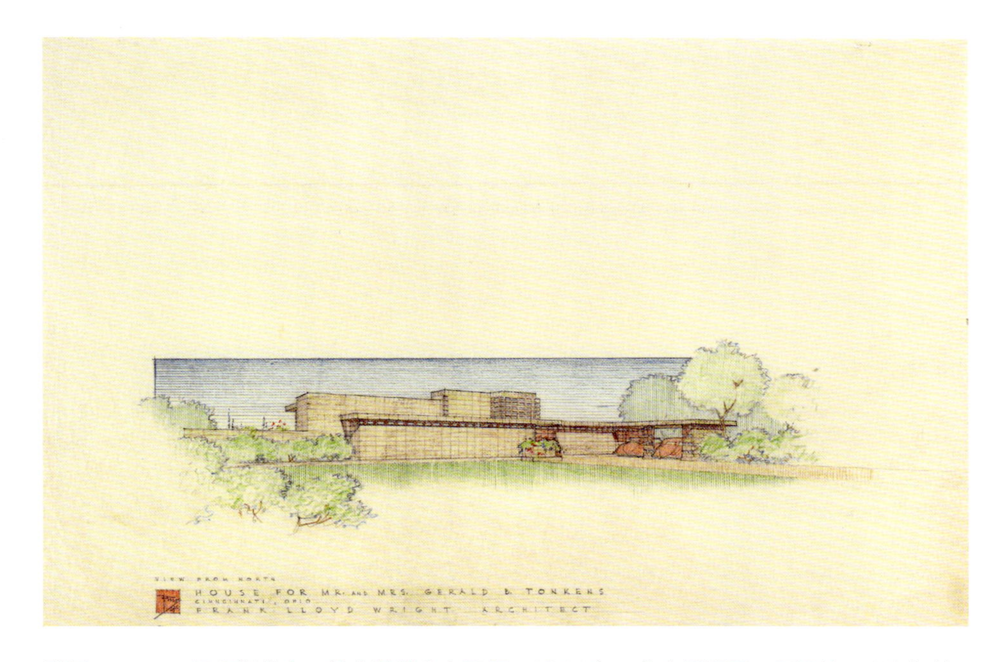

附图 10-6　汤肯斯住宅，俄亥俄州辛辛那提，1954 年。北向透视图，用铅笔和彩色铅笔绘于描图纸上，60.6 cm × 85.7 cm

附图 10-7　美国系统建造房屋，设计于 1915—1917 年，未建成。透视图，用墨水和铅笔绘于纸上，41.9 cm × 19.4 cm

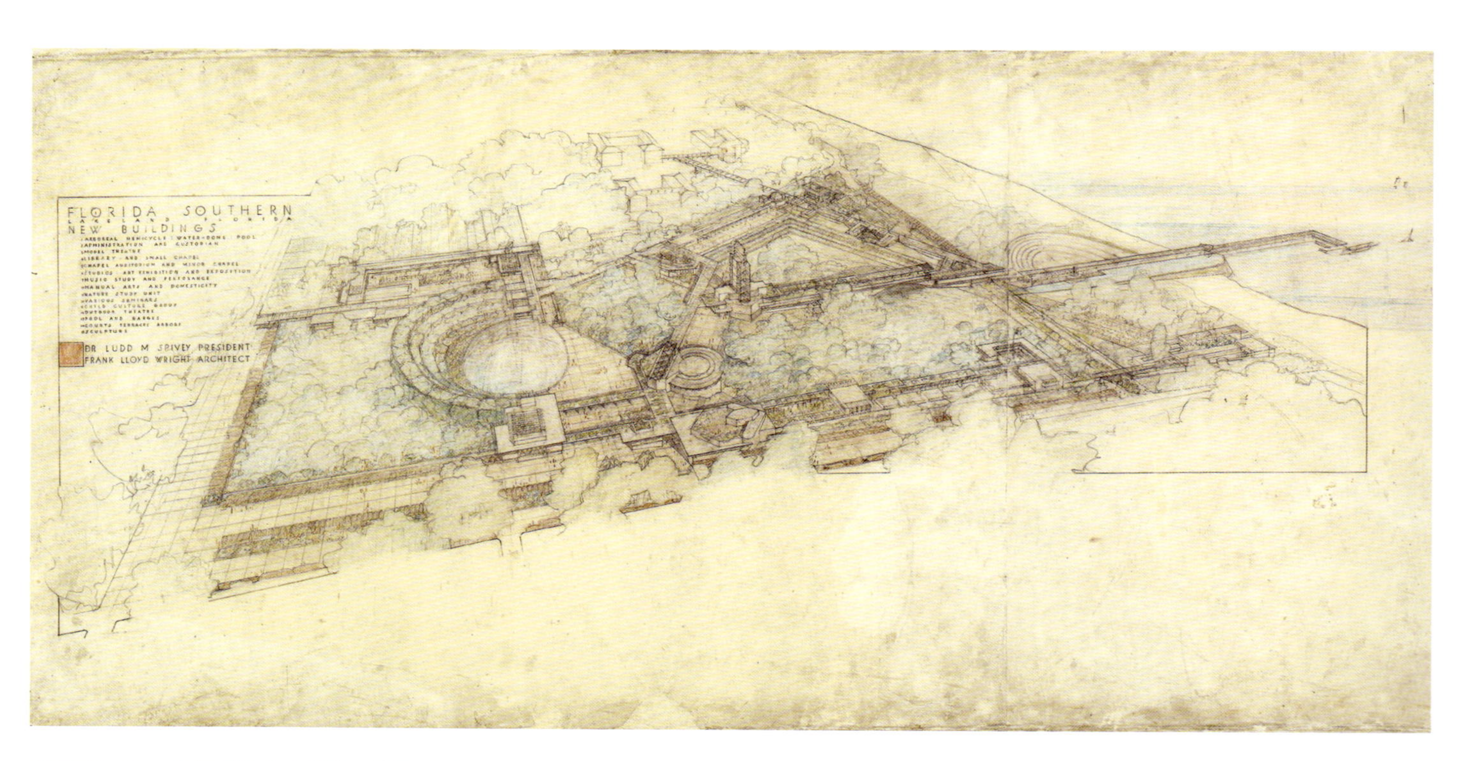

附图 10-8　佛罗里达南方学院，佛罗里达州莱克兰，始于 1938 年。鸟瞰图，用墨水、铅笔和彩色铅笔绘于描图纸上，61 cm × 121 cm

注释

1 弗兰克 · 劳埃德 · 赖特，《自然之家》（New York: Horizon Press, 1954）。

2 出处同注释 1，第 205 页。

3 弗兰克 · 劳埃德 · 赖特，《机器的工艺美术》，重印于《重要的弗兰克 · 劳埃德 · 赖特：建筑批判著作》（*The Essential Frank Lloyd Wright: Critical Writings on Architecture*. Princeton, N. J. : Princeton University Press, 2008），布鲁斯 · 布鲁克斯 · 法伊弗编，第 24 页。

4 出处同注释 3，第 28—29 页。

5 《艺术与机器（1901 年 3 月 4 日）》[Art and the Machine（March 4, 1901）]，2016 年 1 月 26 日，《芝加哥论坛报》。

6 弗兰克 · 劳埃德 · 赖特，《一部自传》，第 3 版（New York: Duell, Sloan and Pearce, 1943），第 241 页。

7 出处同注释 6，第 235 页。

8 肯尼思 · 弗兰姆普顿，《文字 - 瓦片构造：赖特编织建筑的起源和演变》（The Text-Tile Tectonic: The Origin and Evolution of Wright's Woven Architecture），载于《关于弗兰克 · 劳埃德 · 赖特和他的作品：建筑原理入门》（*On and By Frank Lloyd Wright: A Primer of Architectural Principles*. New York: Phaidon 2011），罗伯特 · 麦卡特主编，第 181—183 页。罗伯特 · L. 斯威尼（Robert L. Sweeney）认为，赖特在混凝土砌块建筑方面的经验是在他的儿子劳埃德 · 赖特 1922 年设计了博尔曼住宅（Bollman House）之后才有的，而赖特的第一栋混凝土砌块房屋米勒德住宅，从严格意义上讲并不是一栋编织砌块房屋。见罗伯特 · L. 斯威尼和戴维 · G. 德朗的《赖特在好莱坞：新建筑的愿景》（注释版）（*Wright in Hollywood: Visions of a New Architecture*, annotated edition. Cambridge, Mass. : MIT Press, 1994），第 20 页、第 204—205 页。

9 赖特，《一部自传》，第 242 页。

10 赖特，《自然之家》，第 89 页。

11 弗兰克 · 劳埃德 · 赖特，《现代建筑，1930 年卡恩讲座》（*Modern Architecture, Being the Kahn Lectures for 1930*. Princeton, N. J. : Princeton University Press, 1931）。重印于法伊弗主编的《重要的弗兰克 · 劳埃德 · 赖特》，第 159—216 页。

12 弗兰克 · 劳埃德 · 赖特，《远离房地产经纪人》（Away with the Realtor），《时尚先生》（*Esquire*），1958 年 10 月。

13 弗兰克 · 劳埃德 · 赖特，《华盛顿邮报》，1938 年 10 月 26 日，第 2 节。引自罗伯特 · 通布利（Robert Twombly）的《弗兰克 · 劳埃德 · 赖特：他的生活和他的建筑》（*Frank Lloyd Wright: His Life and His Architecture*. New York: John Wiley & Sons, 1979），第 261 页。

14 弗兰克 · 劳埃德 · 赖特，《建筑事业：木材》（In the Cause of Architecture: Wood，1928），载于《弗兰克 · 劳埃德 · 赖特谈建筑：作品选集 1894—1940》（*Frank Lloyd Wright on Architecture: Selected Writings, 1894—1940*. New York: Grosset & Dunlap, 1941），弗雷德里克 · 古特海姆（Frederick Gutheim）主编，第 113 页。

15 赖特，《现代建筑，卡恩讲座》，第 99—100 页。

16 尼尔 · 莱文，《弗兰克 · 劳埃德 · 赖特的城市主义》，（Princeton, N. J. : Princeton University Press, 2015），第 406 页注释 51。

17 弗兰克 · 劳埃德 · 赖特，密尔沃基艺术学院的演讲（第三讲，1945 年 12 月 5 日），稿件编号 2401.277，第 15 页。

18 出处同注释 17，第 15—16 页。

19 赖特，《一部自传》，第 242 页。

20 塔米尔 · 克莱因（Tamir Klein）、罗尔夫 · 西格沃夫（Rolf Siegwolf）和克里斯蒂安 · 克尔纳（Christian Körner），《温带森林中高大树木之间的地下碳交易》（“Belowground Carbon Trade between a Tall Trees in a temperature Forest”），载于《科学》（*Science*）第 352 卷，第 6283 期（2016 年 4 月 15 日），第 342—344 页。

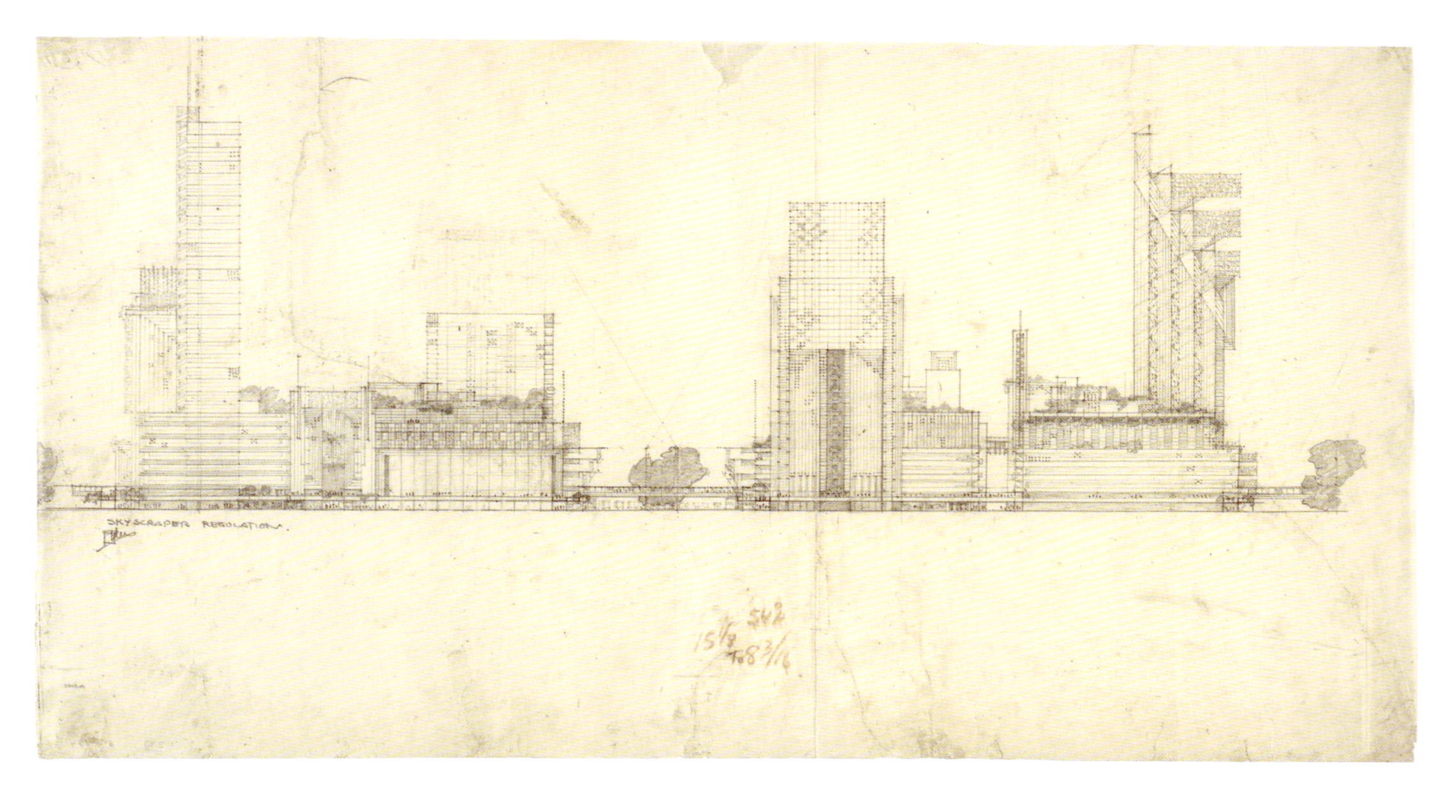

章前图　摩天大楼管理项目，伊利诺伊州芝加哥，设计于 1926 年，未建成。
立面图，用铅笔和彩色铅笔绘于描图纸上，50.8 cm × 83.5 cm

11
赖特的城市主义与摩天大楼管理项目

尼尔 · 莱文

弗兰克·劳埃德·赖特在其70年的实践中为重组城市结构和重塑城市核心进行了众多设计，并阐明了他的工作与20世纪城市主义演变的关系。[1]这些项目中少有人知、研究最少的是为芝加哥市中心商业区——卢普区的9个街区设计的项目（见章前图）。该项目创建于1926年，那时正值他思考城市主义过程的中段，标志着从城市周边居民区的设计过渡到城市中心本身的公民、文化和混合用途的设计。赖特称为“城市重塑”的摩天大楼管理项目是对“兴旺的20年代”摩天大楼建设热潮以及由于车流量的迅速增加造成的严重拥堵的回应。[2]

建筑历史学家和评论家十分关注赖特乌托邦式的广亩城市（1929—1935年），这是一个比摩天大楼管理项目稍晚出现的分散化建议，该建议倾向于反城市化的、乡村主义的替代方案。一般来说，它边缘化许多在其之前和之后的城市设计，并削弱它们的重要性。摩天大楼管理项目鲜为人知并且受到了严重的误解，以至于直到1959年该项目的图纸才首次出版，它还被追溯到1931年，被描述为建筑师为将1933—1934年间举办的芝加哥世纪进步国际展览会（Chicago Century of Progress International Exhibition）容纳在一座摩天大楼里而设计的方案的衍生品。[3]因此，它基本被看作一种建筑类型的研究。20世纪70年代，在关于美国城市主义历史的最受欢迎的一本书中，一位备受尊敬的意大利建筑历史学家将这个项目描述为“芝加哥天际线的设计”，无论这意味着什么。[4]通过研究赖特基金会档案中的图纸，我们现在可以准确地评估该项目的范围和意义。摩天大楼管理项目远不是为了设计一栋理想的摩天大楼，也不是为了设计几座风景如画的大楼，而是为了应对芝加哥市中心的新分区条例带来的日益增加的建筑体积和交通拥堵问题（1923年），同时提供一种新颖的综合停车、办公空间和公寓生活的混合使用解决方案。

摩天大楼管理项目图纸

该项目的6幅图纸展示了升高的人行道及贯穿交通的街道系统，是9个街区的重要组成部分，建筑师可能在1925年下半年开始设计规划工作。立面图和部分总平面图的初步草图标明了日期——1926年1月（见第187页附图11–1）。这幅草图连同其他5幅图纸似乎完全或者主要是建筑师的手笔。草图显示了两个完整的城市街区，每个街区尺寸大约为122 m×113 m，加上两个部分街区和一幅局部的立面图。这张图纸上写满了关于这个计划的旁注。在右下角的图例中，赖特的签名和日期下面是“摩天大楼管理项目。增加网格布局。重塑城市”的标题。后面还附加了“除了这些规定，城市应当分散开来”。该系列中的第二幅图纸是一幅较大比例的平面图，显示了同样的两个完整的街区附加 7 个相邻街区的局部平面图（见第 188 页附图 11-2），主要街道、边道和小巷也被仔细地描绘出来。

有两幅立面图和一幅剖面图描绘了两个城市街区。其中一幅立面图显示，在两个街区之间有一条狭窄的街道；另一幅立面图则显示，这两个街区被一条带有中央分隔带的十车道街道隔开（见第 178 页章前图）。剖面图还描绘了较宽的街道，里面有一个商店的招牌为“美国五金公司”，并附有日期“1926 年 3 月 5 日”（见第 188 页附图 11-3）。在这幅图纸中，左边的“小巷庭院”、中间的“大道”和右边的“小巷”都有标记。第六幅图纸包括平面图、剖面图和立面图，详细研究了转角的十字路口，展示了车辆和行人的交通模式以及商店的位置。

虽然档案可以告诉我们很多信息，但还有一些我们无从获知的事情。该项目没有已知的客户，也没有实际委托的证据。这个项目很有可能是在纯粹的理论基础上完成的。1923 年的分区条例将城市划分为使用区和容积区，并规定了单个建筑的高度、体积和地段覆盖率，这一挑战显然引起了赖特的兴趣，正如他的芝加哥国家人寿保险大楼（National Life Insurance Building，1923—1925 年，见第 228 页附图 13-3）项目所体现的那样。它锯齿状、退台式的设计非常明显地遵循了规范中规定的指导方针，并且采纳了纽约建筑师为应对该市 1916 年率先设定的条例而提出的典型解决方案。

摩天大楼管理项目的设计将解决方案扩大到更大的城市范围，考虑了芝加哥 1916 年所提条例只注重单个建筑而未能直接解决的许多其他关键问题。这些问题包括停车、交通堵塞、混合使用开发，以及按照城市网格本身的规模重写分区规范的超级街区概念的预想。正如赖特在最初的草图中所指出的那样，这个方案代表着“分区法和退台条例得出了合乎逻辑的结论”。其中一项具体法律规定是仅能在某些街角地段建设摩天大楼，“当高楼建成后”所有指定的“摩天大楼地段”必须缴纳“附加税”。另外，草图上注明所有“摩天大楼必须至少有两层地下停车场”。

赖特设计的出发点是来自城市网格规划的典型周边街区条件。每个街区的街线高度为八层楼高，远远低于分区法所允许的高度，交错的街角除外，那里的塔楼可高达 107 m 或更高。符合街道网格的较低楼层创建了大小各异的庭院，有些庭院占据了小巷已经空了的整个街区中心。庭院街区周围的建筑容纳了购物、居住、娱乐、酒店和商业办公等空间。商店也沿着街区大部分街道两侧抬升的人行道排列，在那里同样可以看到“阿姆斯特丹剧院”和“大使馆酒店”的招牌。

庭院成为公众聚集的场所，同时具有多种功能。它们比早期的中庭庭院或拱廊大得多，面向天空并预示了后来超级街区设计的像商场一样的空间，如纽约的洛克菲勒中心（Rockefeller Center，初始阶段 1929—1940 年）。在摩天大楼管理项目中，地平面被提升到二楼，形成位于两层停车场之上的平台，其中停车场的一层位于地面之下，另一层位于街面上（小巷下面也有卡车运输通道）。较大和较小的室内庭院都在市中心街道的紧凑结构中提供了隐蔽的空间，在这里，光线、空气和绿色植物都有了自己的空间，并且这里的餐馆、咖啡馆和其他设施与周围的街道交通隔绝，使公寓住户、酒店旅客和办公室职员可以放松和聚集。

从图纸中可以看出，一些八层楼高的周边建筑物的阳台悬挑于其下方街道的上空。这些建筑沿着街道和小巷的一侧在第七层和第八层都有退台，但是在庭院一侧都是齐平的。更宽的退台，其尺寸在某些情况下甚至是普通退台的两倍，为俯瞰庭院和街道的顶层公寓提供了便利。这些对高度和体积分区规则的操控使摩天大楼管理项目具有欧洲较小规模的城市的微妙之感，尽管这些街角摩天大楼的位置、排列和高度变化其实最充分体现了赖特将芝加哥分区条例发展成“一个合乎逻辑的结论”的努力。

赖特认为将这些塔楼单独定位在街角对环境的影响最小。一些塔楼保留了国家人寿保险大楼项目中的逐级退台、对称形式；而其他塔楼则是由更加分散的、非对称的模块构成，很可能是借鉴了欧洲建筑师对芝加哥论坛报大厦（Chicago Tribune Tower，1922 年）提出的一些建议，其中最有名的是克努兹・伦贝里－霍尔姆（Knud Lönberg–Holm）。赖特设计的塔楼高度为 18~40 层不等。更重要的是，它们的下部呈南北向和东西向交替排列，并且摩天大楼本身的布局也是像风车那样错开的，以便让光线和空气穿过密集的城市网格。

摩天大楼管理项目超出了 1923 年分区条例的范围，发展出一个三维多层次的空间网络系统。行人和车辆在 5 个不同的楼层上“流动”。这些楼层也有助于将一种类型的活动与另一种类型的活动区分开：汽车和卡车位于街道层和地下一层；人行道被升高到第二层，连接到过街天桥；第六层的人行天桥跨越街道和小巷，将庭院街区互相连接。二层的商店橱窗位于升高的人行道上，形成了环绕周边街区建筑的连续拱廊式阳台。下面一层，原本应该是人行道的地方，现在是卡车的运输通道、出租车下客点和短期停车位。楼梯将升高的人行道与街道、地下停车场和街角十字路口的地铁站连接起来。这些十字路口形成了规划中的关键连接点，过街天桥比升高的人行道高一层，可以将行人从一个街区带到另一个街区，无需穿过拥挤的街道。

拥有分解塔楼的多级城市

为了全面地了解摩天大楼管理项目，我们必须跳出档案本身，看看设计如何融入其历史和文化之中。除了新分区规范要求的建筑尺寸限制（以及由此产生的过度拥挤），赖特设计的未来主义、多层结构方面与 20 世纪 20 年代最流行的克服拥挤和减少交通事故的新方法有很多共同点。升高人行道的概念可以追溯到 20 世纪的前 10 年。在美国，它以“国王的纽约之梦”（King’s Dream of New York）的形式呈现，这是摩西・金（Moses King）1908 年出版的一本关于纽约景象的书 的卷首插图。[5] 这个早期例子证明了这个想法为现代城市带来了希望以及它对大众的想象力有着最基本的吸引。这些概念在 1910 年 1 月《纽约论坛报》（*New–York*

Tribune）的头版文章中得到了说明，这篇文章是关于工程师亨利·哈里森·苏普利（Henry Harrison Suplee）提出的使纽约流通循环系统合理化的建议的。[6]三年后，这幅图再次出现在《科学美国人》（*Scientific American*）的封面上（图 11–1），苏普利在文章中呼吁“将步行与任何种类的车辆绝对隔离”，以此作为“缓解”交通堵塞，以及为行人提供“自由且安全的道路”的唯一手段。[7] 剖面透视图展示了三层地下层、部分露出的用于车辆通行的上层空间，以及两层人行步道。一层又一层的桥梁连接着人行道和街道两旁的建筑，凸出的塔楼暗示着 1916 年纽约分区法。这幅图成为后来这类项目的模板。

正如珍－路易斯·科恩所指出的那样，《科学美国人》这幅封面插图在欧洲影响深远。[8] 在它的影响下，许多著名的建筑师和规划师创作了多级摩天大楼城市项目。除了勒·柯布西耶的作品（1922—1925 年），还有奥古斯特·佩雷（Auguste Perret）（1922—1925 年）、路德维希·希尔伯塞默（Ludwig Hilberseimer）（1924 年）和科内利斯·范·伊斯特伦（Cornelis van Eesteren）（1926 年）等人的作品。尽管纽约建筑师哈维·威利·科比特（Harvey Wiley Corbett，1873—1954，美国人）是多级城市构想的领军人物，而且肯定是该构想在欧洲和美国专业人士中最知名的拥护者，但这个构想最有趣的一点是，它也受到了各行各业人士的欢迎。无论是给日报编辑的信中，还是在建筑和规划杂志上，人们都经常讨论这个问题。纽约和芝加哥的人们都参加了这场讨论。

SIXTY-NINTH YEAR
SCIENTIFIC AMERICAN
THE WEEKLY JOURNAL OF PRACTICAL INFORMATION
NEW YORK, JULY 26, 1913

If the real capacity of power-propelled machinery is to be gained in city transportation, foot and vehicular traffic must be segregated. Each type of transport will then be free to develop itself along its own lines.

THE ELEVATED SIDEWALK: HOW IT WILL SOLVE CITY TRANSPORTATION PROBLEMS.—[See page 67.]

图 11–1　关于亨利·哈里森·苏普利的“抬高的人行道”的封面插图，《科学美国人》的封面插图，1913 年 7 月 26 日。1910 年 1 月首次发表于《纽约论坛报》

纽约建筑师和城市规划师阿诺德·W.布伦纳（Arnold W. Brunner）在1921年初发表了一篇社论，首次发出了“建设升高的街道”的专业性呼吁。[9] 但是，正是科比特在20世纪20年代中期为这个概念赋予了突出的视觉效果（图11-2）。1923年，他与休·费里斯（Hugh Ferriss，1889—1962，美国人）合作制定了《纽约及其周边地区区域规划》，并于1924年2月首次在《纽约时报》（*New York Times*）的星期日版上发表。[10] 这个三层的设计，就像赖特的摩天大楼管理项目一样，将人行道抬高到二层，并把交叉街道压在南北向主干道下面。第二年夏天，科比特在《美国城市》（*American City*）上发表了一篇重要的文章，题目为《步行、车轮和铁路的不同层级》（*Different Levels for Foot, Wheel and Rail*）。[11] 后来的这篇文章一方面重申了他早期发表在《纽约时报》上的那篇文章的大部分内容，还包括了同样的图纸，也戏剧化地表现了现有条件和解决方案的有效性；另一方面包含了费里斯“对纽约未来城市的想象图景”，展示了这个多层次构想如何扩展成一个超级街区系统，就像赖特即将提议的那样。[12] 1927年初，《建筑论坛》发表了该方案的概述，并附有扩展说明和新插图，但当时芝加哥通过丹尼尔·伯纳姆（Daniel Burnham）的前合伙人爱德华·H.本内特（Edward H. Bennett，1874—1950，美国人）、赖特和其他人的项目，已经有了自己的概念版本。[13]

20世纪20年代早期至中期，由于芝加哥市中心商业区异常集中、交通状况日益恶化，以及

AN AVENUE OF THE FUTURE, SHOWING ELEVATED SIDEWALKS, PASSENGER CAR ROADWAY, AND TUNNEL FOR TRUCKS

图11-2　多级街道项目，纽约州纽约，1923—1924年。由哈维·威利·科比特和休·费里斯（1889—1962，美国人）设计。透视图。1924年7月作为《美国城市》（*American City*）的封面再次出现，摘录于《建筑论坛》，1927年3月

人们对于是否修建地铁以减轻卢普区街道负担的争论，建立一个多级街道系统的构想引起了公众的极大兴趣。19 世纪 50 年代末至 60 年代，为了响应美国国内第一个污水处理系统的建设，芝加哥大规模提高了城市街道的水平面，这是一个经常被用来证明这个城市的敢做能为精神的证据。从 1922 年末至 1926 年初，芝加哥重要报纸《芝加哥每日论坛报》至少发表了 6 封致编辑的信，来宣传建设抬高的人行道和降低的交叉街道和（或）地铁。其中两封信署名是著名房地产大亨戈登·斯特朗，他是赖特当时的重要客户。[14]

《芝加哥每日论坛报》刊登这些恳求并非是无缘由的。1923—1926 年间，该报发表了 10 多篇社论，要求制定这样的建设规划，其中两篇提到了科比特。第一篇是《疏解卢普区》（*Unstrangling the Loop*），其与《芝加哥每日论坛报》委托的麦迪逊街（Madison Street）双层建筑项目同时进行，当时该报的办公室就设在那里。[15] 最广为人知的关于在芝加哥建立多级街道系统的提议，紧随科比特的提议之后，实际上几乎达到了模仿的程度（图 11–3）。时任芝加哥规划委员会顾问建筑师的本内特的方案与赖特的方案差不多是同一时间提出的，本内特的方案于 1926 年 1 月中旬出现在芝加哥的两家报纸《芝加哥先驱和考察家报》（*Chicago Herald and Examiner*）和《晚邮报》（*Evening Post*）上，并且于 4 月中旬以小册子的形式出现。本内特承诺，将行人和车辆分隔开，将使“所有的街道和卢普区中的每一条街道都变成方便车辆流动和行人移动的通道”。[16]

本内特承认，他的想法是有人“一年多以前在纽约”提出的，“已经有其他人为芝加哥明确提出了这个建议……”[17] 提到纽约显然指的是科比特，但是提到芝加哥的那些人会不会包括赖特呢？我们可能永远都不会知道了。不过，即使是这个问题的出现，也让人意识到，摩天大楼管理项目与科比特和本内特等传统主义者以及更为激进的欧洲人是多么紧密地联系在一起，更不用说媒体对平民主义的“空中人行道”的拥护了。

通过对摩天大楼管理项目的分析，我们得出的结论并没有证实赖特是一个游离于主流之外、执意藐视规则的极端个人主义者，而是指出他属于那个时代，愿意依照规章制度工作，并参与专业讨论。此外，它展示了赖特对当代城市规划问题的高度参与，从而促使我们回顾过去，展望未来，进一步证明赖特对城市主义持久不变的兴趣。

AN ILLUSTRATION OF THE PLAN SUGGESTED FOR TRAFFIC RELIEF IN CHICAGO, SHOWING THE USE OF TWO LEVELS

图 11–3　多级街道项目，伊利诺伊州芝加哥，1926 年。由爱德华 · H. 本内特设计。摘录于《美国城市》，1926 年 7 月

闪回和预叙

如果说摩天大楼管理项目说明了赖特创作中的重要持续性，那么它也标志着其方法论的突然转变。从这一中心转折点，我们将看到摩天大楼管理项目的理想化、模板式特征是如何从之前的设计中产生的，同时与赖特职业生涯的最后30年的设计形成对比，后者具有更多的不可预测与干预主义特征。后者还摒弃了从18世纪美国矩形土地勘测中衍生出的基础网格，直到20世纪20年代的城市规划中，赖特依然受到该网格的限制。

虽然赖特拒绝了丹尼尔·伯纳姆的工作邀请，当时伯纳姆的办公室正成为美国城市规划的主导力量，但赖特很早就从城市设计的角度构思他收到的住宅设计委托。1896年，他在芝加哥郊区的整个街区进行了一个22套住宅的开发项目，通过将单个住宅围绕着一个中央公共花园进行分组，改变了典型的分区，这种方式很快就被“花园城市”倡导者采用（见第189页附图11–4）。同样能说明问题的是在设计基础上手绘的方网格，它阐明了住宅社区的地形，与芝加哥街道系统涉及的更大的都市网格相呼应。理想主义的方形网格及其杰弗逊式起源将决定这些早期的关键项目。为了回应1900年《女士家居杂志》提出的设计价格适中的房屋模型的要求，赖特制定了他所谓的“四重街区计划”（Quadruple Block Plan），并解释说任何住宅设计都必须被理解为总体社区规划的一部分（见第189页附图11–5）。因此，第一栋所谓的草原风格的住宅诞生于一个发展计划中，该计划将4栋房子像风车那样相互连接起来，为1896年的公共花园提供了一种动态形式。1903—1904年间，赖特在几个分区规划中复制了社区和隐私空间之间的平衡，包括委托的规划和推测可能有委托的规划（见第190页附图11–6、附图11–7）。1912—1913年间，为了应对城市俱乐部为改善当地生活条件而进行的竞争，“四重街区计划”最终在芝加哥一个大约有5 000个居民的社区设计中得到了广泛应用（图11–4）。赖特的设计包括商业设施、政府设施、教育设施和娱乐设施，提供了一种非

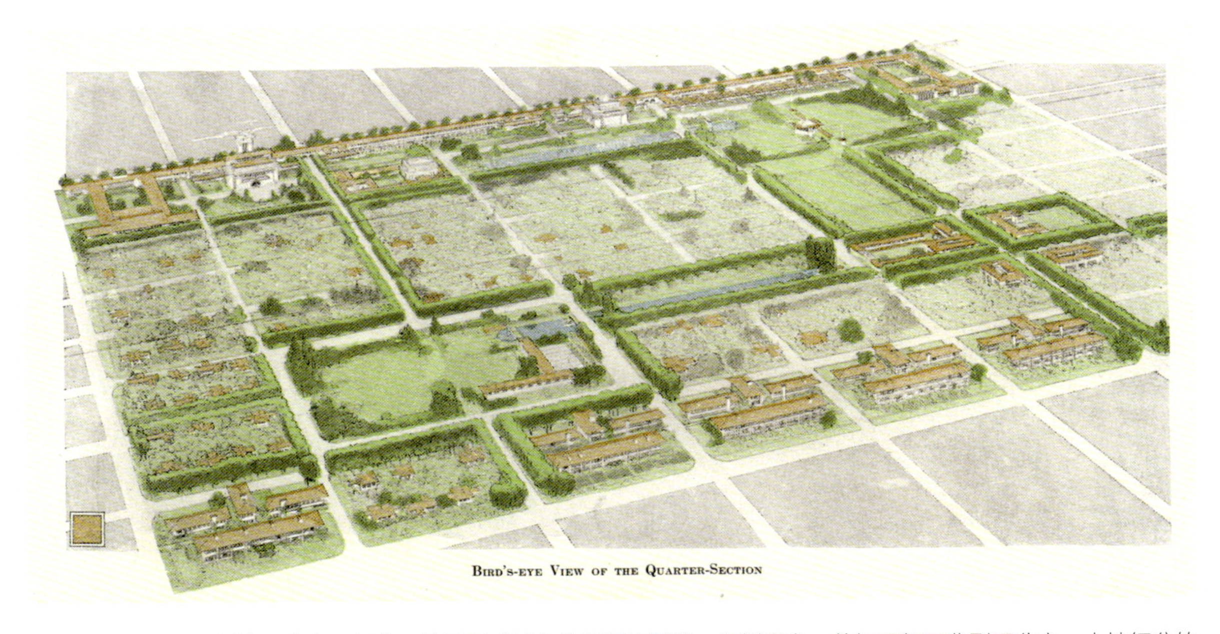

图11–4　开发计划的四分之一部分，摘录于《城市住宅用地开发：规划研究，芝加哥郊区典型四分之一土地细分的竞争计划》（*City Residential Land Development: Studies in Planning, Competitive Plans for Subdividing a Typical Quarter Section of Land in the Outskirts of Chicago*），艾尔弗雷德·B. 约曼斯（Alfred B. Yeomans）主编（芝加哥：芝加哥大学出版社，1916年）

典型的解决方案——既不是“城市美化”（City Beautiful）模式，也不是“花园城市”模式——使社区具有地方特色，同时通过对芝加哥网格的接纳和精细操控，确保将它嵌入大城市的都市社区中。

如果说摩天大楼管理项目作为发展的抽象模板，被认为是这些早期努力的合理结果，那么赖特后来对实际城市问题和条件的应对导致了截然不同的正式解决方案。华盛顿特区水晶城（Crystal City）项目（1940 年，见第 191 页附图 11-8）最能清楚地说明这一点，其计划与摩天大楼管理项目的计划非常接近。赖特为市中心边缘处未开发的一块地设计了一组相互连接的棱柱形塔楼，这些塔楼矗立在公园般的环境中，独立于周围的街道。这座巨型建筑包括公寓和酒店客房，坐落在一个多层基地之上。该基地将拥有世界上最大的室内停车场，同时也是一个购物中心、娱乐场所以及可以俯瞰这座城市核心景观的室外露台。这一时期的其他三大主要城市干预项目的共同之处在于，它们都是针对市民中心或文化中心。威斯康星州麦迪逊市莫诺纳湖（Lake Monona）畔的市民中心，设计于 1938 年，在赖特生前进行了数次改造，之后又进行了大量改建。该中心有意识地与该地早期的“城市美化”规划相联系，但使用现代材料和技术打造了一个部分悬于湖面上的巨型结构（见第 192 页附图 11-9、附图 11-10）。通过将包括汽车通道和停车场在内的主要功能元素放置在半圆形街道层的露台下，与内部的礼堂形状相呼应，市民中心成为一个公共论坛。以湖泊为背景，以城市为前景，赖特将剧院般的室外空间描绘成一个奇观（见第 193 页附图 11-11）。

对于饱受去工业化和郊区化影响的匹兹堡（Pittsburgh），赖特为其废弃的城市核心设计了一个巨大的螺旋形塔庙，3 条河流在这里汇合形成了历史上著名的交汇点（1947 年，见第 194 页附图 11-12）。这座巨型建筑旨在容纳从歌剧院和屋顶多功能体育场到汉堡包摊和小商品店等一切事物，旁边是一条 7.25 km 长的坡道，预计可停放日常使用该中心的 125 000 辆汽车。它的目的是通过赋予核心区新的社区焦点和交通节点来弱化城市分散化，使其成为连接郊区和市中心的纽带。

为了响应伊拉克政府聘请西方“明星建筑师”（starchitects）来为巴格达（Baghdad）创造现代建筑的标志性示例的计划，赖特设计了二战后的最后一个作品——巴格达文化中心（1957 年）。他的综合建筑项目是唯一成为城市规划基础的项目（见第 195 页附图 11-13、第 196 页附图 11-14）。与原始巴格达圆形城市形状呼应的是歌剧院和大学的校园建筑，其中包括博物馆和其他文化娱乐设施。底格里斯河（Tigris River）的填海造陆小岛将成为室内和室外公共聚会的场所和出行目的地。

巴格达项目是赖特将城市空间变成社交场所的愿景的高潮，无论是早期住宅开发的公共花园还是后来干预项目中的公共论坛。这项工作的核心是摩天大楼管理项目，该项目将市中心商业区开放给社会使用，明确预示了后来的洛克菲勒中心以及二战后许多综合建筑、超级街区的发展。

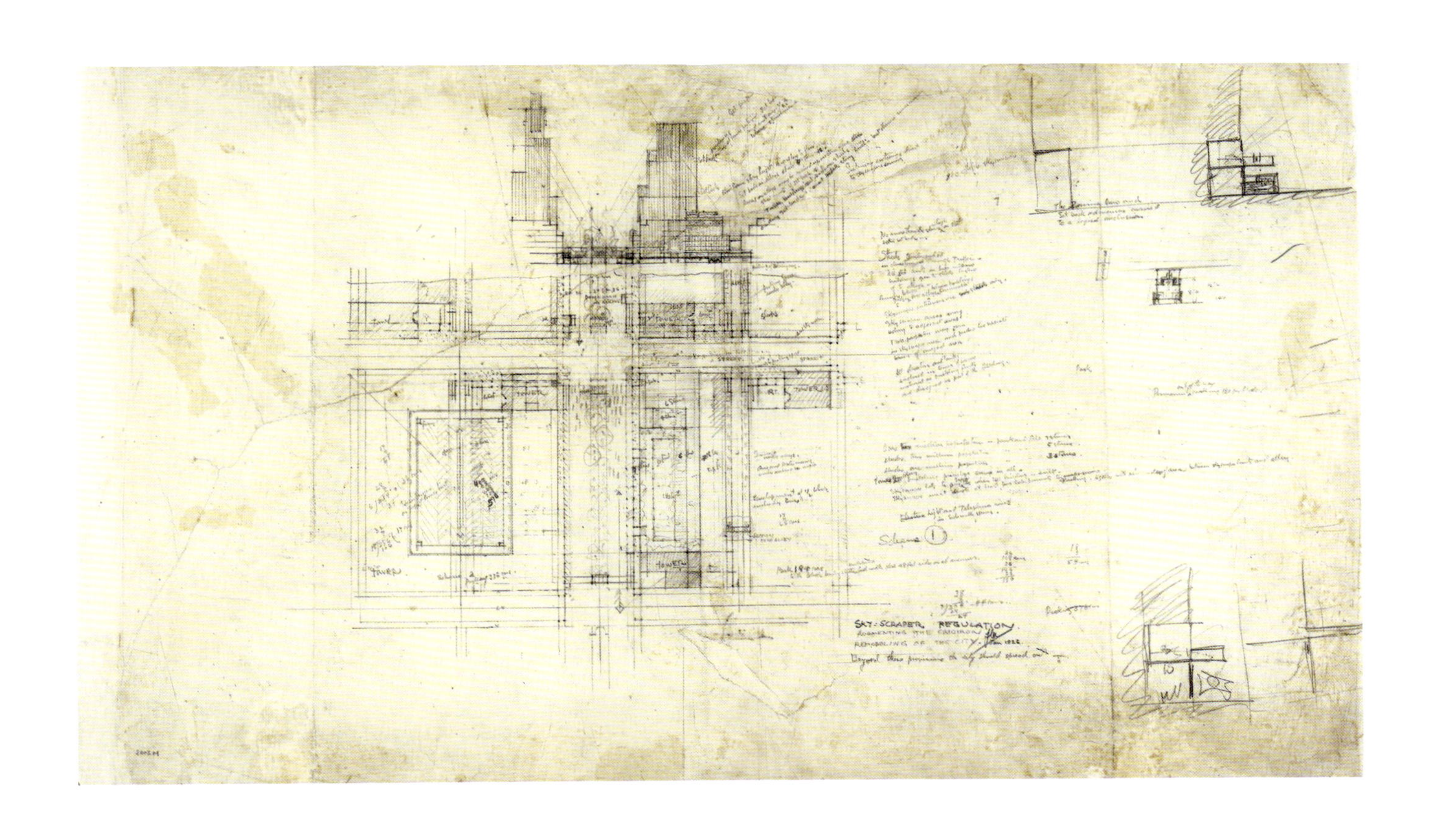

附图 11–1　摩天大楼管理项目，伊利诺伊州芝加哥，设计于 1926 年，未建成。
初步立面图和局部总平面图，用铅笔绘于描图纸上，50.8 cm × 87.6 cm

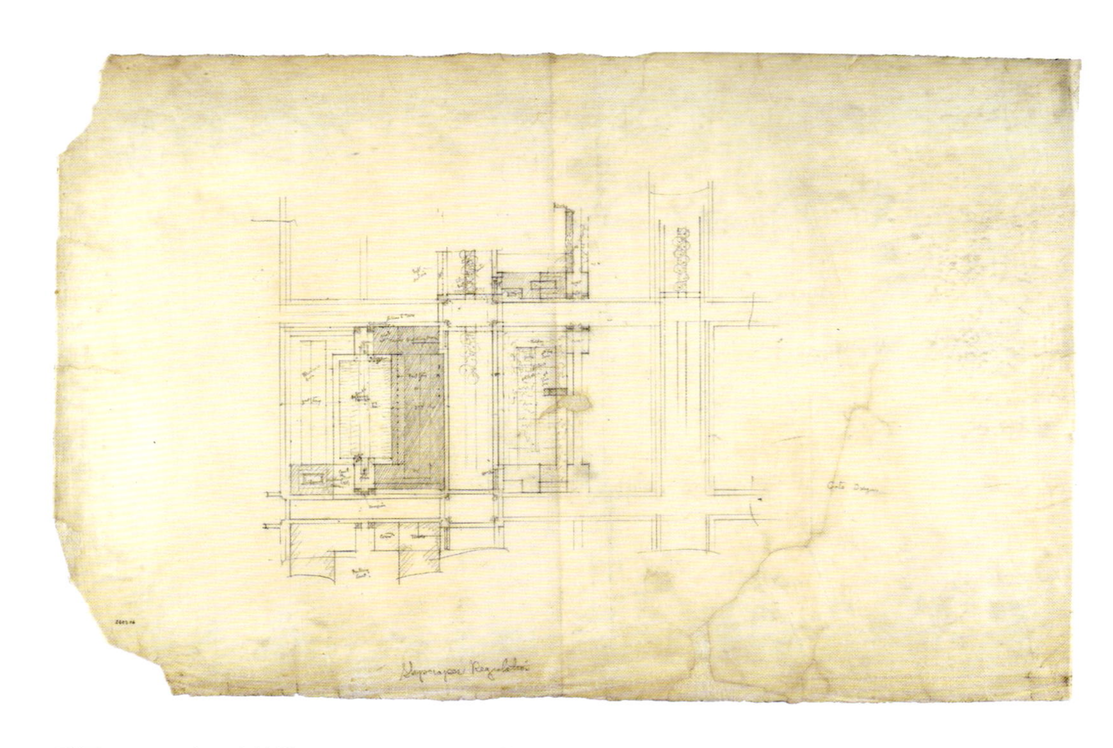

附图 11-2　摩天大楼管理项目，伊利诺伊州芝加哥，设计于 1926 年，未建成。
平面图，用铅笔绘于描图纸上，59.4 cm × 91.4 cm

附图 11-3　摩天大楼管理项目，伊利诺伊州芝加哥，设计于 1926 年，未建成。
剖面图，用铅笔绘于描图纸上，50.8 cm × 69.5 cm

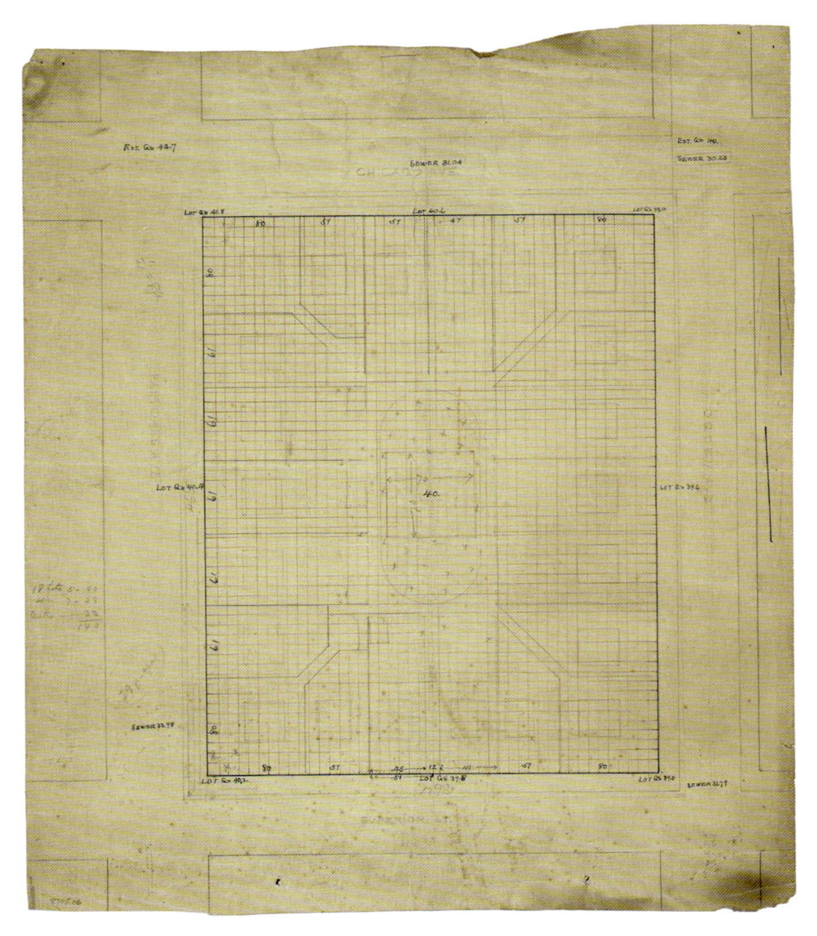

附图 11-4　查尔斯 · E. 罗伯茨（Charles E.Roberts）的开发计划，伊利诺伊州里奇兰市（Ridgeland，后来的橡树园），设计于 1896 年，未建成。总平面图，用墨水和铅笔绘于纸上，58.1 cm × 48.6 cm

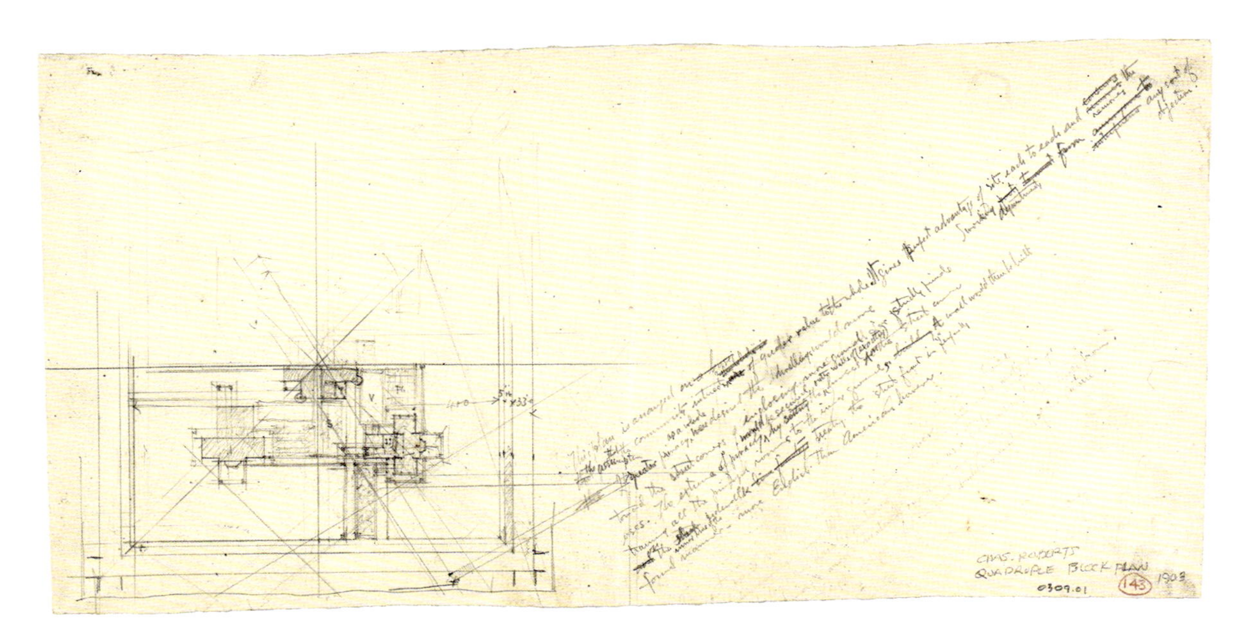

附图 11-5　《女士家居杂志》的“四重街区计划”，设计于 1900—1901 年，未建成。初步计划，推迟到 1903 年。用铅笔和彩色铅笔绘于纸上，28.6 cm × 41.3 cm

附图 11-6　查尔斯 · E. 罗伯茨的开发计划，伊利诺伊州橡树园，设计于 1903—1904 年，未建成。
透视图，用铅笔绘于描图纸上，37.1 cm × 55.6 cm

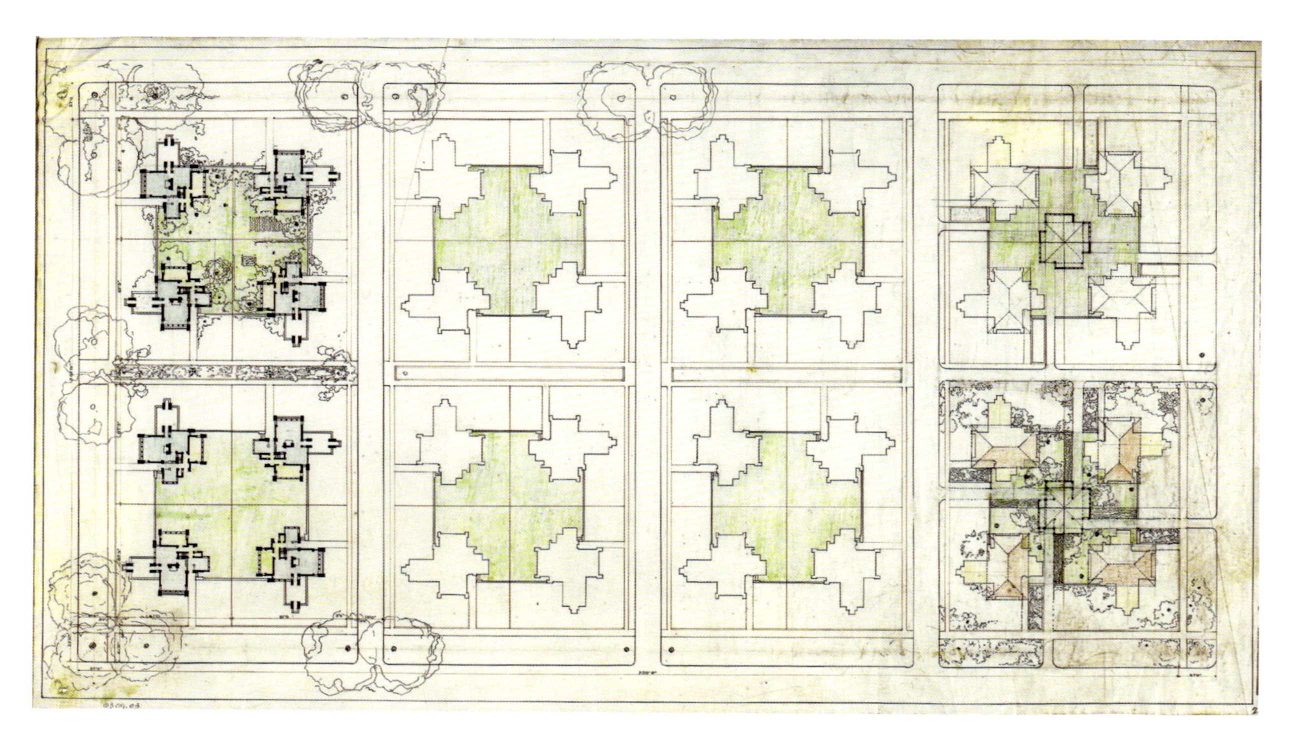

附图 11-7　查尔斯 · E. 罗伯茨的开发计划，伊利诺伊州橡树园，设计于 1903—1904 年，未建成。
总平面图，用墨水和彩色铅笔绘于绘布上，39.1 cm × 69.2 cm

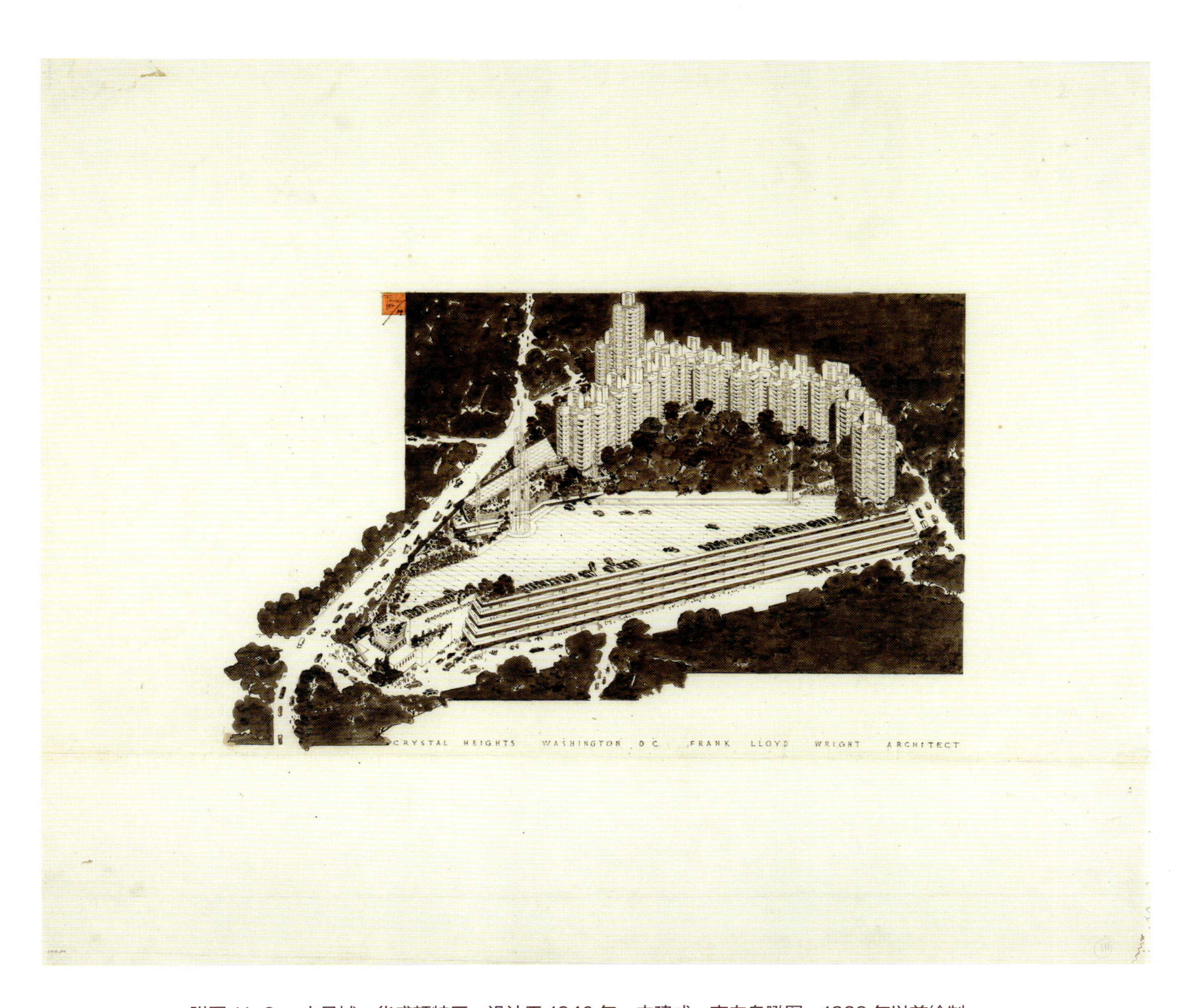

附图 11–8　水晶城，华盛顿特区，设计于 1940 年，未建成。南向鸟瞰图，1939 年以前绘制，用墨水和水墨绘于描图纸上，52.1 cm × 86.7 cm

附图 11-9　麦迪逊市民中心，威斯康星州麦迪逊，设计于1938—1959 年，未建成。总平面图的概念研究，1938 年，用铅笔绘于木板上，40.6 cm × 22.9 cm

附图 11-10　麦迪逊市民中心 [莫诺纳会议中心（Monona Terrace）]，威斯康星州麦迪逊，设计于 1938—1959 年，未建成。西北方向鸟瞰图，1953 年，用墨水、彩色铅笔和铅笔绘于描图纸上并装裱，45.72 cm × 101.6 cm

附图 11–11　麦迪逊市民中心（莫诺纳会议中心），威斯康星州麦迪逊，设计于 1938—1959 年，未建成。西向夜景鸟瞰图，1955 年，用墨水和铅笔绘于纸上并装裱于复合板上，81.3 cm × 101.6 cm

附图 11-12　点状公园市民中心（Point Park Civic Center），宾夕法尼亚州匹兹堡，设计于 1947 年，未建成。第一个方案从华盛顿山向东北偏东方向看的鸟瞰图，用铅笔和墨水绘于描图纸上，80 cm × 92.7 cm

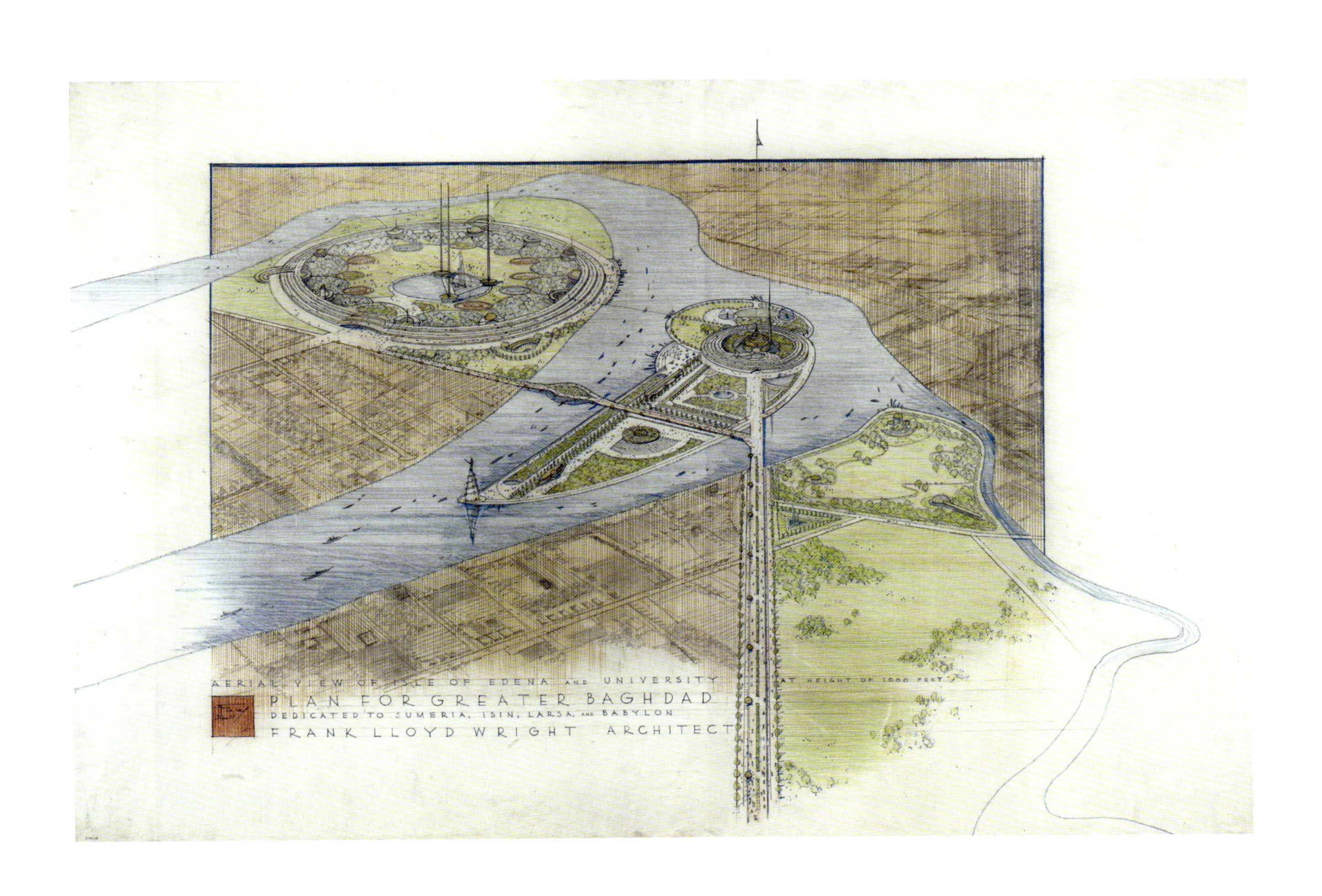

附图 11–13　大巴格达计划（Plan for Greater Baghdad），设计于 1957 年，未建成。文化中心和大学校园的北向鸟瞰图，用墨水、铅笔和彩色铅笔绘于描图纸上，88.6 cm × 132.1 cm

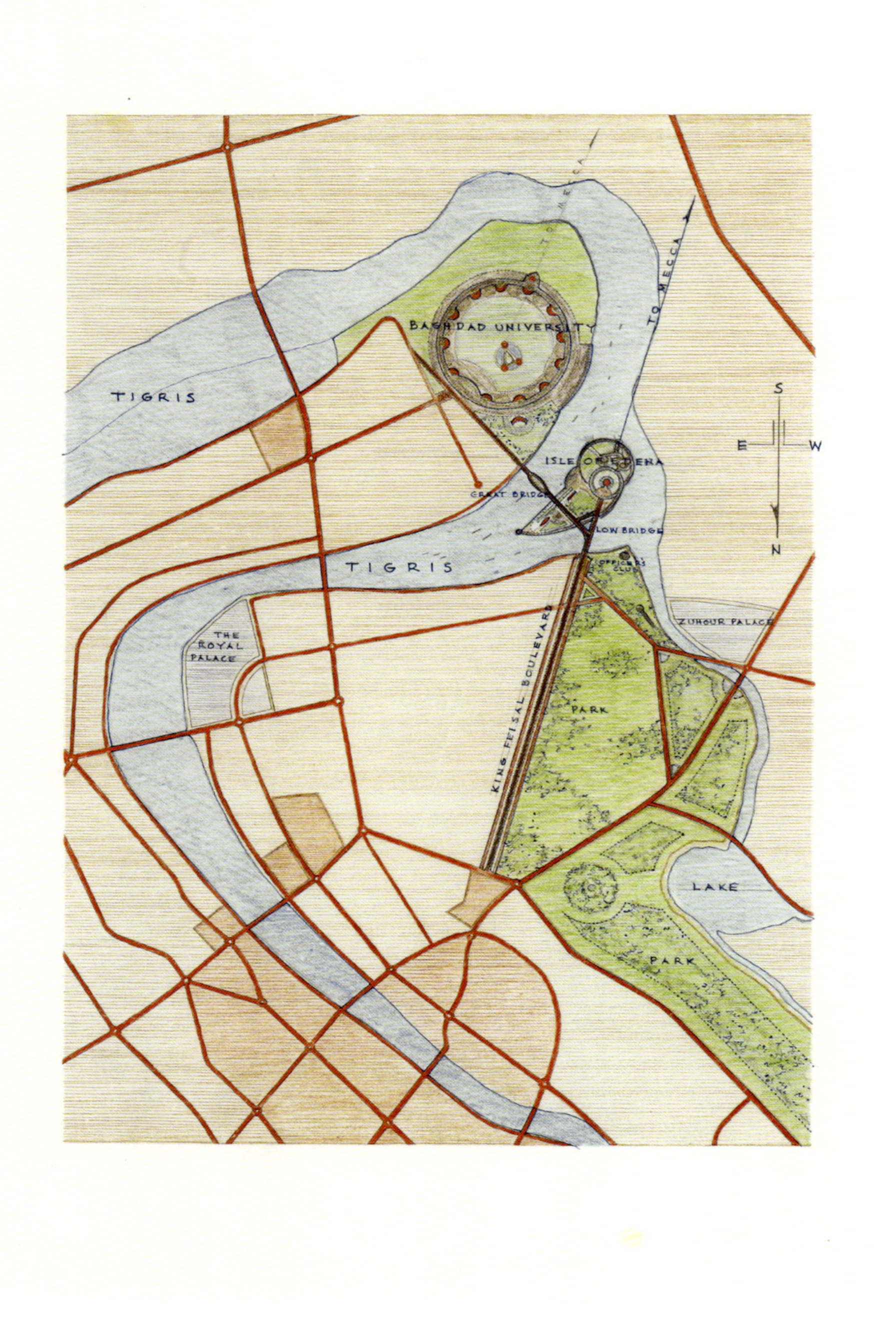

附图 11–14　大巴格达计划，设计于 1957 年，未建成。城市总体规划图，用墨水、铅笔和彩色铅笔绘于描图纸上，52.1 cm × 40.3 cm

注释

1 有关此主题的详细论述，参见《弗兰克 · 劳埃德 · 赖特的城市主义》。
2 标题和引文来自初步草图上的手写图例（见第 187 页附图 11-1）。
3 弗兰克 · 劳埃德 · 赖特，《有生命的建筑图纸》（*Drawings for a Living Architecture*. New York: Horizon Press, 1959），第 174 页。
4 乔治 · 丘奇（Giorgio Ciucci），《农业意识形态中的城市和弗兰克 · 劳埃德 · 赖特：广亩城市的起源和发展》（The City in Agrarian Ideology and Frank Lloyd Wright: Origins and Development of Broadacres），载于丘奇等人的《美国城市：从内战到新政》（*The American City: From the Civil War to the New Deal*. Cambridge, Mass.: MIT Press, 1979），芭芭拉 · 路易贾 · 拉 · 彭塔译（trans. Barbara Luigia La Penta），第 329 页。
5 珍 – 路易斯 · 科恩对这种多级街道系统的早期阶段进行了总结，《未来世界的景象：欧洲建筑和美国挑战，1893—1960》（*Scenes of the World to Come: European Architecture and the American Challenge, 1893—1960*. Montreal: Canadian Centre for Architecture, 1995），第 31—37 页。
6 《随着曼哈顿人口的增加，通过规划这类大道来避免成本高昂的街道拓宽》（Costly Street Widenings, as Manhattan Crowds Increase, Might Be Obviated by Planning This Kind of Thoroughfare）和《看到未来的纽约》（Sees Future New York），《纽约论坛报》，1910 年 1 月 16 日。
7 亨利 · 哈里森 · 苏普利，《抬高的人行道》（The Elevated Sidewalk），载于《科学美国人》第 109 卷，4 期（1913 年 7 月 26 日），第 67 页。封面插图经常被误以为是哈维 · 威利 · 科比特画的。
8 参见注释 5，该图像再次被误以为是科比特画的。
9 《缓解纽约的交通拥堵》（To Relieve Traffic Congestion in New York），载于《美国建筑师》（*American Architect*）第 119 期（1921 年 3 月 30 日），第 395 页。
10 哈维 · 威利 · 科比特，《缓解交通的三层街道》（Triple-Decked Streets for Traffic Relief），《纽约时报》，1924 年 2 月 3 日，第 8 节。希尔伯塞默在《大都会建筑》（*Groszstadtarchitektur*, 1927）中重新出版了一些科比特的画。
11 哈维 · 威利 · 科比特，《步行、车轮和铁路的不同层级》（Different Levels for Foot, Wheel and Rail），《美国城市》第 31 期（1924 年 7 月），第 2—6 页。
12 费里斯的画发表在《纽约时报》的头版上，1924 年 5 月 25 日。
13 哈维 · 威利 · 科比特，《交通拥堵问题和解决方案》（Problem of Traffic Congestion, and a Solution），《建筑论坛》第 46 期（1927 年 3 月），第 201—208 页。
14 戈登 · 斯特朗，《摩天大楼街道》（Skyscraper Streets），《芝加哥每日论坛报》，致编辑的信，1924 年 9 月 24 日；《三层次街道》（Three-Level Streets），致编辑的信，《芝加哥每日论坛报》，1925 年 6 月 15 日。
15 《疏解卢普区》，《芝加哥每日论坛报》，1923 年 5 月 12 日。
16 爱德华 · H. 本内特，《被称为解决卢普区拥堵的地铁》（Subway Condemned as Loop Congestion Cure），《芝加哥先驱和考察家报》，1926 年 1 月 15 日。
17 爱德华 · H. 本内特，《芝加哥建设高空道路的先进之举》（Chicago's Advance to Bring Traffic Paths High in Air），《芝加哥先驱和考察家报》，1926 年 1 月 18 日。

章前图　广亩城市，设计于 1929—1935 年，未建成。模型，1934—1935 年，用涂漆木材、纸板和纸制作，386.1 cm × 386.1 cm × 22.9 cm

12
广亩城市和狭窄地段

戴维·斯迈利

美国是建立在对土地的幻想之上的，是建立在对美好未来的憧憬以及对理想过去的缅怀之上的。然而，这片土地长期以来一直被侵占、被测绘、被评估和担保、被买来又卖走、被分割、被出租、被抵押以及被征税。从这些既有想象又有算计的自相矛盾中诞生了20世纪早期的大都市，这些大都市有着宏伟又讲究的街区、直冲云霄的商业建筑、烟雾缭绕的工厂，以及望不到头的被污水堵塞着的街区公寓。当人们庆祝大都市的胜利时，许多社会观察家、政策制定者、建筑师和规划师却看到了城市功能和公民含义在逐步瓦解丧失。弗兰克·劳埃德·赖特提出的广亩城市（1929—1935年）是对此现象的伟大回应：从建筑学角度讲，大都市已经过时了，取而代之的是广亩城市。它是一个"美国风"的综合体，拥有一种前所未有的景观，不受传统或历史的约束，只由"建筑和土地"组成（见章前图）。[1] 凭借其小片区低密度的覆盖率（主要是一层和两层的建筑）以及由良好管理技术支撑的看似广阔无垠的土地，广亩城市的田园风光将会维持新的个性和自由，远比传统大都市更加民主。然而，这个广亩城市模型占地面积为10.4 km^2，只能给1400个家庭提供住房，根据1930年美国的人口普查，这几乎不满足"城市地区"的定义。[2] 那么，如何理解广亩城市呢？它不是简单的城市、乡村或郊区，而是它们的混合体，其社会生活和空间体验无法明确定义。

面对日益严峻的对国内外城市理论和设计论述的挑战，赖特着力于解决20世纪20年代末许多观察家所说的"城市问题"。在1930年以后，他的演讲和写作越来越具有预见性，要求为集体生活设计一种新的规模和方式。1934年，广亩城市的第一个草图展示了新形式的制图和建筑如何塑造新的生活方式。赖特在图旁的批注很明确，草图展示了精心划分的地块（见第206页附图12–1）：适于使用拖拉机的狭长"小农场"位于下方和右侧边缘；在左上角，由自然边界包围，形成了一个个紧密的细分土地网格——"每个家庭至少有1英亩土地"；在右上角，有十几处"豪华住宅"。这些地块连同工厂、仓库、配送中心、路边市场、加油站和小型飞机场一起，由道路网连接。剧院和"俱乐部群"提供共享的文化生活，公园、高尔夫球场和湖泊为居民提供休闲娱乐的机会，所有这些都由一种整体的"自然感觉……根据其本质而发展"连接起来。这幅草图描绘的既不是城市也不是郊区，而是均匀分布的一大片细分土地。

赖特将广亩城市描述为"既没有长轴也没有短轴"，也没有明显的对称性。[3] 他发现传统的构图和空间秩序之所以有很大问题，是因为它们体现的是中央集权和专制统治，而不是自由和民主。广亩城市是一个"田园主义"的规划构想，在这个构想中，美国人的平等和自决权不是通过既定且公开的秩序来保障的，而是通过向每个人及其家庭提供无产权负担的土地而得以保证的。[4]

在世纪之交的20多年的动荡里，赖特住在芝加哥，亲身体验了城市资本的社会成本。他和许多观察家一样，认为城市的贪婪是“无情的货币增值”，使每个人都成了“没有灵魂的个体”，无法进行真正的社会互动。[5] 对于赖特和其他 20 世纪早期的进步人士来说，大都市早已成为人类进步的主要障碍；他在 1932 年写道：“大城市已经不再是现代的了。”[6] 大城市的灌木丛变得难以治理，面积小的土地数不胜数，但业主和房客很多，管理上又十分杂乱无章。建筑师、规划师、政策制定者和城市领导人研究了土地配置和区域组织的新的补救措施。由城市规划部门和银行机构负责的“进步”和“社区改善”，越来越需要大规模的“区域重新规划”。[7] 对于赖特来说，变革必然是激进的，而其他人则不主张如此剧烈的改革，但两种观点都强烈反对在土地规划上对资本的自由放任。

路易斯·芒福德所在的美国区域规划协会（Regional Plan Association of America，RPAA）提出了一种可供选择的定居模式， 主张利用水力发电将城市和城镇散布于景观之中，中间留有公园和农田。[8] 其结果是打造一种现代化的田园生活，融合了自然和城市化、低密度居住和机械化、家庭式和集体生活，所有这些都可能拯救过度建设的“焦虑”大都市的毁灭性发展进程。[9] 尽管赖特对 RPAA 关于“花园城市”卫星城区的提议不屑一顾，他想探寻的是一种新型家庭网络系统，但也认为电气化是城市不断向远处发展的一种手段。同时，他也和 RPAA 一样，对现有大都市非常不满，对包括飞机、电话、汽车和高速公路在内的新技术持积极的态度，他认为这些新技术将创造一种新的地区化定居政策。[10] 克拉伦斯·斯坦（Clarence Stein）和亨利·赖特（Henry Wright）在新泽西州雷德朋镇（Radburn）的规划（图 12-1）展示了 RPAA 的主张，该规划被认为是取代传统网格模式的新的土地开发体系。它由一系列超级住宅街区组成，每个街区都由半附联式的房屋组成，并由禁止机动车通行的死巷围合。每栋房子后面都有一个小院子，可以直接步行通往设有学校、操场、风景如画的小径和其他娱乐设施的社区公园。尽管在大萧条停工之前，仅有少数几个超级街区或商业空间建成，但雷德朋项目的构想因其重新调整私有土地和住房格局以支持共享空间而广受赞誉。尽管在雷德朋项目之前十多年就有人研究过类似的理论，这期间包括赖特自

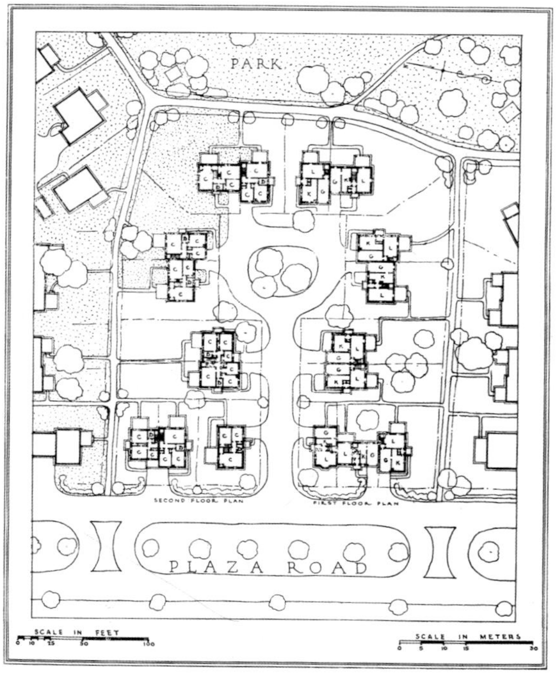

图 12-1　超级街区（车辆禁行区），新泽西州雷德朋镇，1927—1929 年。规划平面图，摘录于克拉伦斯·斯坦因《走向美国的新城镇》（*Toward New Towns for America*）（马萨诸塞州剑桥市：麻省理工学院出版社，1957 年）

己的城市俱乐部竞赛项目（1912—1913 年，见第 185 页图 11–4），但雷德朋超级街区成为广为流传的规划原型，证明了不受传统街区和地段限制的新的土地布局方式为社区凝聚力提供了持久的典范。[11] 重新规划城市是一种稳定社会和经济的手段，同样也是“纽约及其周边地区区域规划”（Regional Plan of New York and Its Environs，RPNYE）中不可或缺的一部分。该目标表述在该组织于 1929 年出版的多卷报告中克拉伦斯・佩里（Clarence Perry）所作的“邻里单位”一章中（图 12–2）。该单位策略由一个多街区规划布局组成，其直径为 0.8 km，占地面积约为 65 hm^2，周长由主要的几条机动车干道确定。通过将购物区和公寓建筑置于场地的外缘，将城市功能区（学校、公共建筑、教堂）置于中心位置，形成了这张向内聚焦的图。在边缘和核心区之间的是围绕着小公园而设的住宅区，里面容纳了大约 5 000 位具有“相似品位和相似态度”的人。[12] 这种社区设计方法为重新思考城市景观的社会秩序提供了一种明确的方式，即创建边界区域以激发居民强烈的地域归属感。与超级街区一样，邻里单位是建筑师、规划师和政策制定者重新思考土地组织和分配的关键一环。这种合理化的开发重塑了大多数城市又旧又衰败的地区，将低收入居民和企业的迁移与大规模的房地产投资和投机联系起来。[13] 这种策略在一定程度上是由社会科学推动的。在 20 世纪初，社会学家开始研究“基础”关系或类似亲缘的关系，以及在空间上相邻社区的关系，作为抵御大都市中失范现象的堡垒。20 世纪 20 年代，芝加哥大学拥有领先的社会学系，罗伯特・帕克（Robert Park）、欧内斯特・伯吉斯（Ernest Burgess）等人因将邻里映射为不同的社会空间单元而闻名于世，他们也称之为“自然区域”。事实上，一些芝加哥的社会学家与 RPNYE 的策划者一起参加了 1925 年的美国社会学协会会议，在那里佩里提出了“邻里单位”的构想。实际上，社会学研究和地域划分是相互联系的；对于城市的描述变成了城市的处方。[14]

当时，对城市的重新思考也包括对社区社会性边界的设计，这种设计方法很快投入试验。1931 年下东区规划协会—— 一个由纽约银行和保险公司组成的私人伞形组织，聘请 RPNYE 顾问哈兰・巴塞洛缪（Harland Bartholomew）

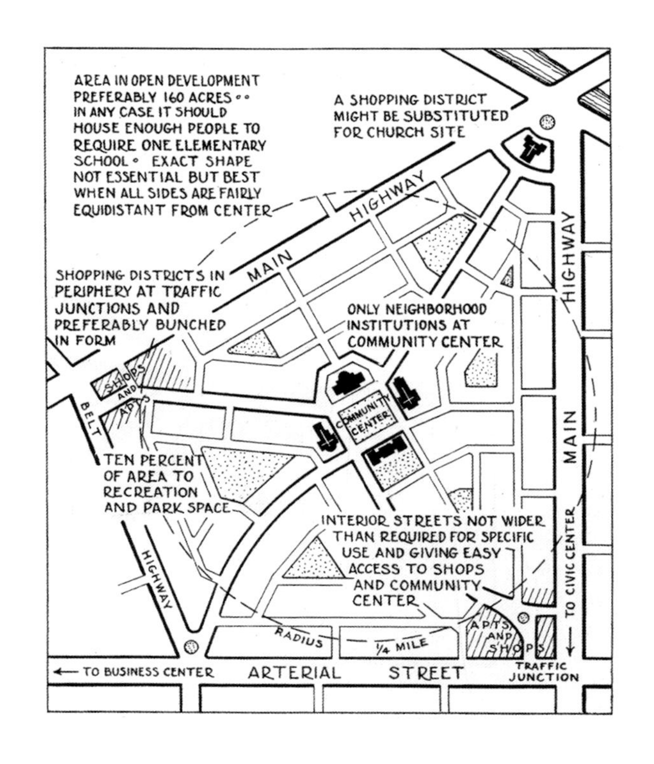

图 12–2　克拉伦斯・佩里，《邻里单位：一个家庭生活社区的安排方案》（The Neighborhood Unit: A Scheme of Arrangement for the Family-Life Community），摘录于《纽约及其周边地区区域调查》（*The Regional Survey of New York and Its Environs*），第 7 卷（纽约：纽约及其周边地区区域规划委员会，1929 年）

为“改善”［用于描述（或掩盖）清除贫民窟、被迫迁移和新建筑的专业术语］这个城市移民社区的 200 多个街区飞地提供建议。为了建立可行的干预规模，巴塞洛缪提议通过封闭街道和拓宽道路，将该地区重新划分为 38 个“自给自足”的超级街区——每个街区都标为“邻里单位”（图 12–3）。[15] 这些年来，这种多街区清除贫民窟的项目激增，并且被视为证明半自治社区可以（并且应该）由看似没有差异的城市结构创建的依据。很快地，邻里单位和超级街区成为主导土地现代化的语汇（无论是否用现代视觉语言表达），它们运用精确的土地技术创造了有针对性的社会空间，明确了发展模式。尽管这些特定方法与赖特对土地组织的观点有所不同，但在进步时代，对必然变化的大都市空间秩序的思考贯穿了那一时期的所有作品。[16]

广亩城市模型是由塔里埃森学员于 1934 年底到 1935 年初制作的，并在洛克菲勒中心举办的工业艺术博览会（Industrial Arts Exposition）上展出。[17] 它由 4 个 1.8 m × 1.8 m 的部分组成，每一部分代表 2.6 km^2（见第 207 页附图 12–2）。赖特认为这是一种可能性的展示，是一种应对变化的框架，而不是一个固定的规划。这个模型显示了如何将测量师的网格转变成一个由各种色调和纹理的种植田组成的地毯，分段的道路、栅栏和树木在平原和高山上延绵起伏，建筑均匀散布。赖特写道，一座“有机的现代建筑”，将“被视为一种景观”。[18] 然而，从字面上看，合理化的逻辑仍然是显而易见的，就是标记的地面。

广亩城市将概念上无限延伸、表面上原始的土地划入镇区和永久产权地块的主要依据是托

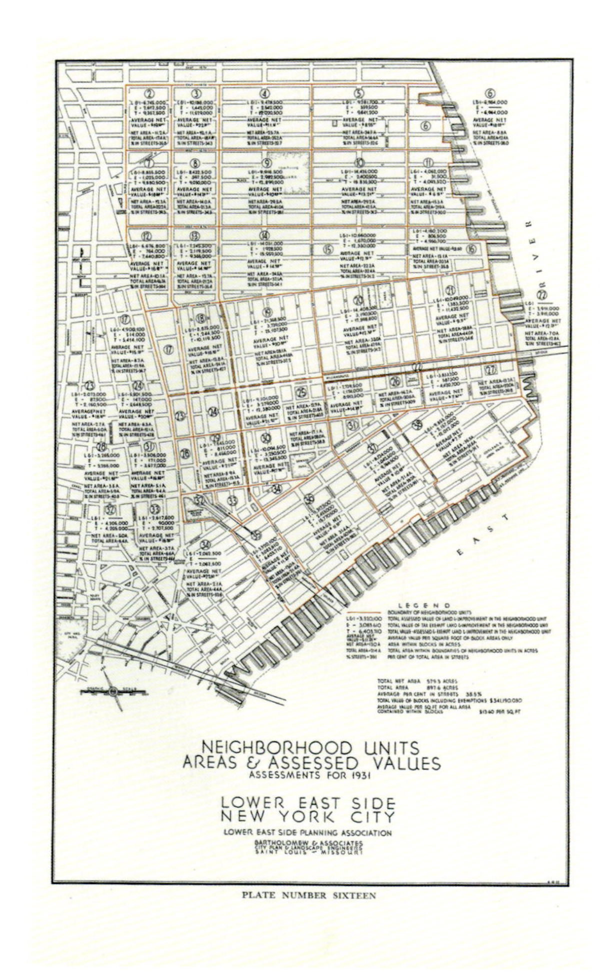

图 12-3　哈兰·巴塞洛缪及其合伙人，《邻里单位区域及其评估值》（Neighborhood Units - Areas and Assessed Values），载于《纽约市下东区主要交通要道和交通规划》（*Major Traffic Thoroughfares and Transit Plans, Lower East Side, New York City.*）（纽约：1932 年）

马斯·杰斐逊（Thomas Jefferson）《土地条例》中对镇区的定义——一块 15.5 km^2 的区域，它们既不是城镇或城市，也不是单位或街区。[19] 对于赖特来说，这种无等级的平等主义组织可以实现新的社会生活——人们可以出于“明智的利己主义和诚实的自我主义”合法地行事，这是修正的资本制度与重新唤起的民主的基础。[20] 换句话说，网格为那些愿意承担工作挑战的人创造了平等的机会。

赖特和许多观察人士都强调过，广亩城市仅代表了一种具有无限可能性的结构的一部分。这个项目没有一个可以被立即理解的、象征性的中心，然而 4 个相邻部分的模型构造揭示了一个不同的中心逻辑（比较第 198 页章前图和图 12–4）。众所周知，赖特多年来一直致力于交叉象限的研究（见第 190 页附图 11–7、第 138 页图 8–2），在所有这些作品中，土地和房屋在平面上是连接的，但在体验上被相交的共用墙分割开，这些墙延伸到结构之外并且沿着建筑红线延伸。然而，不同于赖特设计的那些以壁炉为中心呈风车状布置的房子，这种交叉象限的项目如同施加了离心力从中心向外引导空间。[21] 在广亩城市这个例子中，规划的几何形状与模型的构造共同揭示了中央区域的特殊张力，也就是赖特认为可以称为“家园”的地方。

赖特在广亩城市设计中为不同形式的单户住宅提供了空间，但家园区专门由建在 0.4~2 hm^2 地块上的“小”住宅（后来的版本中为“最小的”住宅）组成。仔细观察就会发现，每个地方都是不同的：一个包括大花园或小农场，另一个则是牲畜区、工作间，甚至是小企业。这些既不是郊区的避难所，也不是回归土地的退路，而是有生产行为的土地，在这里家庭、房屋、花园、工作间和互补性活动组成了一个有机单元。对于赖特来说，家庭和家园的这种融合是“唯一允许的集中化”，这是使广亩城市得以运作的“自然经济”的关键。[22]

赖特借助多位学者的影响来营造家园区以及广亩城市更大的社会效应和体验效果。该模型还附有解释性展示板，阐述了广亩城市的城市规划原则并罗列了启发赖特思考的学者（见第 208 页附图 12–3、附图 12–4、附图 12–5）。例如，通过俄罗斯无政府主义地理学家彼得·克鲁泡特金（Pyotr Kropotkin），赖特表达了他建立无须集中监管的地方自治、自给自足的社区的理想，而在工人尺度上，仅需要“运作机器几小时”就可满足日常需要。[23] 赖特扩展了克鲁泡特金的自治公民身份，通过不受遥远文化和社会习俗束缚的个人行动，寻求从雇佣奴役中解放出来。

赖特考虑了如何在现有财政条件下真正创造出自耕农的领地。赖特从经济学家亨利·乔治（Henry George）那里借用了“单一税”的概

图 12–4　广亩城市，威斯康星州斯普林格林，设计于 1929—1935 年，未建成。放置在塔里埃森学社建筑群的模型片段

念，即土地是没有产权负担的，但对容纳非生产性劳动的投机性摩天大楼征税。[24] 借着德国经济学家西尔维奥·格泽尔（Silvio Gesell）的理论，赖特提倡使用一种被称为“自由货币”的替代货币，其要求每月购买一枚邮票以维持面值。这一策略是为了阻止仅出于赚取利息或用于投机投资而囤积现金的行为，并保持货币流通用于生产性支出、本地消费和个人必要性消费。[25] 同样，赖特向沃尔特·惠特曼（Walt Whitman）、拉尔夫·沃尔多·爱默生、索尔斯坦·凡勃伦（Thorstein Veblen）和爱德华·贝拉米（Edward Bellamy）等人的致敬，是围绕着一种由自我指导的行动与那些经常阻碍行动的社会制度之间的协商平衡而展开的。广亩城市模型中，家园区的中心地位就是这种想法的成果——一种与更大系统相连但并不依赖更大系统的地方经济；权力也从广泛的政治和经济实体转到个人和地方实体。

尽管家园区处于中心地带，但它并不是封闭的，有直通道路，并与其他空间和功能融合。它的边缘道路尺度不同，一条是主干道，中间有种植带，其他道路则有不同的尺寸和车辆速度。在每个方向上，该区域都与更大规模的规划场所相连，如路边市场（进行社会交易和商品分配的地方，见第 209 页附图 12–6），以及专有功能街区和休闲用途街区，如动物园、植物园、水族馆、湖泊和竞技场。家园区的空隙意味着流动性和空间连续性，而不是邻里单位和超级街区的强化边界。

将镜头拉近，我们会看到在家园区的中心——中心的中心——有一块也许是最重要的规划区域，即教育综合体。在当前的模型中以及大多数照片中，该区域的中心是空置的（见第 198 页章前图）。相比之下，在最初的规划和早期的模型照片中，那里有一所带有大院子的高中学校，在风车式布局中创建了一个坚固的锚点（见第 209 页附图 12–7）。总体上讲，这个综合体是一所巨大的“幼儿园”，是培养民主个体的象征性托儿所，这些民主个体均衡发展且具有良好阅读能力和教育“礼物”的训练。广亩城市模型大致显示了一个 10 km^2 的广阔区域规划，但可以这么说，赖特将重点集中在了中心处的教育和文化综合体上。

如果没有与之互补的流动性，就不可能有广亩城市及其安置的家园区的稳定性。雷德朋被称为“汽车时代的城镇”，克拉伦斯·佩里的邻里单位是由主干道构成的“蜂窝城市”的一部分，但广亩城市的流动性甚至深度地交织在社会和建筑环境中。[26] 广亩城市的住宅以英亩为单位进行分配，也被称为“单车房屋”或“三车房屋”等。[27] 不论拥有何种身份和自由意志，一个人的土地和汽车在结构上是紧密相连的，并且日常生活中的方方面面，不论大小，不论平淡还是难忘，不论从家到加油站还是到体育场，这些都与运动息息相关。道路高架桥是一种大型结构，提供模式分离、10 条车道、区域连接、嵌入式照明、存储仓库和小型工业空间。赖特设计的高速公路立交桥原型可以保证车辆持续移动，缓解了交通工程师担心的平面交叉路口问题（见第 210 页附图 12–8）。流动性的最终体现，即汽车观象台（图 12–5），是一个位于广亩城市制高点的文化中心，也是新流动个体的聚集地。[28] 在后来的几年里，赖特将交通网络发展得更大、更详细，把个人的流动性作为自由和个性的表现形式——却总是作为景观基础设施组织的一部分来呈现（见第 211 页附图 12–9、附图 12–10）。

总的来说，广亩城市模型描绘了宁静的、几乎永恒的景观，它强调的是地面建筑规模、范围、等级和程度的变化。赖特写道：“不自然的垂直狭窄建筑无法对抗自然的水平线。”[29] 这种态度包含了赖特对勒·柯布西耶的“当代城市”（Ville Contemporaine，1922 年）以及富有的摩天大楼式大都市的批评，尽管他在广亩城市中也加入了几栋高楼。他在纽约设计的圣马克大楼（St. Mark’s Tower，1927—1929 年）被重新描绘成一个乡村建筑（见第 212 页附图 12–11），并且在模型上还有几个点状物。县政府所在地是少数几个管理标志之一，它也被安置在摩天大楼里（见第 213 页附图 12–12），这一设计让人想起了赖特 1926 年的芝加哥摩天大楼管理项目研究。尽管建筑挺拔而优雅，但在模型的水平空间中却没有多少公民或修饰的力量，乡村的实线使它们相形见绌。

该模型的一张户外照片几乎与威斯康星州塔里埃森的景观融为一体：单点透视图中公路笔直地延伸着，直至远处风景里的一块耕作过的土地、几栋农场建筑，还有一排树木，如线一般消失在灭点中（图 12–6）。这种非正式的工作环境只会受到电线的破坏，然而赖特明令禁止："不能有电线杆，更不能在视野内出现电线。"这一禁令不过是在题为"美国生活的新自由"的展示板上对广亩城市提出的几项规定之一（见第 208 页附图 12–3）。其他规定包括同样平淡无奇的"没有耀眼的水泥路"，但他也提出了更大胆的主张，如"没有房东和房客"和"没有贫民窟，没有败类"。这不仅暗示了对大都市社会经济秩序的批判，这些金科玉律式的禁令，证明了赖特对适合"机器时代文明"的全面规划景观的追求。[30] 对于广亩城市而言，照明和材料的重要性不亚于建立新社会秩序的技术的重要性。最具挑衅意味的是，这份清单的开头和结尾都是财产与自由之间的现代冲突："没有公共需求的私有制"是对"没有私人需求的公有制"的补充。如果广亩城市中有乌托邦主义，那么它就在这里，在一个完美平衡的社会秩序中，但对于赖特来说，这是一个可以实现的美学和政治任务。他写道，整个过程是基于"以非集权化为应用原则并将建筑上的所有单位重新整合成一种结构"。[31] 最后，这一巨大的连贯性是由"县级建筑师"实现的——将杰斐逊式土地和公民组织与具有独特资格的领导人联系在一起。人"必须将生活看作建筑师……与自然和谐相处"，赖特写道。[32]

基于对大都市的批判和土地细分的新角色，广亩城市体现了进步主义的激进个人主义思路。赖特呼吁"更有序的自由"，索取正在瓦解的大都市文明的物质和文化秩序中的土地，而不是街区和地块。[33] 赖特排序的依据是分配和划定区域的逻辑，与当代城市规划者提供的自然区域、邻里单位和超级街区没有什么不同，但对于他来说，广亩城市的景观来自个人家园，而不是城市邻里。他将民主和资本融入一个新的有机社会体系中，创造了一个不受居于首要地位的政治或金融机构支配的城市。广亩城市进入了一场历史斗争，以个人的行动能力为基础来管理资本之下的土地，并在必要时接受他人的行动。

图 12–5 和图 12–6　广亩城市，设计于 1929—1935 年，未建成。显示汽车观象台（左图）和主干道（右图）的在建模型。罗伊 · E. 彼得森（Roy E. Peterson）拍摄

附图12–1　广亩城市，设计于1929—1935年，未建成。带注释的平面图，1934年，用墨水和彩色铅笔绘于描图纸上，23.8 cm × 21.6 cm

附图 12-2　广亩城市，设计于 1929—1935 年，未建成。部分已组装的模型

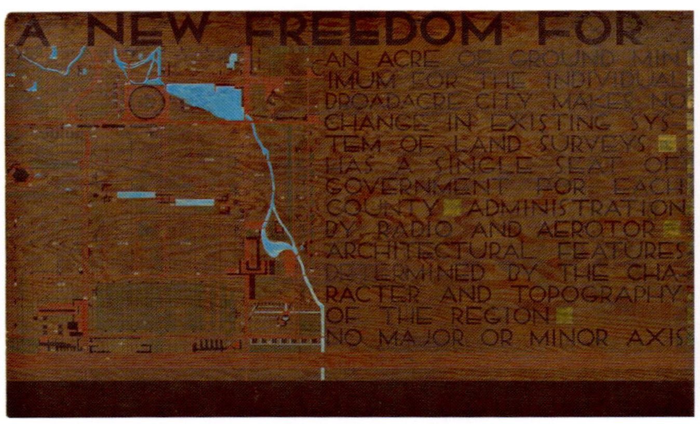

附图 12-3 广亩城市，设计于 1929—1935 年，未建成。“美国生活的新自由”展示板，用涂漆胶合板制作，每个尺寸约 121.9 cm × 200.7 cm × 1.6 cm

附图 12-4 广亩城市，设计于 1929—1935 年，未建成。专题展示板，用涂漆胶合板制作，217.2 cm × 60.6 cm × 1.6 cm

附图 12-5 广亩城市，设计于 1929—1935 年，未建成。“必读”展示板，用涂漆胶合板制作，217.2 cm × 60.6 cm × 1.6 cm

附图 12-6　广亩城市，设计于 1929—1935 年，未建成。路边市场模型细部图

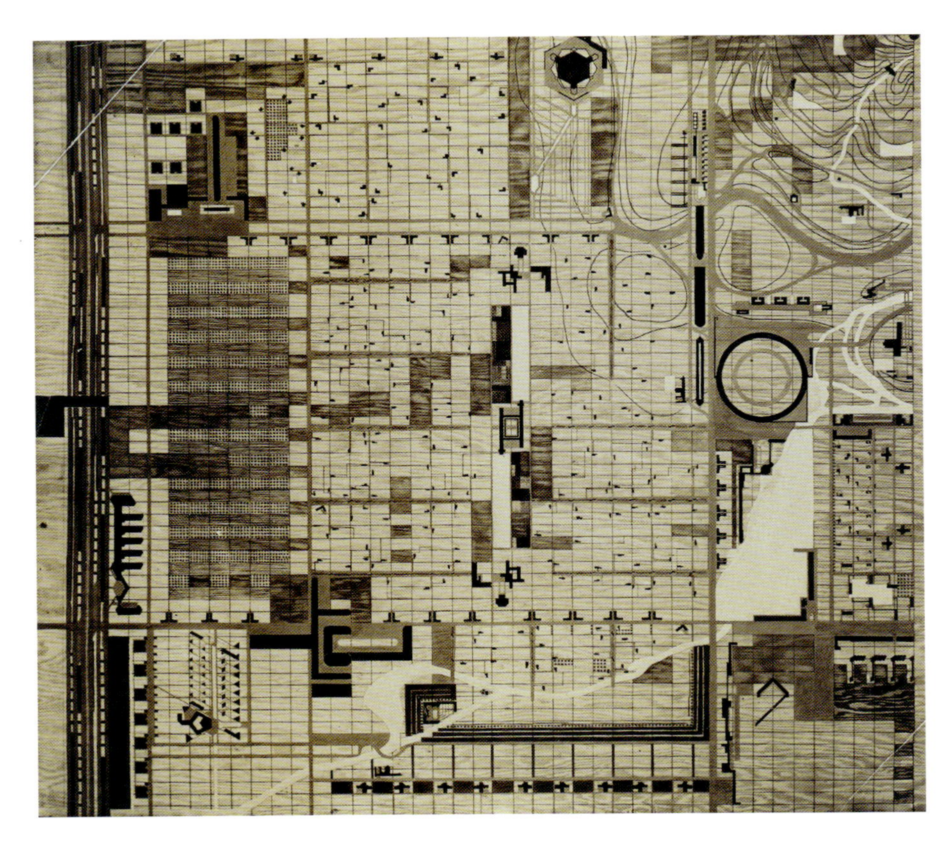

附图 12-7　“广亩城市：新的社区规划”。《建筑记录》第 77 期的插图（1935 年 4 月）

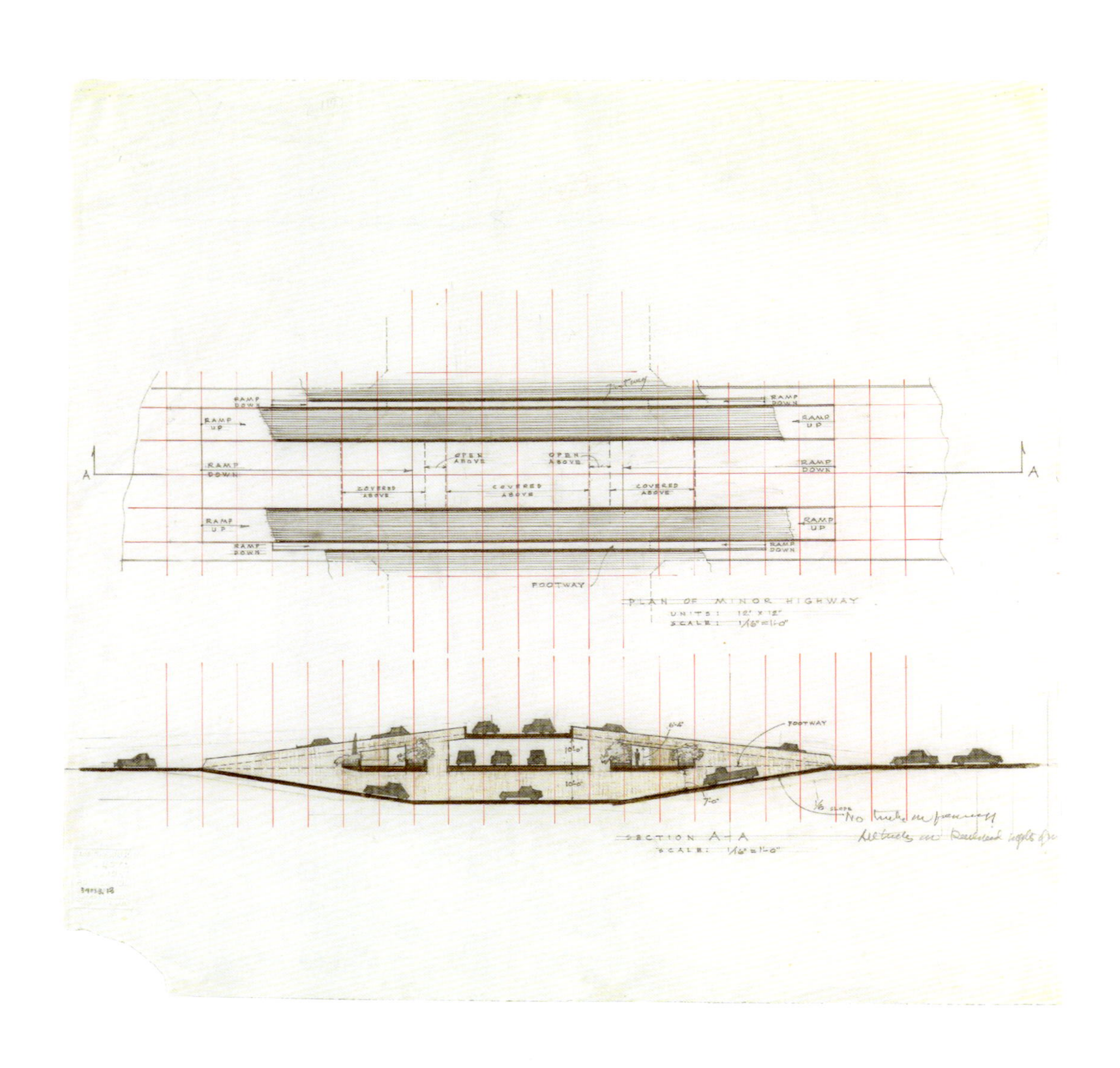

附图 12-8　广亩城市，设计于 1929—1935 年，未建成。次级公路的平面图和剖面图，用墨水和马克笔绘于描图纸上，51.4 cm × 53.3 cm

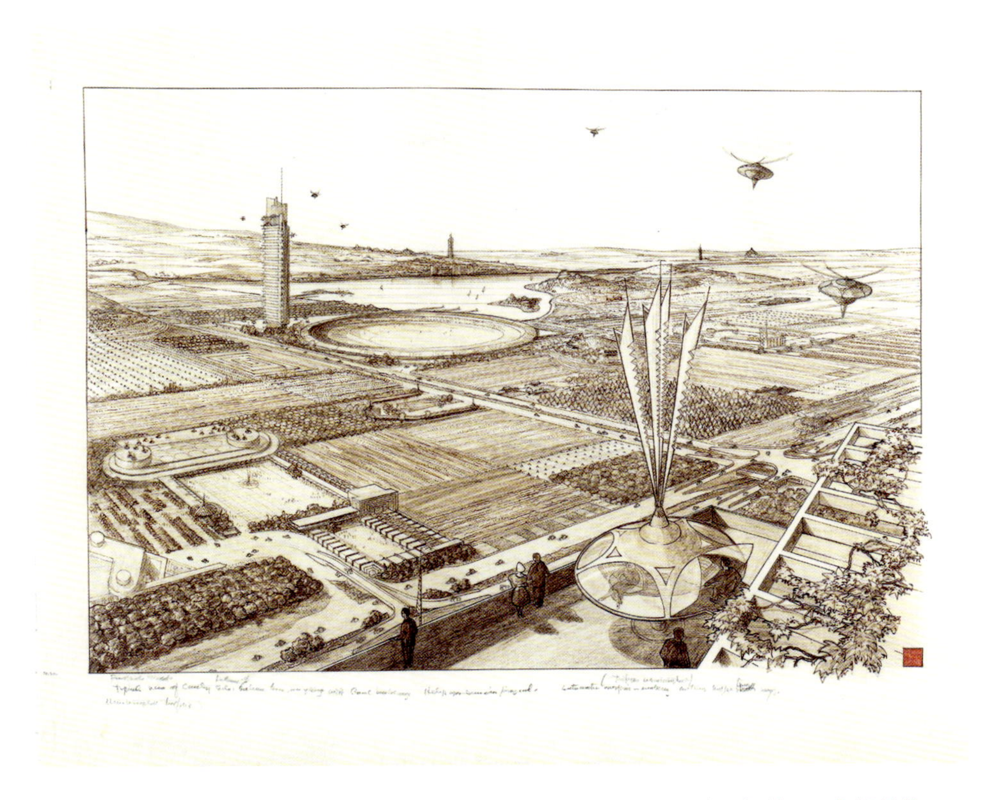

附图 12-9　宜居之城，设计于 1958 年，未建成。鸟瞰图，用墨水、铅笔和彩色铅笔绘于描图纸上，81.6 cm × 98.1 cm

附图 12-10　宜居之城，设计于 1958 年，未建成。透视图，用铅笔绘于描图纸上，81.9 cm × 106.7 cm

附图 12-11　纽约圣马克大楼，设计于 1927—1929 年，未建成。带入景观的透视图，用铅笔和彩色铅笔绘于装裱在复合板的版画上，83.8 cm × 55.6 cm × 1 cm

附图 12-12　广亩城市，设计于 1929—1935 年，未建成。县办公楼立面图和周边场地示意图，用铅笔和彩色铅笔绘于描图纸上，52.1 cm × 87 cm

注释

1 弗兰克·劳埃德·赖特，《消失的城市》，第 47 页。

2 《美国统计摘要》（*Statistical Abstract of the United States*），美国商务部，1930 年。

3 此短语在广亩城市模型的题为“美国生活的新自由”的展板上，1935 年，赖特基金会档案馆（现代艺术博物馆和艾弗里图书馆）。关于对称性，参见弗兰克·劳埃德·赖特的《广亩城市》，载于《建筑记录》第 77 期（*Architectural Record* 77, April, 1935），第 244 页。

4 弗兰克·劳埃德·赖特，《现代建筑：1930 年卡恩讲座》，第 108—109 页。

5 赖特，《消失的城市》，第 4 页、第 63 页。

6 出处同注释 5，第 20 页。

7 约翰·M. 格里斯（John M. Gries）和詹姆斯·福特（James Ford）主编，《贫民窟、大规模住房和分散化》（*Slums, Large-Scale Housing and Decentralization*. Washington, D. C. : President's Conference on Home Building and Home Ownership, 1932），第 4 页、第 66—71 页。

8 参见纽约州《住房和区域规划委员会给艾尔弗雷德·E. 史密斯州长的报告》（*Report of the Commission of Housing and Regional Planning to Governor Alfred E. Smith. Albany*. N. Y. : J. B. Lyon, 1926）和《调查图解》（1925 年 5 月）。

9 赖特，《消失的城市》，第 4 页。

10 出处同注释 9，第 32 页

11 尤金妮·拉德纳·伯奇（Eugenie Ladner Birch），《雷德朋与美国规划运动：一种想法的坚持》（Radburn and the American Planning Movement: The Persistence of an Idea），《美国规划协会期刊》（*Journal of the American Planning Association*）第 46 期（1980 年 10 月），第 424—439 页。

12 克拉伦斯·佩里，《邻里单位：家庭生活社区的安排方案》，载于《纽约及其周边地区区域调查》，第 7 卷，第 56 页；另参见第 36 页的马库斯·惠芬（Marcus Whiffen）的住宅图。

13 关于识别衰败的修辞和方法有很多文献。参见温德尔·E. 普里切特（Wendell E. Pritchett）的《衰败的“公共威胁”：城市更新与土地征用权的私人使用》（The ‘Public Menace’ of Blight: Urban Renewal and the Private Uses of Eminent Domain），《耶鲁大学法律和政策评论》第 21 卷，第 1 期（*Yale Law and Policy Review* 21, no.1, 2003），第 13—21 页。

14 约翰·D. 费尔菲尔德（John D. Fairfield），《社会控制的异化：芝加哥社会学家和城市规划的起源》（Alienation of Social Control: The Chicago Sociologists and the Origins of Urban Planning），《规划视角》第 7 期（1992 年），第 418—434 页；素德·文卡特斯（Sudhir Venkatesh），《芝加哥的实用规划者：美国社会学与社区神话》（Chicago's Pragmatic Planners: American Sociology and the Myth of Community），《社会科学史》第 25 卷第 2 期（*Social Science History* 25, no.2, Summer 2001），第 275—313 页。

15 哈兰·巴塞洛缪，《走向纽约下东区的重建，第一部分：现状分析》（Toward the Reconstruction of New York's Lower East Side, Part I: An Analysis of the Existing Conditions），《建筑论坛》第 57 期（1932 年 7 月），第 26—32 页。

16 参见理查德·普兰茨（Richard Plunz）的《纽约市的住房史》（*A History of Housing in New York City*. New York: Columbia University Press, 1990），第 164—246 页。

17 《赖特未来城市模型展出》（Wright's Model of Future City Goes on Display），载于《纽约先驱论坛报》（*New York Herald Tribune*），1935 年 4 月 14 日，第 23A 页。

18 赖特，《消失的城市》，第 96 页。

19 尼尔·莱文，《赖特的第一个城市设计倡议：罗伯茨街区的开发计划，1896 年》（Wright's First Urban Design Initiative: The Development Plan for the Roberts Block, 1896），载于莱文《弗兰克·劳埃德·赖特的城市主义》，第 8—13 页。乔纳森·休斯（Jonathan Hughes），《伟大的土地条例》（The Great Land Ordinances），载于《旧西北地区经济论文集》（*Essays on the Economy of the Old Northwest*. ed. David C. Klingman and Richard K. Vedder, Ohio University Press, 1987），戴维·C. 克林曼和理查德·K. 维德合编，第 1—15 页。

20 弗兰克 · 劳埃德 · 赖特，《自传，第六册：广亩城市（1943 年）》（An Autobiography, Book Six: Broadacre City, 1943），重刊于《弗兰克 · 劳埃德 · 赖特文选，第 4 卷，1939—1949 》，第 4 卷，1939—1949 年，布鲁斯 · 布鲁克斯 · 法伊弗主编，第 252 页。

21 唐纳德 · 莱斯利 · 约翰逊，《弗兰克 · 劳埃德 · 赖特的社区规划》（Frank Lloyd Wright's Community Planning），载于《规划史杂志》第 3 卷，第 1 期（*Journal of Planning History* 3, no.1, February 2004），第 3—28 页。

22 赖特，《消失的城市》，第 80 页。罗伯特 · 菲什曼（Robert Fishman），《20 世纪的城市乌托邦：埃比尼泽 · 霍华德、弗兰克 · 劳埃德 · 赖特和勒 · 柯布西耶》（*Urban Utopias in the Twentieth Century: Ebenezer Howard, Frank Lloyd Wright, and Le Corbusier*. New York: Basic Books, 1977），第 133 页。

23 赖特，《消失的城市》，第 46 页。参见彼得 · 克鲁泡特金，《田野、工厂和车间，或工业结合农业以及脑力劳动结合体力劳动》（*Fields, Factories and Workshops, or Industry Combined with Agriculture and Brain Work with Manual Work*. New York: G. P. Putnam's Sons, 1901），第 212 页。

24 亨利 · 乔治，《我们的土地和土地政策，国家和州》（*Our Land and Land Policy, National and State*）（旧金山，1871 年）。

25 西尔维奥 · 格泽尔，《自然经济秩序》，（*The Natural Economic Order*. San Antonio: Free Economy Publishing, 1934），菲利普 · 派伊（Philip Pye）译。1931 年，格泽尔的美国出版商胡戈 · 法克（Hugo Fack）首次发行了名为《出路》（*The Way Out*）的时事通讯，该通讯的每一期都保存在赖特档案中。

26 对于雷德朋是“汽车时代的城镇”，参见“这些迷人的房屋”，《纽约时报》广告，1929 年 5 月 19 日，房地产板块第 9 页。“蜂窝城市”，参见佩里的《邻里单位》（*The Neighborhood Unit*），第 31 页。

27 弗兰克 · 劳埃德 · 赖特，《广亩城市》，《建筑记录》第 77 期（1935 年 4 月），第 253 页。

28 赖特，《现代建筑：卡恩讲座》，第 111 页。

29 赖特，《消失的城市》，第 24 页。

30 出处同注释 29，第 10 页。

31 赖特，《广亩城市》，第 253 页。

32 赖特，《消失的城市》，第 42 页。

33 赖特，《现代建筑：卡恩讲座》，第 112 页。

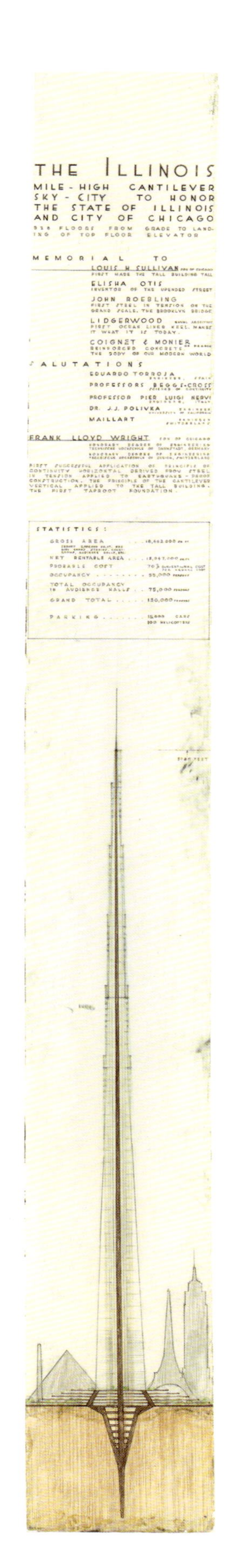

13
解读伊利诺伊英里大厦——芝加哥天际线与名誉的赌注

巴里·伯格多尔

章前图　芝加哥伊利诺伊英里大厦（The Mile-High Illinois，以下简称“伊利诺伊大厦”），设计于1956年，未建成。剖面图，用铅笔、彩色铅笔和墨水绘于描图纸上，254 cm × 44.5 cm

1956 年 10 月 16 日，89 岁高龄的弗兰克·劳埃德·赖特召开新闻发布会，宣布设计一座前所未有的 1 英里（约 1.6 km）高的摩天大楼。这是一项壮举，时至今日在迪拜建成的世界最高楼也只有这一设计的一半高。对于这个设计，他既没有委托人，也没有确定的施工地点，更与盈利无关。电视摄像机随时准备记录下赖特关于伊利诺伊大厦规划的故事，这已经在新闻业酝酿好几个月了。鉴于赖特几乎从他事业起步的前几年起就致力于打造自己的声誉，这样一个大胆的举动其实完全符合这位建筑师的性格。事实上，赖特长期以来不仅频繁地探索建筑创新，也在研究快速变化的媒体格局。几十年来，他不平凡的人生中所经历的离婚、火灾、谋杀和金融丑闻都成了头条新闻，同时他的很多建筑设计由于过于大胆而导致结构上的损坏。赖特早在1938年就登上了《时代周刊》（*Time*）的封面，他是第二位享有如此殊荣的建筑师。[1] 在生命的最后 10 年里他接受了电视这一媒体，并且已经于 1950 年参与录制过短暂播出过的《菲伊·爱默森秀》（*The Faye Emerson Show*），这是最早的名人访谈节目之一。[2] 因此，在 1956 年新闻发布会召开前的几个月，赖特以神秘嘉宾的身份出现在流行的电视游戏节目《名人猜猜看》（*What's My Line?*）上，也就不足为奇了。在这个节目里给观众的提示信息为他是“世界著名建筑师”，同时蒙住眼的小组成员开始发起探询性提问（图 13–1）。而当其中一名小组成员提问他的职业有没有可能是“诸如设计或者建筑类的，就像弗兰克·劳埃德·赖特一样”时，他的身份被轻而易举地猜中了。对于很多美国人来说，赖特和建筑就是同义词。

伊利诺伊大厦项目的关键图纸可以说既不是立面图，也不是引人注目的彩色透视图，这幅图纸显示了将建筑从芝加哥较小的高层建筑中剥离出来，以便为赖特的独特高塔周围的一片新绿地腾出地方。通过仔细研究摩天大楼的超高剖面图（见章前图）可以学到很多东西，在建筑细长的尖顶上方，即图纸的上三分之一处是一长串题词，下部是一些著名建筑的全景剪影。在整个 20 世纪 50 年代，赖特继续开展自己的“宜居之城”项目以表达希望看到城市在都市分散化的促进下逐渐消失的愿望，但他又提出建造世界上最高的塔，从这些未被分析研究的题词中，我们可以发现赖特这一看似矛盾姿态下的野心。[3] 这幅剖面

图 13–1　源自哥伦比亚广播公司（Colombia Broadcasting System，CBS）周播游戏节目《名人猜猜看》（*What's My Line?*），1956 年 6 月 3 日

图画在一张超过 2.4 m 长的纸上，揭示了赖特自认为是他最重要的发明之一的结构方法——“主根”系统（“taproot” system），正像植物系统一样，主干被深埋入地下，建筑物的所有楼板都是从主干上悬挑出来。它也作为一种对抗那些欧洲现代主义者（如勒·柯布西耶和路德维希·密斯·凡·德·罗）的图形宣言，自 20 世纪 20 年代起赖特就一直同他们进行低调却激烈的竞争。赖特将两个时间维度的成果并列起来。一个是如画的景观，用以清楚地说明伊利诺伊大厦注定会超越人们几个世纪以来对高度的追求：埃及吉萨金字塔（Great Pyramid of Giza）、华盛顿纪念碑（Washington Monument，本身就源自古埃及方尖碑）、埃菲尔铁塔（Eiffel Tower）和帝国大厦（Empire State Building）（见第 227 页附图 13-1）。另一个是题词的合集，是古往今来伟大人物的荣誉榜，清楚地说明赖特的设计是几十年工程思维的最终结果（见第 227 页附图 13-2）。赖特在为 1933 年名为“一个世纪的进步”（A Century of Progress）的芝加哥世界博览会绘制的塔的旁注草图上，清晰地显示了要与埃菲尔铁塔和帝国大厦竞争的想法，这也是他首次想到摩天大楼可能有 1 英里之高（图 13-2）。

赖特的图示时间线将材料关系的历史与对有效纪念碑高度的追求联系起来。埃及人在石头上堆砌石头，发现金字塔的形状最稳定，而由罗伯特·米尔斯（Robert Mills）在 19 世纪 40 年代设计的华盛顿纪念碑成为当时世界上最高的砖石结构建筑，高度超过 170 m。在它最终落成后不到一年的时间，也就是在 1888 年，这个建筑被一个性质截然不同的建筑超越了，即一座高达 300 米的巨大的镂空网眼状铁塔。埃菲尔铁塔一直保持着世界上最高建筑的伟大姿态，直到 1930 年曼哈顿高度为381 m的克莱斯勒大厦（Chrysler Building）竣工。然而 11 个月后这个头衔又被帝国大厦夺走，帝国大厦有 102 层，加上天线可达 443 m。19 世纪 80 年代在芝加哥率先发明的钢结构框架达到了接下来 40 年里无法被超越的高度，如果赖特当时成功地为他提出的“悬臂式空中城市”赢得一位客户，那么这个时间将会被缩短：这个项目 1 609 m 高，有 528 层，可以容纳 13 万名租户，有 56 部核动力电梯，还拥有可以停放 15000 辆汽车的车库，以及两个各可容纳 50 架直升机的停机坪。

赖特是在自相矛盾吗？毕竟，他于 1935 年在洛克菲勒中心第一次公布广亩城市模型时，是

图 13-2　为“一个世纪的进步”的芝加哥世界博览会设计的摩天大楼，设计于 1931 年，未建成。平面图和立面图，用铅笔和彩色铅笔绘于描图纸上，70.5 cm × 88.9 cm

将它作为一种城市分散化的原型，似乎是为曼哈顿或芝加哥的新摩天大楼所代表的高层城市提供一种替代方案，同时也是对资本主义土地开发的批判。在他看来，扩展地平线既是美国的传统，也是未来的前景，那么为什么突然又前所未有地将可用空间堆积在一个小小的区域里呢？

赖特在伊利诺伊大厦图纸上的题词给出了线索。他以号称“芝加哥之子”的路易斯·沙利文（尽管沙利文出生在波士顿）作为开场，这个绰号赖特有时也会用来称呼自己。沙利文是题词里唯一提及的建筑师，被誉为“第一个把高楼建得更高的人”。但赖特追求的是不同的道路。早在1913年设计旧金山通讯大楼（San Francisco Call Building）时，他就试图把建筑形式和工程结构统一起来，他多次在博物馆展览中用大型木制模型来纪念这座建筑（图13-3）。为了能够采用建筑师设计的混凝土框架而不是像沙利文那样去装饰工程师提供的钢框架，赖特宣布了一种表达与专业的双重统一：建筑师和工程师联合起来。赖特开创了一种由薄构件组成的综合混凝土网格，使得建筑的骨架与立面融为一体。1924年，也就是沙利文去世那年，赖特为芝加哥国家人寿保险公司的大楼提出了一个不同的解决方案（见第228页附图13-3），在一个独立的框架上覆盖非结构性的透明玻璃立面，也就是幕墙。现在，他开始与后起之秀竞争，欧洲先锋派在伊利诺伊大厦图纸题词中明显缺席：像是密斯·凡·德·罗，他在1921年为角逐柏林第一高楼，提交了一个全玻璃三角塔楼的方案（见第229页附图13-4）；勒·柯布西耶，他于1922年在巴黎展出了自己用玻璃塔组成的现代城市规划。[4] 从某种意义上来说，赖特未能实现的设计，对于1922年芝加哥论坛报大厦设计竞赛的获胜者而言，是一个迟来的替代方案。他用一个几乎相同高度的抓人眼球的设计方案来抗衡当年被选中的设计方案的砖石复合框架（于1924年建设）。

赖特下一个塔楼的设计是在1927—1929年受曼哈顿圣马克（St. Mark's-In-the-Bouwerie）教堂委托而设计的高层住宅，他最初为这座建筑发展出激进的“主根”系统（见第239页图14-5），这一系统后来在伊利诺伊大厦设计中也发挥了重要作用。在此设计中，深埋入地下的中央混凝土柱被部分挖空以容纳电梯竖井。所有的楼板都采用悬臂结构，由中央的单一结构支撑，中央和外围之间没有任何其他垂直结构。由于立面是不承重的，并且也不是所有楼层

图13-3　赖特和旧金山通讯大楼模型（1913年）。佩德罗·E.格雷罗（Pedro E. Guerrero）拍摄于1947年，藏于佩德罗·E.格雷罗档案馆

都需要完全延伸到建筑的围护结构上，因此每隔一层都可以做夹层处理，从而形成双层复式公寓。

尽管出现在《名人猜猜看》节目中时，赖特已经在两座建筑中实现了他的“主根”结构形式——分别是1943—1950年建造的约翰逊制蜡公司研究中心塔楼（Johnson Wax Research Tower），以及于1952年始建、在节目播出前几周才落成的H. C. 普赖斯公司塔楼（H. C. Price Company Tower）——但赖特对于摩天大楼创新的赞誉似乎被其他人拿走而感到沮丧。在卡尔·康迪特（Carl Condit）1952年出版的开创性研究《摩天大楼的崛起：从大火到路易斯·沙利文看非凡的芝加哥建筑》（*The Rise of the Skyscraper: The Genius of Chicago Architecture from the Great Fire to Louis Sullivan*）中，赖特的两座塔楼都没出现。[5]尽管康迪特的论述表面上以沙利文为终点，但他认为“第二芝加哥学派”正在兴起。康迪特固执地认为，沙利文和赖特的职业生涯都过早地结束了。对于赖特，康迪特认为“在日本和遥远的西部漂泊的20年抹去了人们对他的记忆……况且对于他的艺术，欧洲没有与他同行的人，毕竟欧洲是一切令人兴奋的新思想的源泉”。[6]瑞士历史学家西格弗里德·吉迪恩（Sigfried Giedion）在《空间、时间与建筑》（*Space, Time, and Architecture*, 1941）一书中对于现代主义崛起的描述也声称，芝加哥的早期创新也大多被欧洲先锋派所取代。[7]吉迪恩认为赖特最重要的作品已经是很久以前的事情了，转而称赞当时在哈佛大学的沃尔特·格罗皮乌斯（Walter Gropius）是未来的希望。而1938年被赖特用一句精炼的“女士们、先生们，容我为你们介绍密斯·凡·德·罗，要不是我，你们就不会认识什么密斯·凡·德·罗——至少今晚不会在此见到他”引荐给芝加哥公众的密斯·凡·德·罗，也日益崭露头角。[8]对康迪特来说，此时在芝加哥伊利诺伊理工学院（Illinois Institute of Technology, IIT）任职的密斯是“第二芝加哥学派”的领导者。

如果说吉迪恩歌颂了工程师所扮演的关键角色，那么赖特的回应则是创造了一个宏伟的工程发展谱系，只等一位新的天才建筑师来整合。在沙利文之后，是发明家伊莱沙·奥蒂斯（Elisha Otis），他在1852年走出了不凡的一步，也就是赖特在图纸上称之为“颠倒街道”（the upended street）的发明——升降梯。在20世纪40年代，奥蒂斯电梯公司（Otis Elevator Company）完成了将电梯整合到约翰逊制蜡公司塔楼中央混凝土柱的复杂挑战。而在1956年芝加哥新闻发布会的前一周，赖特想向他们咨询伊利诺伊大厦的相关问题，他们冷静地回复了一封长达4页的信：“我们已经查看了您交给我们的草图……需要注意以下几点：①它的形状像风筝一样，从一个四边形基座向上逐渐变细，从第6层开始是长边约为112.8 m的四边形，向上演变为边长约为7.3 m的三角形；②……我们假设人员数量呈直线递减，从底层有约8 000人到第100层有6人；③值得注意的是，电梯的运行轨迹是垂直的，而建筑的墙体却逐渐向内收缩，这会使电梯暴露在建筑外部。轿厢壁用透明塑料材质，这样乘客可以看到周围的区域。当然，这要求轿厢内冬季和夏季都有空调。如果将暴露在外的电梯井道全部用保温隔热玻璃包围的话，效果会更好。”[9]下一位是约翰·罗布林（John Roebling），这位著名设计师在设计布鲁克林大桥（Brooklyn Bridge）时，利用钢的抗拉强度跨越了巨大的距离。接下来是鲜为人知的V.V.利杰伍德（V. V. Lidgerwood），他完善了钢制轮船的刚性龙骨系统。勒·柯布西耶曾经用船作为功能设计的隐喻；对赖特来说，它们与他自己将工程融入一个大胆的新结构体系中类似，这种新结构体系会像自然界中的许多结构形式一样，随着进化变得越来越轻。名单上接下来的设计师是原本没有关联而并列在一起的法国发明家弗朗索瓦·夸涅（Franois Coignet）和约瑟夫·莫尼耶

（Joseph Monier），他们将混凝土的抗压强度与钢的抗拉强度相结合，由此开创出钢筋混凝土。19 世纪 50 年代，夸涅已经在法国开发出一种钢筋混凝土系统，并于 20 年后在美国首次投入使用。[10] 莫尼耶则是第一批意识到在钢筋混凝土板中力的作用与支撑和跨度系统中的不同的人。对赖特来说，这标志着一个新建筑时代的到来。

名单上剩下的名字则是 20 世纪推动钢筋混凝土科学朝着赖特所认为的终极目标发展的工程师们，他的目标是为这个“我们现代世界的本体”找到一种形式。赖特根据这些人的贡献的时间顺序进行排序。但再现赖特与他们的交往关系更具有启发意义，像西班牙的爱德华多·托罗哈（Eduardo Torroja）、意大利的皮耶尔·路易吉·内尔维（Pier Luigi Nervi）、捷克的雅罗斯拉夫·约瑟夫·波利夫卡（Jaroslav Josef Polívka）、瑞士的罗伯特·马拉尔（Robert Maillart），以及鲜为人知的美国工程师乔治·厄尔·贝格斯（George Erle Beggs）和哈迪·克罗斯（Hardy Cross），赖特首次接触到他们的作品是在 1930 年，那时他受邀到普林斯顿大学讲授题为“现代建筑”的“卡恩讲座”。[11] 虽然在第五次讲座上，赖特提到了所谓的“摩天大楼的暴政”的概念，但他在普林斯顿的经历还是帮助他推进了对有效高度的探求。正是在那里，他遇到了当时最有创造力的土木工程师之一——贝格斯（于 1914—1939 年担任普林斯顿大学土木工程学教授）。早在 1922 年，贝格斯就发明了一种通过在纸上对复杂工程结构进行建模来预先确定桥梁、大坝和类似结构的抗拉应力的方法。在赖特的图纸中，贝格斯和克罗斯并列在一起，克罗斯是伊利诺伊大学结构工程学教授，他最著名的成就是利用力矩分配法和其他求解方法对连续梁和框架进行受力分析。[12] 贝格斯和克罗斯都完善了材料与结构连续性领域背后的物理学理论，在赖特看来，这能够使结构科学和自然创造的潜在规律相协调。赖特与贝格斯保持了好几年的联系，特别是邀请他在出席麦迪逊工程会议期间访问塔里埃森。[13] 为了进行详细的计算，他求助于名单上的下一个人：J. J. 波利夫卡。他是一位捷克籍移民工程师，在赖特探求通过工程来推进有机建筑的最后 20 年里起到了决定性作用（图 13-4）。赖特专注于把贝壳和茧的可塑性作为理想化结构范例。波利夫卡将直纹曲面的几何形状应用于重新思考桥梁设计，后来他在给赖特的信中提到了对自然的类似痴迷：“以蜘蛛网为例，它绝对应该由专门建造悬索桥的工程师来研究一下。”[14] 他们的合作以最不可能的方式开始。1946 年，《建筑论坛》发表了一篇文章，详细介绍了赖特和工程师们在他的非传统结构解决方案上遇到的一些

图 13-4　雅罗斯拉夫·约瑟夫·波利夫卡和伊利诺伊大厦的图纸。藏于纽约州立大学布法罗分校学校档案馆

困难。文章中提到，当钢材公司的工程师认定流水别墅大胆的悬臂结构不够稳固时，赖特寄给他的客户埃德加·考夫曼一个盒子，准备埋入房屋的基石中，同时附了一封写给子孙后代的信，“以便等到 2000 年后，当这栋房子被拆除时，人们就会知道这群工程师是多么愚蠢”。[15] 从未见过赖特的波利夫卡匆匆写了一封热情洋溢的信：“作为一个工程师，我很钦佩您，根据上一期《建筑论坛》引用的文章，这些工程师都是彻头彻尾的傻瓜……您的看法可能是对的，因为工程师们都……很少受到自然永恒法则的指导……（他们）只知道横梁、纵梁、柱子，任何脱离其日常工具的事物都被认为是反常的、疯狂的或危险的。而您的工作证实并强化我的想法，这就是我如此感激您的原因。”[16] 因为这封信，他立即受到了赖特的邀请（或者说是名副其实的召集），欢迎他去西塔里埃森，由此开始了他们之间专业领域的合作关系，直到赖特去世。

1946 年 4 月下旬，波利夫卡首次访问西塔里埃森，并同意为纽约的所罗门·R. 古根海姆博物馆计算和验证一个螺旋的试验结构。不久他就成了一名积极的合作伙伴，帮忙去掉了螺旋坡道的可见支撑，并通过理论设想和实际建模确定了“斜坡的切向曲率赋予板结构壳体的宝贵特性，从而降低弯矩和挠度的强度”。[17] 在这里，混凝土板的连续性技术不仅满足了与鹦鹉螺的类比，也符合混凝土薄壳的新技术，而著名工程师皮耶尔·路易吉·内尔维正是这方面的专家，这使得他在图纸的题词上占有一席之地。波利夫卡作为咨询工程师与赖特密切合作，参与了很多项目，其中包括约翰逊制蜡公司塔楼。

1947 年，波利夫卡反过来邀请赖特合作去竞标一座计划横跨旧金山海湾的大桥，以缓解旧金山 – 奥克兰海湾大桥的交通压力（见第 230 页附图 13–5、附图 13–6）。他写道，“我觉得这个新的横跨桥梁需要您这种创造性天才来成就民主建筑和工程的典范”，这表明他知道如何迎合赖特的自负。[18] 这个项目延续了很多年，也登上了许多新闻头条，尽管它永远不会变为现实，但在赖特看来，它无疑将大跨度桥梁的建造和高层建筑面临的新挑战联系在了一起。伊丽莎白·莫克（Elizabeth Mock）在塔里埃森做过学徒，也是策展人，并短暂担任过现代艺术博物馆建筑部门的主管，她于 1949 年出版了《桥梁建筑》（*The Architecture of Bridges*），这本书讲述了为追求更轻结构和更宽跨度而不断奋斗的历史。莫克显然与赖特和波利夫卡的想法一致，她写道，“大多数工程师设计的桥梁仅是简单地穿过空间。他们更感兴趣的是平面上的高度而不是平面上的深度”；赖特最初计划建在塔里埃森威斯康星河（Wisconsin River）的桥（1947 年）以及现在在加利福尼亚的作品则“是完全不同的情况，因为后者赋予了空间形状和意义”。[19] 根据莫克的说法，赖特发明了一种他称之为“蝴蝶桥”的结构，“这是因为它张开的翅膀将负荷集中在一根很厚的中心大梁上”。她继续解释道，“设计的优雅在剖面上体现得最为明显……外表并非不起作用的结构，而是与轻型加强筋（stiffening ribs）一同起作用的承力表皮式结构（stressed skin）。材料的可塑性被发挥出来，结构也变得连续”，与“赖特有机建筑的概念”一致。[20] 尽管赖特以前设计过桥梁，但波利夫卡却将他带到了新发展阶段——用非凡跨度的巨大双螺旋架设在海湾上来实现连通构想。它的空心桥墩部分为新的区域铁路系统的穿行提供了空间，而在中间交叉处则是一个空中公园（见第 231 页附图 13–7、附图 13–8）。正像赖特的许多建筑一样，他的桥梁不仅是按照自然法则建造的，其本身也会随着季节的变化开花落叶。[21] 波利夫卡推崇先驱结构工程师爱德华多·托罗哈，其作品自 20 世纪 30 年代起在西班牙不仅因其大胆的雕塑形式而备受注目，同时也促进了结构连通原理在钢筋混凝土中的应用。波利夫卡热衷于将托罗哈的思想引入美国，甚至翻译了他的《结构的哲学》（*Philosophy of Sturctures*）一书。[22] 波利夫卡急切地希望赖特和托罗哈见面，这不仅是因为由赖特设计的东京帝国饭店（1913—1923 年）在 1923 年关东大地震中幸存下来，这令赖特本人十分自豪，也因为托罗哈设计的赛马场在西班牙内战中成功经受住了轰炸（图 13–5）。波利夫卡送给了赖特一本托罗哈的书，1950 年春天托罗哈亲自到访，波利夫卡拍照记录了这一时刻，并拍下了旅行团成员参观赖特设计的旧金山莫里斯礼品店（1948—1949 年）的照片。[23] 赖特和波利夫卡后来将托罗哈的作品视为他们下一次合作的起点，即由所罗门·古根海姆的侄子哈里·F. 古根海姆（Harry F. Guggenheim）提供大部分资金计划在纽约贝尔蒙特公园（Belmont Park）赛马场建造大型悬臂结构，但该项目最终并未实现。

赖特那不朽的图纸上最后一处题词是一种图形自传，和他自己的履历完全相同。上面引用了他最近获得的荣誉学位，但并不是来自建筑学院，而是来自达姆施塔特和苏黎世的工程学院，他正式宣布他的伊利诺伊大厦设计是“首次成功地将钢材拉力提供的水平连通原理应用于抗震建筑，将悬臂垂直原理应用于高层建筑，首个以‘主根’系统为基础（的摩天大楼）”。因此，这幅图纸几乎成了一个超大型的专利申请，同时也是一幅待后人展开的卷轴。

最后，我们必须转向当时的政治环境，以便了解什么才是至关重要的。1955 年 4 月理查德·J. 戴利（Richard J. Daley）当选为芝加哥市长，几天之内，他不仅改组了市政府，还启动了一个市民们从未见过的由市政府发布的建筑方案。《财富》（*Fortune*）杂志称赞戴利：“现在芝加哥所发生的一切，从许多方面来说都相当于重建城市。芝加哥迫切地需要重建；而重建正大规模进行……整座城市到处是激烈的爆破和夷平。”[24] 到 1956 年，芝加哥进入了“历史上建设最繁忙的一年，比大火发生之后那几年还忙。新的建设资金将超过 10 亿美元”。[25] 赖特开始计划自己的投标，并找来《芝加哥论坛报》（周日版）这一炒作老手来为摩天大楼做宣传，该报在 20 世纪 20 年代将自家的摩天大楼誉为“现代世界最美丽的建筑”。[26] 赖特这栋没有客户的超大建筑被其建筑师称为“伊利诺伊大厦”，这有什么错吗？在赖特召开新闻发布会整整 6 周之前，一名记者被叫到塔里埃森进行独家报道，而后《芝加哥论坛报》（周日版）的头版报道了“赖特计划在这里建造一座 1 英里高的大厦”：“像往常一样，

图 3-15　萨苏埃拉赛马场（Zarzuela Hippodrome），西班牙，马德里，1934—1935 年。由爱德华多·托罗哈设计

这位充满活力、对未来充满计划的耄耋之年的建筑师，其活跃度随着年岁推移日益提高。他说自己的绘图板上已经画出了一栋 1 英里高的大厦。在他的构想里，这是一座 510 层高的建筑，能够为 10 万名来自伊利诺伊州库克县和芝加哥市的员工提供办公空间……赖特说：'相比之下，帝国大厦简直就是一只小老鼠'……他长期以来一直被认为是摩天大楼的敌人，曾把摩天大楼描述为丛生的杂草。赖特将他设计的摩天大楼巨人形容为集中化的终极产物。'如果我们要实行集中化，那么为什么不停止浪费时间，而专心去做呢？因为看起来城市分散化还得等上一个世纪。'"[27]

9 月 3 日，《芝加哥每日论坛报》宣称这是"芝加哥一直在等待的宏伟计划——一个向世界表明我们确实想成为有史以来最伟大的城市的计划……芝加哥将拥有震惊世界的工程奇迹——一个能吸引比任何世界博览会的游客都多的人到我们城市来的旅游胜地"。[28] 同一天，《纽约先驱论坛报》和《洛杉矶时报》（*Los Angeles Times*）也刊登了报道。《华盛顿邮报和时代先驱报》（*Washington Post and Times-Herald*）的头条这样问道："赖特错了吗？""飞机上的人可不怎么看好这个计划。他们指出，从 1 英里高的空中下降，人们即使不流鼻血，也会觉得耳朵痛。'如果电梯操作员在下降的过程中发口香糖可能会有帮助'，一位航空公司高管这样说道。"[29] 接下来的一周里，《时代周刊》和《新闻周刊》（*Newsweek*）都加入了这一日益壮大的报道行列。《时代周刊》在其"人物"八卦版块这样报道："当得知芝加哥市长理查德·J. 戴利对这一提议持谨慎态度时，赖特问道：'谁是戴利？如果他是芝加哥市长的话，那他可不怎么聪明。'"[30] 然而，他的评价很快就发生变化了。

1956 年 9 月中旬，报纸报道说赖特将在谢尔曼酒店举行新闻发布会，详细介绍他的提议，这个酒店是纽约西部最大的酒店，也是芝加哥的社交中心。幕后的天才是芝加哥建筑师杰西·（卡里）·卡拉韦 [Jesse （Cary） Caraway]，他是塔里埃森的一位早期成员（1935—1942 年），早在一年前就展现出了自己的能力，通过策划了一次筹款活动从而付清了赖特那充满争议的税单。[31] 现在塔里埃森的未来也系于一线，赖特正在为学社寻求捐赠以及资金。根据《芝加哥每日论坛报》的报道，一场晚宴将为期三天的赖特作品展览推向高潮。[32] 戴利市长还将宣布把 10 月 17 日设立为弗兰克·劳埃德·赖特日（Frank Lloyd Wright Day）。最后，关于这座壮观的伊利诺伊大厦的细节开始流出，那些主导着建筑热潮的人之间的竞争也愈演愈烈，其中包括密斯，他凭借在湖滨大道 860 号和 880 号的住宅塔楼项目而备受赞誉（图 13-6）。"我讨厌看到男孩子们到处胡闹，还把他们的建筑盖得跟盒子一样"，赖特告诉记者，"为什么不设计一座真正高大的建筑呢？……很久以前，我观察过飓风刮过后的树木。那些有着很深的主根的树木才能

图 13-6　湖滨大道公寓大楼 860、880 号，伊利诺伊州芝加哥，约 1948—1951 年。由路德维希·密斯·凡·德·罗设计，航拍照片。藏于现代艺术博物馆建筑与设计研究中心

幸存下来。”[33]他解释说他的建筑深入地下至少48.8 m；事实上，在赖特绘制的剖面图上，深入地下的“主根”长度被描绘得和帝国大厦在地上耸立的高度一样。“众多楼层的外部护套将悬挂在金属线上。整个设计给人一种参天大树的印象，楼层像树枝一样发散，而周围悬空的部分则像树叶一样。”[34]

赖特与密斯之间的竞争成了热点，设计方案也变得更加大胆。1954 年密斯提出用一个净跨很宽的耀眼建筑来取代芝加哥会议中心（Chicago Convention Center，图 13–7），它曾是 1952 年共和党全国代表大会的举办场地，正是在这届大会上，德怀特 · D. 艾森豪威尔（Dwight D. Eisenhower）被提名为总统候选人。戴利市长希望重建这里来举办 1956 年的民主党全国代表大会。在伊利诺伊理工学院，密斯成立了一个学派，“密斯式”（Miesian）正成为一个用来描述芝加哥建筑的形容词。如果密斯想在平面建筑上取胜，那么赖特现在将极其矛盾地寻求凭借超常高度的大厦脱颖而出。“我敢预测在不久的将来，像‘伊利诺伊大厦’这样的建筑将不会只有一座而会有成百上千座，随处可见——不一定有 1 英里高，可能是四分之一英里或半英里高，甚至还要更矮些”，赖特对《芝加哥每日论坛报》这样解释道。[35]对于戴利宣布设立弗兰克 · 劳埃德 · 赖特日，赖特改变了立场，声称：“这是自 1893 年以来唯一一位勇敢地站在文化一边的芝加哥市长。”[36]

和赖特的措辞同样傲慢的是一幅 6.7 m 高的照片，这是赖特前几天刚完成的将近 2.7 m 高的透视图纸的放大照片，现在它高耸在晚宴的客人面前，也展现在新闻发布会上的建筑师和市长面前（见第 232 页附图 13–9、附图 13–10 和第 233 页附图 13–11、附图 13–12）。[37]这幅透视图和这里分析的剖面图相比或许信息量少些，但是它更加震撼也更加抢镜。地方电视台都争相将这一道具带到他们的演播室，有关该项目的争论在新闻报道中持续了好几天。该透视图不仅出现在美国的报纸和杂志上，还被海外报纸征集，特别是《伦敦新闻画报》（*Illustrated London News*）。它不仅展示了“伊利诺伊大厦”——被卡拉韦称为“云端大楼”（cloudscraper），在背景中还出现了另一座塔楼，同样是由赖特设计的 54 层高层住宅——“金色灯塔”（Golden Beacon），当时芝加哥金融家小查尔斯 · F. 格劳尔（Charles F. Glore, Jr.）正在考虑建造这个项目。“芝加哥是草原上一个发展十分快速的小村庄”，赖特称。如果仔细观察就会发现，赖特将自己的

图 13–7　会议厅，伊利诺伊州芝加哥，由路德维希 · 密斯 · 凡 · 德 · 罗设计于 1954 年，未建成。室内透视图，用剪贴的复制品、照片和纸装裱于复合板上，83.8 cm × 121.9 cm。藏于现代艺术博物馆密斯 · 凡 · 德 · 罗档案室，建筑师（本人）捐赠

新塔楼想象成使这座城市的历史结构消失的催化剂，城市景观将回归草原，广阔的绿色背景上点缀着稀疏散落的塔楼。[38] 这是他在 20 世纪 30 年代的广亩城市中就探索过的构想，当时乡村中每隔大约 1 英里便建有塔楼。也许在赖特看来，设计世界上最高的摩天大楼和提倡分散传统城市这两种看似矛盾的态度是可以同时存在的。赖特收到的回信中观点各不相同。有祝贺的电报，特别是由身在马德里的托罗哈发来的祝贺电报。一名芝加哥的高中生也表示芝加哥最终会和纽约以及它的帝国大厦相匹敌。然而，另一个芝加哥人却抗议说，“多年来面对种种不利局面和各种反对你的建筑的无知批评，我一直是你忠实的捍卫者”，她继而表达了困惑，“你的城市分散化体现在哪里？……它只能是弗兰克·劳埃德·赖特自负的纪念碑”。[39]

伊利诺伊大厦塔尖最高的九层楼里包括一个采用当时最先进技术建造的电视演播室，顶部有 91.4 m 高的电视天线，因此建筑师称，可以不需转播就广播到全美各地。1953 年，赖特在电视上接受休·唐斯（Hugh Downs）的采访，这种媒体对他塑造自己形象的夙愿来说至关重要，但让他在媒体上知名度提高的重要时刻是他 1957 年出现在《迈克·华莱士访谈》（The Mike Wallace Interview）节目中。[40] 华莱士着重于近期赖特的社会自由和政治观点的讨论，并对他的道德标准提出了质疑，同时仍允许赖特偶尔为树立自己建筑师的名誉而努力。赖特称“工程师只不过是初级建筑师而已”，并且用了一种引起论战的语气，这超出了华莱士的预期。华莱士对此非常满意，他邀请赖特回来录制第二个环节。赖特转而开始质疑自己控制新媒体的能力，1958 年还对一名记者调侃说：“看电视就是用眼睛嚼口香糖。”[41] 尽管他试图控制历史，将自己的作品描述为钢筋混凝土工程发展的顶峰，但这从未成为美国现代建筑的主流思路。但是赖特明白名誉的重要性，正如他的筹款晚宴为塔里埃森带来了 25000 美元的收入，这在当时可是一笔巨款。更多的电视节目邀约纷至沓来。在洛克菲勒中心的美国全国广播公司演播室——20 年前他在这里公布了广亩城市模型——他坚持用高脚凳来增加他在荧幕里的身高，以配合自己具有权威性的发言。尽管赖特在整理自己的遗产时面临挑战，但当人们被问及建筑师的名字时，他仍然是为数不多的几乎所有人都能想到的建筑师之一，即使他的 1 英里高的摩天大楼设计很快就被遗忘在“梦想”工程的史册里了。

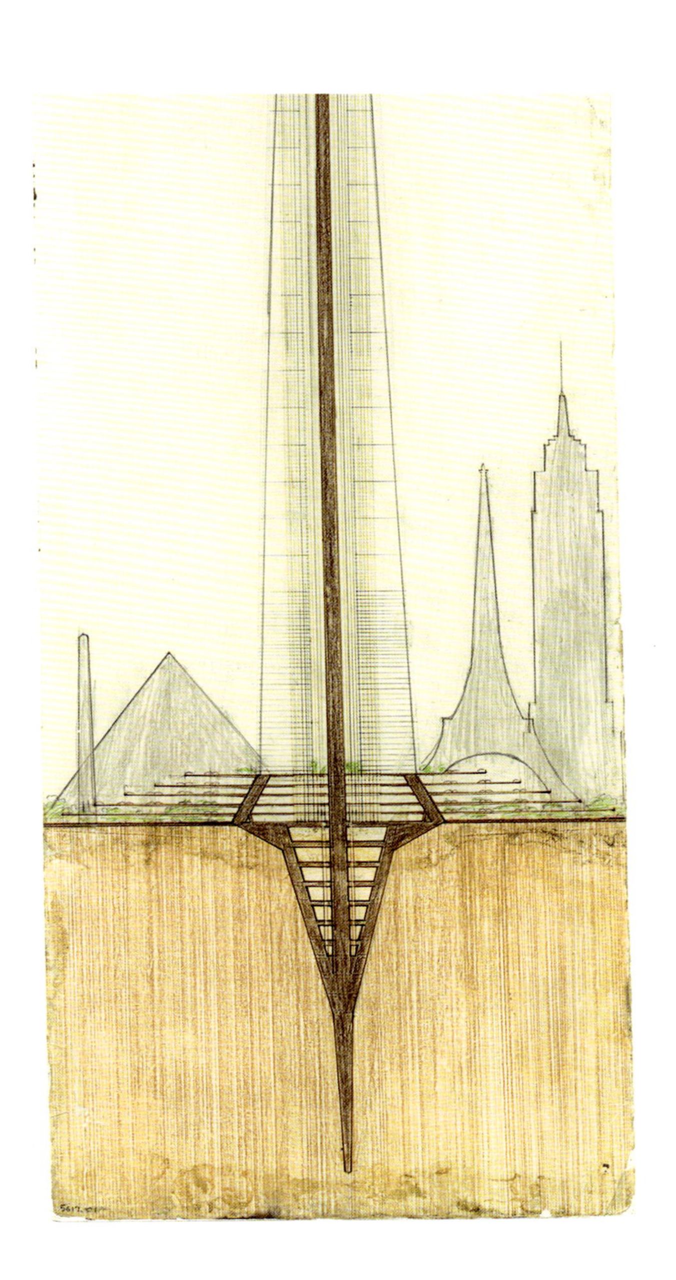

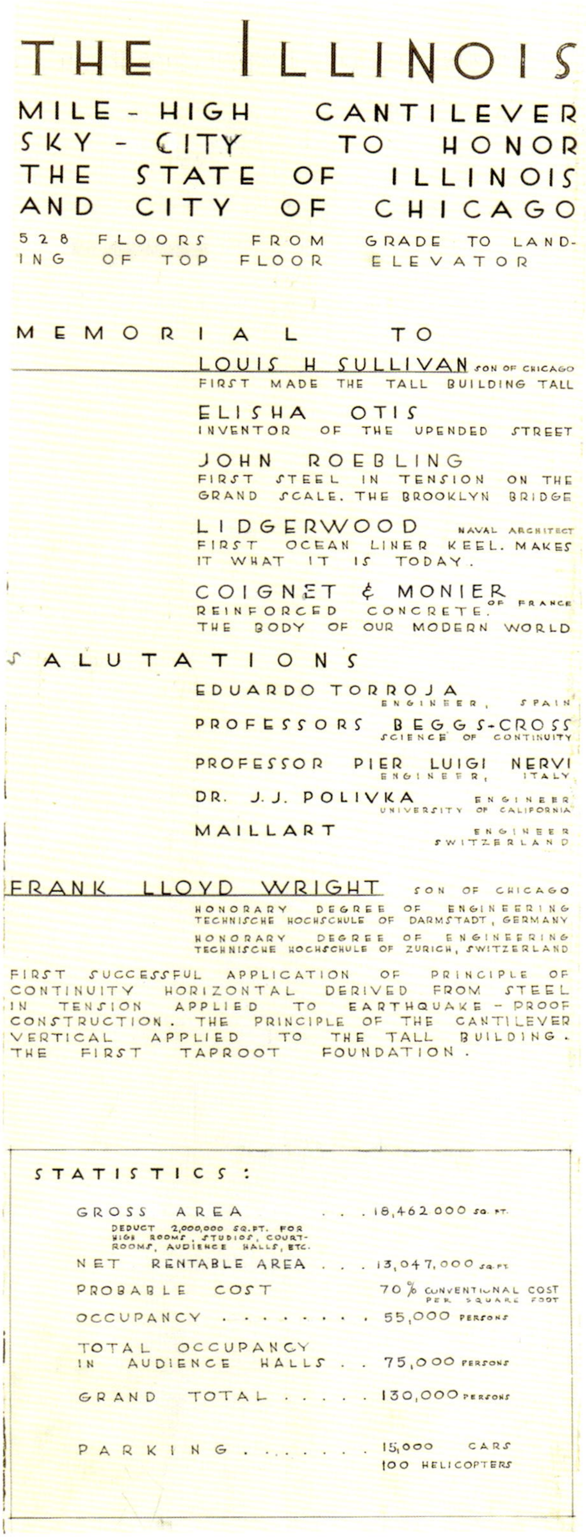

附图 13–1　伊利诺伊大厦，伊利诺伊州芝加哥，设计于 1956 年，未建成。与华盛顿纪念碑、埃及吉萨金字塔、埃菲尔铁塔以及帝国大厦的高度比较细部图，用铅笔、彩色铅笔和墨水绘于描图纸上，254 cm × 44.5 cm

THE ILLINOIS

MILE-HIGH CANTILEVER SKY-CITY TO HONOR THE STATE OF ILLINOIS AND CITY OF CHICAGO

528 FLOORS FROM GRADE TO LANDING OF TOP FLOOR ELEVATOR

MEMORIAL TO

LOUIS H SULLIVAN SON OF CHICAGO
FIRST MADE THE TALL BUILDING TALL

ELISHA OTIS
INVENTOR OF THE UPENDED STREET

JOHN ROEBLING
FIRST STEEL IN TENSION ON THE GRAND SCALE. THE BROOKLYN BRIDGE

LIDGERWOOD NAVAL ARCHITECT
FIRST OCEAN LINER KEEL. MAKES IT WHAT IT IS TODAY.

COIGNET & MONIER OF FRANCE
REINFORCED CONCRETE.
THE BODY OF OUR MODERN WORLD

SALUTATIONS

EDUARDO TORROJA ENGINEER, SPAIN

PROFESSORS BEGGS-CROSS SCIENCE OF CONTINUITY

PROFESSOR PIER LUIGI NERVI ENGINEER, ITALY

DR. J.J. POLIVKA ENGINEER UNIVERSITY OF CALIFORNIA

MAILLART ENGINEER SWITZERLAND

FRANK LLOYD WRIGHT SON OF CHICAGO
HONORARY DEGREE OF ENGINEERING TECHNISCHE HOCHSCHULE OF DARMSTADT, GERMANY
HONORARY DEGREE OF ENGINEERING TECHNISCHE HOCHSCHULE OF ZURICH, SWITZERLAND

FIRST SUCCESSFUL APPLICATION OF PRINCIPLE OF CONTINUITY HORIZONTAL DERIVED FROM STEEL IN TENSION APPLIED TO EARTHQUAKE-PROOF CONSTRUCTION. THE PRINCIPLE OF THE CANTILEVER VERTICAL APPLIED TO THE TALL BUILDING. THE FIRST TAPROOT FOUNDATION.

STATISTICS:

GROSS AREA . . . 18,462 000 SQ. FT.
DEDUCT 2,000,000 SQ.FT. FOR HIGH ROOMS, STUDIOS, COURTROOMS, AUDIENCE HALLS, ETC.
NET RENTABLE AREA . . . 13,047,000 SQ.FT.
PROBABLE COST 70% CONVENTIONAL COST PER SQUARE FOOT
OCCUPANCY . . . . 55,000 PERSONS
TOTAL OCCUPANCY IN AUDIENCE HALLS . . 75,000 PERSONS
GRAND TOTAL . . . . . 130,000 PERSONS
PARKING . . . . 15,000 CARS
100 HELICOPTERS

附图 13–2　伊利诺伊大厦，伊利诺伊州芝加哥，设计于 1956 年，未建成。献给著名的建筑师和工程师

附图 13-3　芝加哥国家人寿保险大楼，设计于 1923—1925 年，未建成。
用彩色铅笔绘于描图纸上，101.6 cm × 61 cm

附图 13-4　弗里德里希大街摩天大楼，德国柏林米特区，由路德维希 · 密斯 · 凡 · 德 · 罗设计于 1921 年，未建成。北向室外透视图，用木炭和石墨绘于纸上并装裱于板上，173.4 cm × 121.9 cm。藏于现代艺术博物馆，密斯 · 凡 · 德 · 罗档案，建筑师（本人）捐赠

附图 13-5　蝶翼大桥，加利福尼亚州旧金山，设计于 1949—1953 年，未建成。北向鸟瞰图，用墨水和彩色铅笔绘于描图纸上，50.2 cm × 89.5 cm

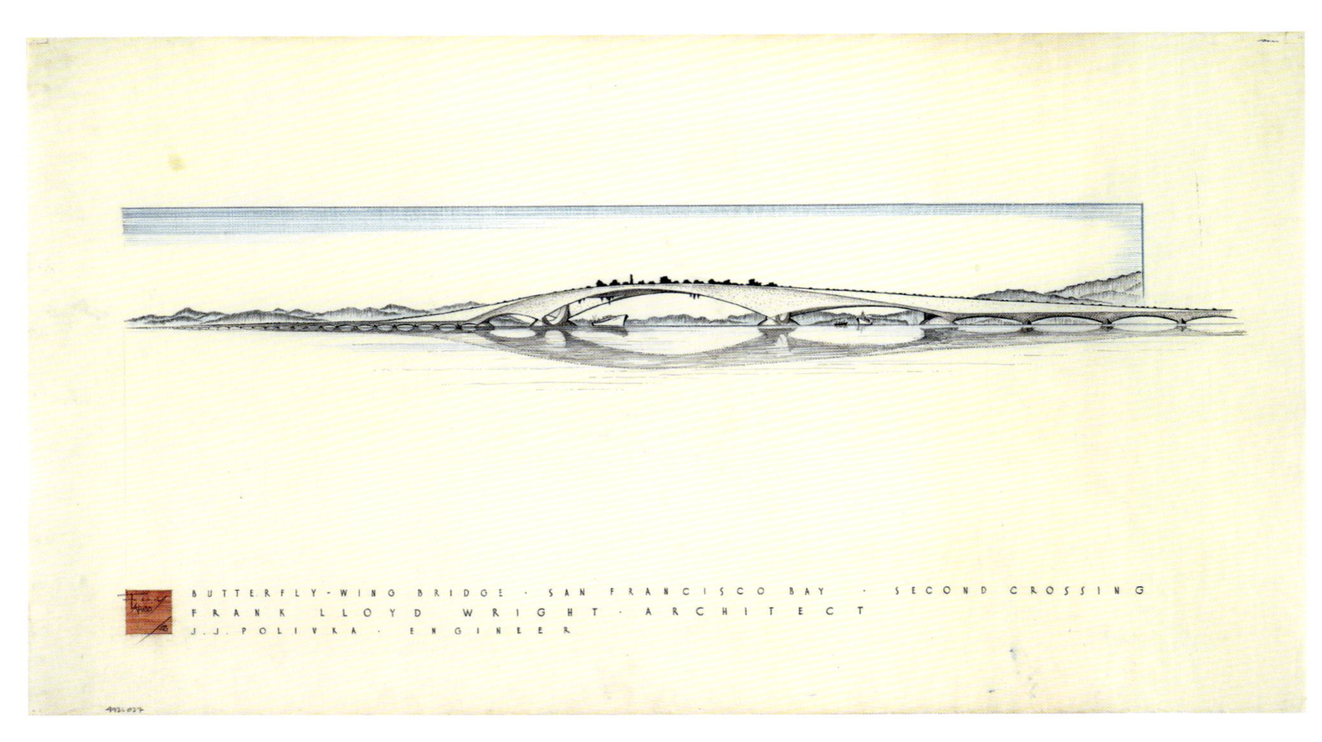

附图 13-6　蝶翼大桥，加利福尼亚州旧金山，设计于 1949—1953 年，未建成。透视图。用墨水、铅笔和彩色铅笔绘于描图纸上，58.7 cm × 107 cm

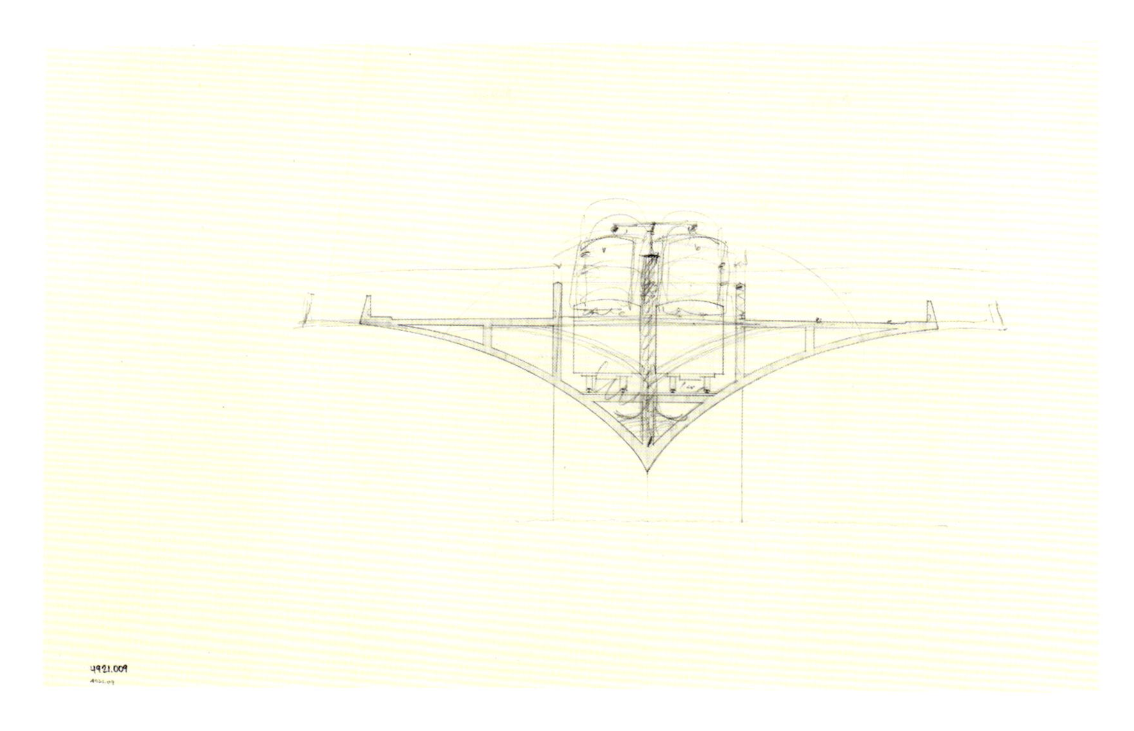

附图 13-7　蝶翼大桥，加利福尼亚州旧金山，设计于 1949—1953 年，未建成。剖面图，用铅笔绘于描图纸上，57.8 cm × 92.1 cm

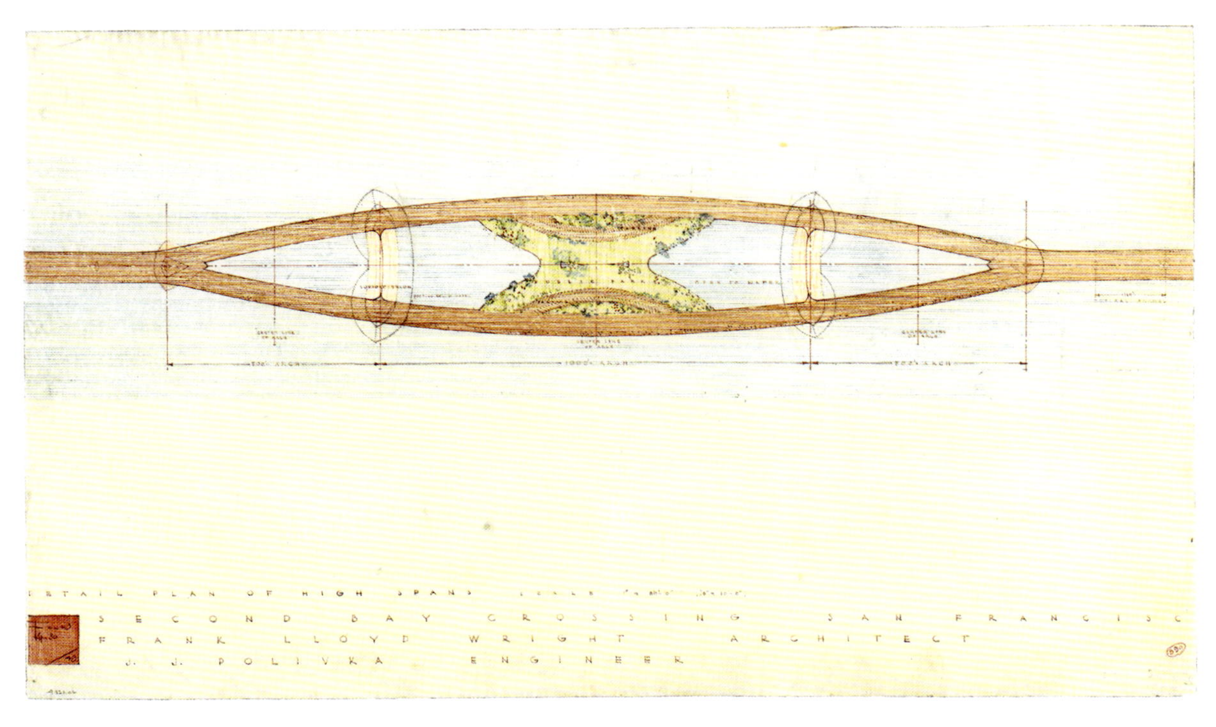

附图 13-8　蝶翼大桥，加利福尼亚州旧金山，设计于 1949—1953 年，未建成。上部跨度的平面详图，用墨水和彩色铅笔绘于描图纸上，49.5 cm × 85.1 cm

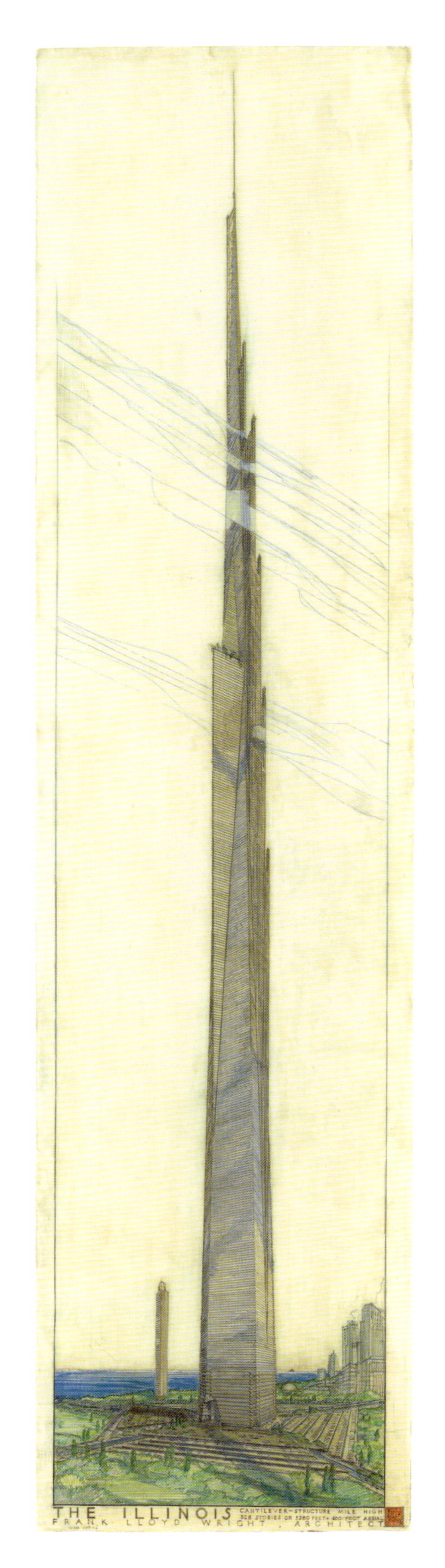

附图 13-9　伊利诺伊大厦，伊利诺伊州芝加哥，设计于 1956 年，未建成。与“金色灯塔”公寓大楼项目（1956—1957 年）的透视图，用铅笔、彩色铅笔和金色墨水绘于描图纸上，266.7 cm × 76.2 cm

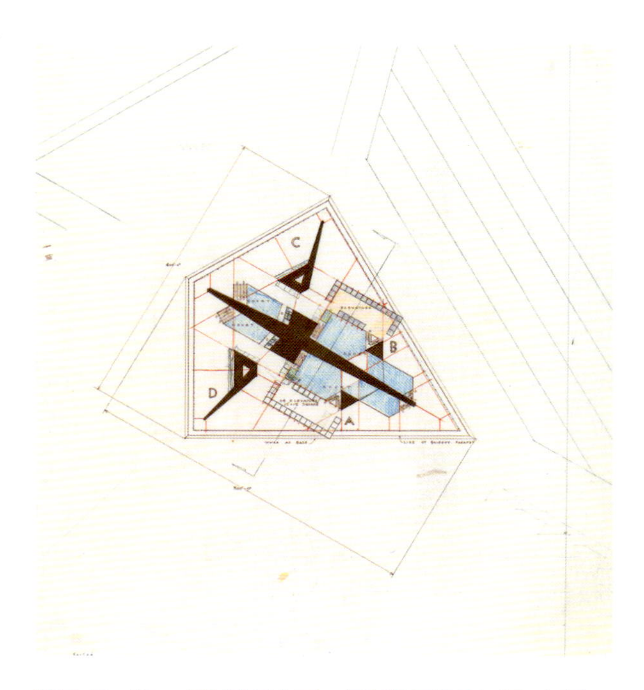

附图 13-10　伊利诺伊大厦，伊利诺伊州芝加哥，设计于 1956 年，未建成。底层平面图，用铅笔、彩色铅笔和金色墨水绘于描图纸上，69.2 cm × 63.5 cm

附图 13–12　赖特正在绘制伊利诺伊大厦的图纸，1956 年。埃德加 · 奥伯马（Edgar Obma）拍摄

附图 13–11　1956 年 10 月 16 日，在芝加哥举行的新闻发布会上，展示了 6.7 m 高的伊利诺伊大厦的图纸

注释

1 拉尔夫·亚当斯·克拉姆（1863—1942 年）是第一位登上《时代周刊》封面的建筑师，于 1926 年 12 月 13 日。

2 尽管需要吸引公众的注意，但赖特在 1957 年说过这样一句有名的俏皮话："我不介意名声，但我讨厌恶名。"《看客》（*Look*）杂志，1957 年 9 月 17 日。

3 弗兰克·劳埃德·赖特，《宜居之城》。关于赖特和摩天大楼，参见安东尼·埃罗弗森（Anthony Alofsin）主编的《草原摩天大楼：弗兰克·劳埃德·赖特的普赖斯塔楼》（*Prairie Skyscraper: Frank Lloyd Wright's Price Tower.* New York: Rizzoli, 2005）；另参见巴里·伯格多尔的《弗兰克·劳埃德·赖特眼中的城市：密集与分散》（Frank Lloyd Wright and the City: Density vs. Dispersal），载于《弗兰克·劳埃德·赖特季刊》（*Frank Lloyd Wright Quarterly*）第 25 卷，第 1 期（2014 年冬季刊），第 23—38 页。

4 关于密斯的摩天大楼，参见巴里·伯格多尔的《用于新建筑表达的透明玻璃外包，密斯·凡·德·罗为弗里德里希大街火车站竞赛设计的蜂窝入口》（Sheer Glass Wrapping for a New Architectural Expression, Mies van der Rohe's Entry Honeycomb for the Bahnhof Friedrichstrasse Competition），载于《包豪斯：概念模型》（*Bauhaus: A Conceptual Model*），柏林包豪斯档案馆、德绍包豪斯基金会、魏玛古典基金会主编（ed. Bauhaus-Archiv Berlin, Stiftung Bauhaus Dessau, and Klassik Stiftung Weimar, Ostfildern, Germany: Hatje Cantz, 2009），第 115—119 页。

5 卡尔·康迪特，《摩天大楼的崛起：从大火到路易斯·沙利文看非凡的芝加哥建筑》（*The Rise of the Skyscraper: The Genius of Chicago Architecture from the Great Fire to Louis Sullivan*. Chicago: University of Chicago Press, 1952）。这本书后来以修订版再印，名为《芝加哥建筑学院：芝加哥地区商业和公共建筑史，1875—1925》（*The Chicago School of Architecture: A History of Commercial and Public Building in the Chicago Area, 1875—1925.* Chicago: University of Chicago Press, 1964）。

6 出处同注释 5，第 166—167 页、第 215 页。

7 西格弗里德·吉迪恩，《空间、时间与建筑：新传统的发展》（*Space, Time, and Architecture: The Growth of a New Tradition*. Cambridge, Mass. : Harvard University Press, 1941）。

8 赖特，引自弗朗茨·舒尔茨（Franz Schulz）的《密斯·凡·德·罗：批判传记》（*Mies van der Rohe: A Critical Biography.* Chicago: University of Chicago Press, 1995），第 23 页。

9 O. J. 多伊尔（O. J. Doyle），奥蒂斯电梯公司区域经理写给赖特的信，1956 年 10 月 13 日，档案编号 0050A01-04，赖特基金会档案馆（现代艺术博物馆和艾弗里图书馆）。

10 参见地标保护委员会（Landmarks Preservation Commission）的报告，2006 年 6 月 27 日，名称列表 378 LP-2202，纽约和长岛夸涅石材公司（New York and Long Island Coignet Stone Company Building），后来是布鲁克林改进公司办公室（Office of the Brooklyn Improvement Company），布鲁克林第三大道 360 号（又名第三大道 370 号、第三条街 230 号）。建于 1872—1873 年，威廉·菲尔德（William Field）父子建设。

11 弗兰克·劳埃德·赖特，《现代建筑：1930 年卡恩讲座》。

12 伦纳德·K. 伊顿（Leonard K. Eaton），《哈迪 ·克罗斯：美国工程师》（*Hardy Cross: American Engineer*. Carbondale: University of Illinois Press, 2006）。

13 参见贝格斯写给赖特的信，1936年6月12日，档案编号B045A05，赖特基金会档案馆（现代艺术博物馆和艾弗里图书馆）。

14 波利夫卡写给赖特的信，1946 年 2 月 15 日，第 1 箱，1 号档案夹，《J. J. 波利夫卡论文》（J. J. Polivka Papers），1945—1959 年，纽约州立大学布法罗分校学校档案馆。

15 《现代美术馆》（ The Modern Gallery），《建筑论坛》第 84 期（1946 年 1 月），第 82 页。

16 波利夫卡写给赖特的信，1946 年 2 月 15 日。

17 波利夫卡写给赖特的信，1946 年 6 月 17 日（副本），第 1 箱，1 号档案夹，《J.J. 波利夫卡论文》。另参见 D. 马丁-赛斯的《雅罗斯拉夫·波利夫卡和纽约古根海姆博物馆》（Jaroslav J. Polivka y el Guggenheim Museum de New York），《建设信息》第 65 卷，第 531 期（*Informes de la construccíon 65*, no. 531）（2013 年 7 —9 月），第 261—274 页。

18 波利夫卡写给赖特的信，1947 年 7 月 21 日，第 1 箱，4 号档案夹，《J. J. 波利夫卡论文》。另参见理查德·克利里（Richard Cleary）的《脆弱的教训：弗兰克·劳埃德·赖特的桥》（Lessons in Tenuity: Frank Lloyd Wright's Bridges），载于《第二届国际建筑史大会论文集》（*Proceedings of the Second International Congress on Construction History*），马尔科姆·邓凯尔德（Malcolm Dunkeld）等人主编（Cambridge, UK: Construction History Society, 2006），第 741—758 页。

19 伊丽莎白·莫克,《桥梁建筑》(*The Architecture of Bridges*. New York: The Museum of Modern Art, 1949),第120页。

20 出处同注释 19。

21 波利夫卡准备了自己的著作《桥梁美学》(*Aesthetics of Bridges*)——但并未出版——在这本书中很明显，他对直纹曲面这种新性能作用的专利申请已经扩展到赖特的建筑事业中，“为了维护和提升自然环境的美感，我们必须时刻谨记，将要建造的建筑和城市不是更多的木棍和石头的建筑，也不是‘生活机器’，而是人类感知和意义的组织，应该具有个性”，出自《J. J. 波利夫卡论文》。显然他的阅读书目包括路易斯 · 芒福德、主要对手勒 · 柯布西耶的作品以及主人公弗兰克 · 劳埃德 · 赖特的《一部自传》(New York: Duell, Sloan and Pearce, 1943)。

22 爱德华多 · 托罗哈，《结构的哲学》，J. J. 波利夫卡和米洛斯 · 波利夫卡(Milos Polivka)译(Berkeley: University of California Press, 1958)。

23 J. J. 波利夫卡论文。

24 丹尼尔 · 塞利格曼(Daniel Seligman)，《芝加哥之战》(The Battle for Chicago)，《财富》(1955 年 6 月)，引自托马斯 · 迪亚(Thomas Dyja)，《第三海岸：当芝加哥构筑美国梦时》(*The Third Coast: When Chicago Built the American Dream*. New York: Penguin, 2013),第 288 页。

25 出处同注释 24，第 338 页。

26 参见凯瑟琳 · 所罗门松(Katherine Solomonson)的《芝加哥论坛报大厦设计竞赛：20 世纪 20 年代的摩天大楼设计和文化变化》(*The Chicago Tribune Tower Competition: Skyscraper Design and Cultural Change in the 1920s*. Chicago: University of Chicago Press, 2003),第 37 页。

27 出自《芝加哥论坛报》(周日版)，《赖特计划在这里建造一座 1 英里高的大厦》，1956 年 8 月 26 号，第 1 页。

28 出自《芝加哥每日论坛报》，《人民的声音：赖特的摩天大楼》(Voice of the People: Wright's Skyscraper)，1956 年 9 月 3 日，第 18 页。

29 出自《华盛顿邮报和时代先驱报》，《赖特错了吗？建筑师的 1 英里高的大厦引发了争议》(Is Wright Wrong? Architect's Mile-High Building Stirs Controversy)，1956 年 9 月 8 日。

30 出自《时代周刊》，1956 年 9 月 10 日。另参见文章《说大话》(Tall Tale)，出自《新闻周刊》，1956 年 9 月 10 日。

31 戴维 · V. 莫伦霍夫(David V. Mollenhof)和玛丽 · 简 · 汉密尔顿，《弗兰克 · 劳埃德 · 赖特的莫诺纳会议中心：公民愿景的持久力量》(*Frank Lloyd Wright's Monona Terrace: The Enduring Power of a Civic Vision*. Madison: University of Wisconsin Press, 1999)，第 140 页。

32 《10 月 17 日晚宴款待弗兰克 · 劳埃德 · 赖特》(Dinner Oct. 17 to Fete Frank Lloyd Wright)，出自《芝加哥每日论坛报》，1956 年 9 月 17 日。

33 赖特，引自托马斯 · 巴克(Thomas Buck)的《赖特说天空之城计划绝非白日梦：著名建筑师讲述创意是如何发展的》(Sky City Plan No Idle Dream, Says Wright: Famed Architect Tells How Idea Developed),《芝加哥每日论坛报》，1956 年 10 月 17 日，第 48 页。

34 出处同注释 33。另引自简 · 金 · 赫申(Jane King Hession)和德布拉 · 皮克雷尔(Debra Pickrel)的《弗兰克 · 劳埃德 · 赖特在纽约：广场岁月，1954—1959》(*Frank Lloyd Wright in New York: The Plaza Years, 1954—1959*. Layton, Utah: Gibbs Smith, 2007)，第 47 页。《基督教科学箴言报》(*Christian Science Monitor*)给出了更多细节：“整个建筑与通常的重型建筑相比，更具飞机的特征。例如外墙和地板的支撑是悬挑式的，而连续性科学在其他任何地方都是从内到外运用的。所有楼层都延伸到中央核心。因此，除了悬挑的楼板和墙壁，所有的负荷都在中央支撑物上保持平衡。其构造类型类似于飞机和远洋班轮的构造类型。”《赖特看到了未来的 1 英里高的大厦：建筑师将框架与树进行比较》(Wright Sees Mile-High Buildings of Future: Architect Compares Framework to Tree)，《基督教科学箴言报》，1956 年 11 月 23 日。

35 出处同注释 34。

36 《赖特只把好话留给了两件事：数落了除戴利以及自己的建筑计划之外的一切》(Wright Limits Kind Words to Two Subjects: Raps All but Daley and Own Building Plans)，《芝加哥每日论坛报》，1956 年 10 月 18 日，第 12 页。

37 《赖特看到了未来的 1 英里高的大厦：建筑师将框架与树进行比较》，出自《基督教科学箴言报》，1956 年 11 月 23 日。

38 《赖特只把好话留给了两件事》。

39 第 1047 箱，032 号档案夹(LOC #1047.032)，赖特基金会档案馆(现代艺术博物馆和艾弗里图书馆)。

40 查特 · 普雷斯顿(Charter Preston)和爱德华 · A. 汉密尔顿(Edward A. Hamilton)编的《迈克 · 华莱士问：46 个有争议的采访要点》(*Mike Wallace Asks: Highlights from 46 Controversial Interviews*. New York: Simon & Schuster, 1958)，第 122—125 页。

41 埃德 · 沙利文(Ed Sullivan)主编，《小旧纽约》(Little Old New York)，《先驱晨报》(*Morning Herald*. Uniontown, Pennsylvania)，1958 年 1 月 10 日，第 22 页。

章前图　圣马克大楼，纽约州纽约，设计于 1927—1929 年，未建成。模型未复原（左）和已复原（右）部分的视图，用涂漆木材和纸板制作，134.6 cm × 40.6 cm × 40.6 cm

14
纽约项目模型的保护与展示

埃伦 · 穆迪

艺术保护人员发现自己至少要像清洁或修缮艺术品那样频繁地查找相关的历史背景信息。任何需要保护的物品都有其历史，一旦被发现，就会为物品的处理参考提供。赖特基金会档案里的建筑模型在到达现代艺术博物馆时几乎没有任何记录，所以研究它们的历史只能通过通信、图纸、照片以及模型本身提供的线索寻找答案。[1]

现代建筑模型最近在馆藏界引起了一些关注，其中最引人注目的可能是2012年在法兰克福德国建筑博物馆（Deutsches Architekturmuseum）举办的“建筑模型：工具、恋物癖、小乌托邦”（The Architectural Model:Tool, Fetish, Small Utopia）展览。然而，关于模型在赖特实践中所发挥的具体作用的文章却很少。[2]建筑模型通常是达到建设目的的手段，也是设计的工具。但是对于赖特而言，他认为建筑师应该“在想象中构建建筑，而不是在纸上，在触摸纸张之前就应该在头脑中进行完整的设计”，模型与设计的实际工作几乎没有关系。[3]相反，他保留下来的模型都是完整呈现建筑设计的、精心制作的展示模型，这些模型可以用来说服客户并推广设计，而不是用来推敲和完善设计。

但无论这些模型多么精致详细，它们都不能被视为最终的。本章以赖特在纽约的两个设计项目——圣马克大楼（1927—1929年，见章前图）和所罗门·R.古根海姆博物馆（1943—1959年，图14-1）为例，来阐释他的模型是如何被重新设计并适应建筑师不断变化的目标的。这两个项目也体现了档案馆中现存模型的极端条件，以及现代艺术博物馆采取的不同修复方法。在本章中，我将概述关于这些模型历史的相关细节是如何被发现的，以及我与我的同事们作出的决定和由此导致的不同处理方式。

圣马克大楼

1929年，赖特从使用传统的石膏模型转变为使用硬纸板模型，当时这种材料被吹捧为“质轻且耐用”，而且这种材料可以“将建筑师可能有的任何想法重现成微小模型”。[4]他最早为人所知的硬纸板模型是他提议建造的摩天大楼住宅（圣马克大楼）的模型。尽管在短期内硬纸板模型可能比石膏模型更可取，但是当2012年这个模型在现代艺术博物馆展出时，相信所有人都会很快打消硬纸板模型具有耐久性的念头。当时的情况非常糟糕：大约有50%围绕胶合板芯安

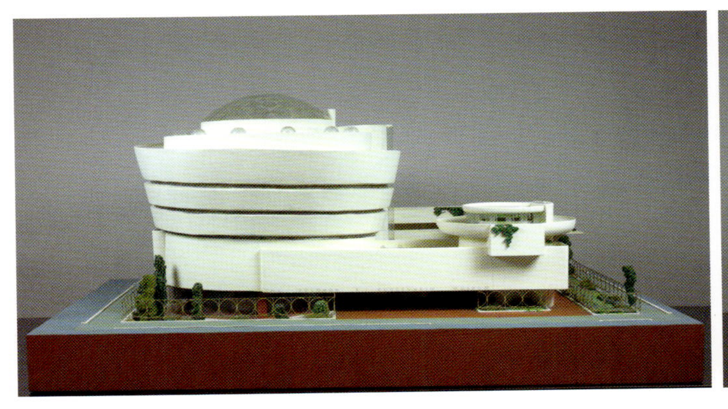

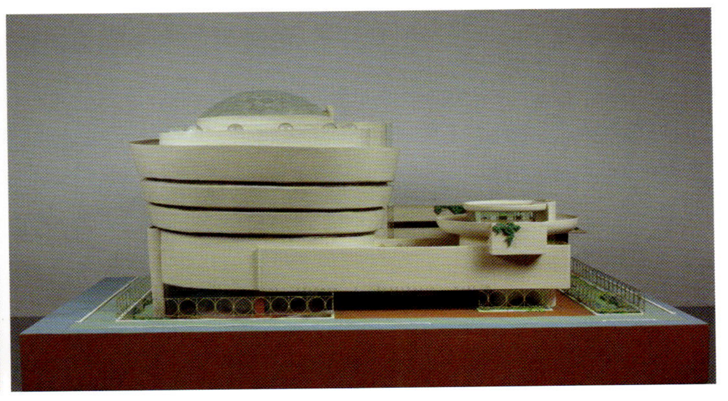

图14-1 所罗门·R.古根海姆博物馆，纽约州纽约，1943—1959年。模型的当前状态（左）和修复的数字仿真模型（右），用涂漆木材、塑料、玻璃珠、墨水和水彩染的纸制作，71.1 cm × 157.5 cm × 111.8 cm

装的硬纸板地板和墙壁不见了，而幸存下来的部分已经酸化、变色且变脆，导致完好的部分发生翘曲和分离（图 14–2）。

然而仔细观察，人们可以发现之前黏合构件的痕迹，这些构件充分利用了简陋的材料。模型的外部曾经主要由窗户的竖框组成，这些竖框被漆成绿色用以表示风化的铜，并且竖框上保持空置，让观者想象它们上面充满了透明的窗玻璃。偶尔会有一个硬纸板窗户向外倾斜，以表示窗户可以独立地打开和关闭，并且窗户被漆成蓝色，仿佛反射出了天空的颜色（图 14–3）。外墙装饰着带有几何图案的铜浮雕和多边形的窗台花坛，花坛里有色彩鲜艳的小纸片和木制的小正方体——代表着直挂在阳台上的抽象植物。与模型打包在一起的是一袋单独的零件，包括一组赖特设计的配套家具——扶手椅、桌子、钢琴、壁炉和屏风（图 14–4）。赖特设计的这些精巧的室内微型细节，让观者可以更容易地想象出豪华公寓大楼里的生活。

图 14–2　圣马克大楼。复原之前的模型

图 14–3　圣马克大楼。模型的窗户细部

图 14–4　圣马克大楼。赖特设计的配套家具

历史

1927 年，赖特收到委托，在圣马克教堂的土地上建造一座住宅大楼（图 14–5）。这是赖特在纽约的第一个项目，这个建筑采用了赖特的“主根”结构，即将所有承重部分内化到一根深埋入地下的钢筋混凝土芯柱上，使室内空间实现自定义分区，并使外立面成为非承重幕墙（图 14–6）。如果当时建成了，它将成为纽约的第一座玻璃摩天大楼，这一宏伟的设计直到 20 年后随着建成联合国总部大楼（United Nations Secretariat Building）才得以实现。

图 14–5 圣马克大楼，纽约州纽约。设计于 1927—1929 年，未建成。透视图，用铅笔和彩色铅笔绘于描图纸上，71.1 cm × 25.7 cm

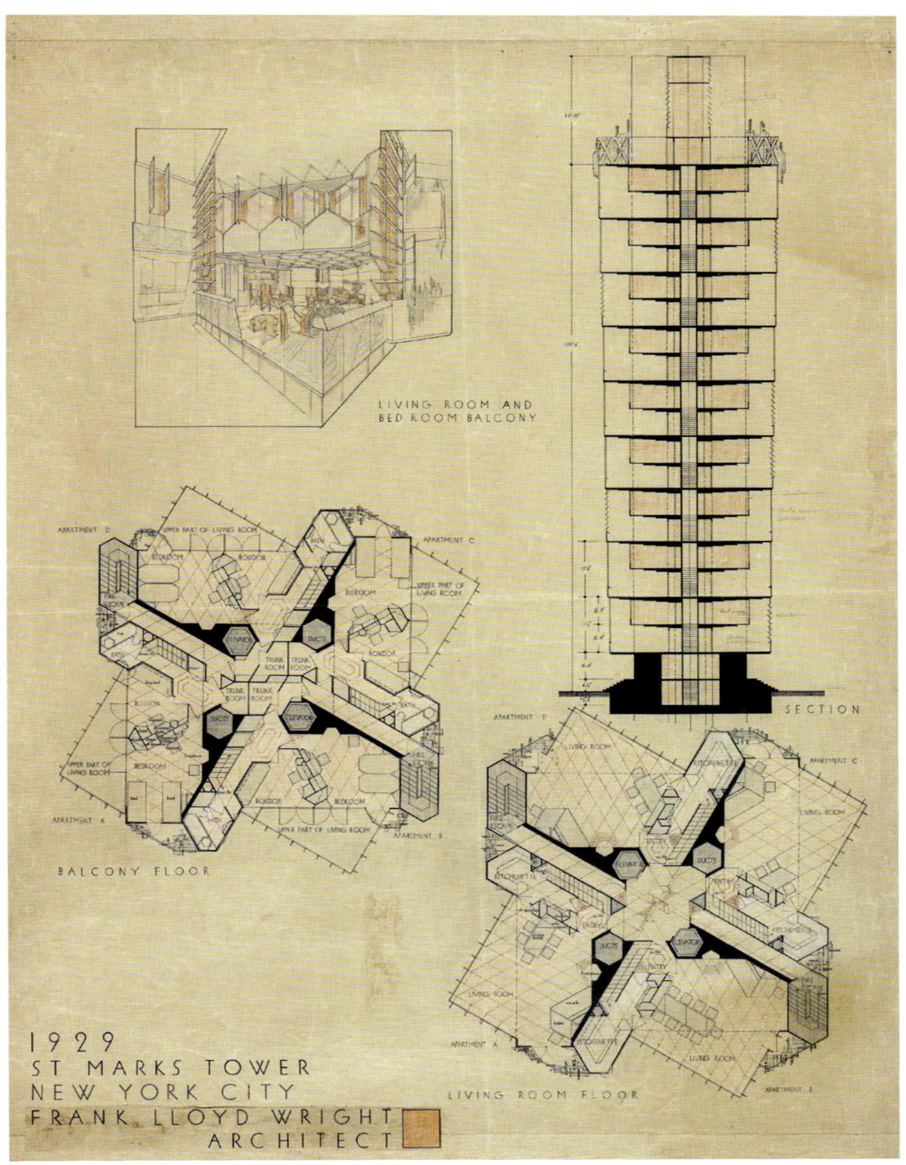

图 14–6 圣马克大楼，纽约州纽约。设计于 1927—1929 年，未建成。立面图、剖面图和局部剖面透视图，1929 年，用墨水、铅笔和彩色铅笔绘于绘布上，118.1 cm × 90.2 cm

赖特绘制了大量的图纸，来向他的委托人即教会的教区长威廉·诺曼·格思里（William Norman Guthrie）展示这个建筑系统。该模型最终向格思里阐明了设计构想，但也让他担心摩天大楼的玻璃外墙会不会给这座建筑的租户带来心理上的压力："我一直在反复思考……总是怀疑你的设计方案是否可行。这个模型消除了我对建筑的无知。我能理解你的结构是合理的，但你似乎没有考虑到我们人类一直存在的基本感受以及对危险的敏感程度。玻璃房子与石头房子相比，当然更推荐石头房子！谁会觉得住在玻璃房子里是安全的呢？"[5]

随后1929年股市的崩盘，再加上赖特这个未经检验的新颖设计方案所固有的成本和存在的风险，导致教会放弃了这个建造方案。然而，档案馆里的模型照片显示其后续有广阔的前景：建筑师并没有将模型封存起来，而是将它作为一种宣传工具。它被列入1930—1931年赖特美国和欧洲的巡回展览"弗兰克·劳埃德·赖特，1893—1930"（Frank Lloyd Wright, 1893–1930；图14–7）。4年后，它出现在另一场展览中，这次的主题是广亩城市（1929—1935年），是为了阐释赖特提出的分散化城市规划（图14–8）。在这种背景下，这个模型展示了"城市居民单元"，即赖特为自己新的城市分散模型所设想的一系列摩天大楼住宅，这将使那些从城市搬迁到乡村生活的人能够适应环境。[6]

在巡回展览中展现赖特的设计特色，尤其是那些没有实现的设计，是赖特推广他当前的实践和未来的雄心壮志的有效方式。世界各地的博物馆参观者都接触到了他的模型和图纸，这些作品经常与著名的画作和雕塑放在一起。当它们被报刊转载时，这些设计作品的地位就得到了进一步提升。在许多剪报中出现的圣马克大楼模型，不仅十分上镜，而且赖特还在它的旁边摆姿势，这也有助于将这位建筑师定义为一个独特的梦想家。其中一幅图像显示赖特头上出现了两个叠加的圣马克大楼模型，这让人联想到思想气泡，或者联想到雅典娜从宙斯的大脑中诞生（图14–9）。

图14-7　圣马克大楼。在阿姆斯特丹市立博物馆的模型，1931年

图14-8　圣马克大楼。在塔里埃森学社建筑群与广亩城市项目放置在一起的模型，威斯康星州斯普林格林。罗伊·E. 彼得森拍摄

在 1935 年之前拍摄的照片中看到的细节与现存模型的外观细节有所不同。在早期的图像中，外部的竖框作为装饰线条沿着建筑的长度延伸（图 14–10）；而现在，它们是真正的窗户竖框，只起到固定玻璃的作用，并止于每个单元的外墙处。在现有模型上，外墙上的几何图案设计有两种形式—— 一种是用细刀片切割的，另一种是更大胆地用蓝色铅笔渲染的（图 14–11）——然而这些在早期模型的照片中几乎看不到，这表明它们都是后期切割的。最后，虽然一些低层的单元没有窗户外观，但是在模型上发现了其存在的证据——在缺失竖框的脱落位置留有油漆裂痕和胶粘剂，这表明在后来的模型版本中，每个单元都被窗户包围着。

1935 年广亩城市展览的照片及之后的照片展示了一个更接近现存形式的模型，这表明模型是在建成后的最初几年里发生了重大改变（图 14–12）。总的来说，这些变化传达出赖特对建筑和模型二者看法的转变。赖特改变了这些竖框，可能是为了使外墙上的几何图案设计更清晰。在广亩城市的展览中，这些设计大部分是大胆地用蓝色铅笔创作的，在不遮挡的情况下会更为明显。[7]

在早期的版本中，没有窗户外观的单元可以通过模型家具来解释，模型家具在模型中的位置可以通过两个较低层的单元上的油漆缺失来证明，比如那里曾经有壁炉和书架（图 14–13）。为了清楚地看到赖特设计的内部装饰——展示如何装饰一个立面全是用玻璃制成的房屋——在早期的版本中，这些单元上的竖框被省略了。在模型的第二次迭代中，当它成为广亩城市更宏伟概念中的配角时，带家具的单元添加了窗户，模糊了内部装饰，却让模型看起来更有凝聚力。此时对赖特而言，家具已经不是那么重要的卖点了：重点应该是向外的、朝向分散化社区的广阔景观，而不是向内的、朝向他 6 年前为纽约人设计的让人安心的家庭空间。

根据对照片和油漆的分析，圣马克大楼模型在广亩城市展览之后经历了几次修复。它于 1940 年在现代艺术博物馆的回顾展“弗兰克 · 劳埃德 · 赖特：美国建筑师”中展出，然后于 1950—

图 14–9　圣马克大楼。赖特和模型的叠加图像

图 14–10　圣马克大楼。芝加哥艺术学院摩天大楼瓶饰旁的模型

图 14–11 和图 14–13 圣马克大楼。模型的渲染和切割线条的细节（上）和之前的家具位置（下）

图 14–12　圣马克大楼。修改之后的模型，1938 年。藏于现代艺术博物馆建筑与设计研究中心

1952 年在费城、佛罗伦萨和巴黎的巡回展览“活着的建筑六十年”（Sixty Years of Living Architecture）中展出。20 世纪 70 年代的一张照片显示这个模型在塔里埃森，且基本上是完好无损的。模型的损坏发生在那时至 1994 年之间，因为1994年为了在现代艺术博物馆举办回顾展，工作人员对该模型的状况进行了调查，发现已经发生了损坏。这些损坏是由多种因素共同造成的，比如不可控的储存环境和模型中的酸性物质。

处理方式

当一件物品的损坏程度像圣马克大楼模型的一样严重时，保护人员的做法就会受到质疑：大规模的修复是否会掩盖物品原本的风貌。与所有修复措施一样，修复人员必须在表达作品的思想观念和其原始材料之间找到平衡，前者传达了创作者在创作时的思维理念，后者则承载了作品的历史，以及创作者的双手或者说是“灵气”。对于严重损坏的物品，如果优先考虑它的思想观念，可能会采取大力度措施，这可能破坏物品的物理完整性；如果优先考虑它的原始材料（通常表现为缺乏行动），则可能因为盲目沉迷于现状而使物品的状态继续恶化。最终决定以目前保护人员普遍认同的一种“最小干预”方法为指导：优先考虑物体的稳定性和保存问题，在条件允许的情况下，采用所需的最低程度的补救方法，以减少对模型外观的损伤。

为了防止圣马克大楼模型继续受损，对其采取清洁和加固措施的同时，可以考虑下面这些选择。一种选择是，可以让它维持当前支离破碎的状态。实用物品的受损情况通常反映了物品的用途，如表演道具上的磨损或灯罩上的光点。然而，这个模型的受损程度与它的用途没有太大关系。另一种选择是完全修复它，消除所有的损坏痕迹，这样观者就能在没有损坏干扰的情况下欣赏到赖特的设计作品。但这意味着模型超过 50% 的部分将由新材料组成，并由 21 世纪的人制成。最终，折中的方案是：对模型进行部分修复，保留四分之一的受损状态，以在修复赖特的艺术审美和尊重物品的历史之间取得平衡。从某个角度来看，这个模型看起来是完全修复了，但未修复的部分将保留它的物质层面的历史（见第236页章前图）。

由于该模型经历了多次迭代，所以出现了应该保留哪个版本的问题。为了与剩余材料匹配，大部分的修复工作延续了后期的主要风格，采用了截短的竖框和蓝色的几何图案设计。然而，当前修复工作的一个方面让人想起了模型的早期版本，其展示了带家具的单元。依照档案馆中保存的建筑内部的图纸，修复人员在其中一个起居室里布置了随模型一起运来的配套家具，而这个单元的外部竖框并没有被修复，以便于观看内部装饰。

修复所选用的材料与原始材料截然不同：新的墙壁、地板和竖框用无酸纸板而不是用硬纸板制成，用丙烯颜料而不是用油画颜料绘制，用激光打印的设计图案而不是用铅笔画的设计图案装饰。使用放大器和紫外线辐射等标准检查工具，未来的保护人员和学者可以很容易地将这次复原中采用的材料与模型的其他部分区分开来。此外，这些添加物的黏合剂在水中是可逆的。[8] 这些选择符合当今保护模型的最佳做法，同时也考虑到了后人：如果需要，日后的保护人员可以重新审视、修改甚至撤销这些添加物。

所罗门·R. 古根海姆博物馆

与圣马克大楼模型不同的是，所罗门·R. 古根海姆博物馆的模型到达现代艺术博物馆时是完好无损的（见第 237 页图 14-1 左图）。衬底和油漆层在表面连续延伸，没有明显损伤，也没有磨损或裂纹。螺旋状的上半部分与模型的其余部分分离，露出粘在博物馆墙上的用钢笔画的微小抽象画。这反映了赖特的坚持，即古根海姆博物馆的藏品在展览时最好不装边框，直接安装在墙上，并且墙应稍稍向后倾斜以捕捉自然光线。通过研究这些画作，可以肯定的是，模型目前“完好无损”的状态实际上是修复的结果。首先，和模型本身的受损程度相比，这些画作的受损程度更为严重：它们被撕破、折角且褪色了。其次， 在一些部位，内墙上的白漆与外墙上的白漆是一致的，一直延伸到画作的边缘。相反，画作正后方的部分墙体却是灰色的。所有这些都表明，这些画作最初是灰色的背景，后来才被漆成白色。正如圣马克大楼的模型所证明的那样，在赖特的作品中，修改模型的最初“完成版”的情况并不少见。他的来往信件能够充分证明这位建筑师十分讨厌白色的内部装饰。在写给哈里·古根海姆（Harry Guggenheim）的信中，赖特提到博物馆馆长詹姆斯·约翰逊·斯威尼（James Johnson Sweeney）喜欢将收藏品的背景设置为白色，赖特却说如果将内部粉刷成白色，博物馆看起来的效果就会“像你在网球俱乐部的厕所里看到的那样”。[9]

历史

在博物馆建设的 16 年间，对墙壁颜色的分歧是赖特和他的客户发生的众多冲突之一。1943 年，赖特受所罗门·R. 古根海姆和当时古根海姆非写实绘画博物馆（Museum of Non-Objective Painting）的馆长希拉·瑞贝（Hilla Rebay）的委托，设计一个藏品之家。1952 年，斯威尼被选为瑞贝的接替者，负责监督建筑的建造工作，斯威尼发现自己在如何展示艺术品的问题上与赖特的分歧越来越大。在规划设计的早期，赖特采用了一种螺旋的形式来表达他对艺术应该如何体验这一问题的想法。他在 1924—1925 年设计（未建成）的戈登·斯特朗汽车观象天文台（见第 8 页图）项目中探索过这一形式，这座建筑主要是为了观察马里兰州的风景地貌和太阳系。赖特早期的古根海姆博物馆草图中包括一个位于建筑顶部的天文台，这表明他看到了在博物馆中多种可能的观赏方式。

1945 年，赖特在纽约的一次媒体预展上公开了这个由胶合板、硬纸板和塑料制成的模型。之所以特别选择最后这种材料，是因为它可以很容易地塑造出螺旋的形状以及令人深刻印象的圆顶天窗。模型内部细节十分复杂：画廊通过分区和摆放古根海姆画作的复制品得以完全呈现，这些都展现了赖特的展示理念。抽象景观是用木头精心雕刻而成的，并用玻璃珠加以装饰。而模型的照片，特别是那些有建筑师在内的模型照片，更是强有力的宣传。与圣马克大楼模型从赖特头上出现的画面相呼应的是，在《时代周刊》杂志上，我们再次看到这位建筑师扮演造物者的身份，以高大的形象出现在建筑模型的上方，准备安放天窗来完成这个作品（图 14–14）。

古根海姆博物馆模型的早期照片显示，该模型与现在陈列在现代艺术博物馆的模型明显不同。该模型的照片中出现了现在并不存在的天文台；它有 4 个直角的螺旋而不是 3 个锥形的螺旋；它展示的是垂直方向而非水平方向的内部空间

图 14–14　所罗门 · R. 古根海姆博物馆，纽约州纽约，1943—1959 年。赖特与模型的合影，本 · 施诺尔（Ben Schnall）拍摄于 1945 年

（图 14–15）。而现存的模型显然更大，就像现在建成的博物馆一样几乎占据了整个城市街区。在这些早期照片中出现的模型版本，实际上是在 1947 年从纽约运往塔里埃森的途中被损坏了。[10] 赖特接到了制作新模型的委托，这使得赖特可以将过去两年里所做的包括购买邻近的南部地块在内的所有改动纳入其中。

人们普遍认为，早期模型已经被毁，这意味着现存的模型是重新制作的，是从零开始的。[11] 而模型自身的证据却表明并非如此。首先，丙烯材质的天窗显然是重复使用的，因为它看起来和早期照片中的完全一样；其次，螺旋部分的射线照片显示，最初模型的结构被用作新模型的“骨架”：早期模型的垂直轮廓出现在新模型内部，而新的锥形轮廓固定在外部（图 14–16）。这个更大的第二版本于 1947 年完成，并在赖特的巡回展览“活着的建筑六十年”中展出，该展览于 1953 年在古根海姆博物馆附近的一个临时展馆里结束。之后直到 1956 年古根海姆博物馆建成，赖特一直在修改他的设计，如档案馆中的模型照片所示，赖特直接用铅笔在上面修改（图 14–17）。

图 14–15　所罗门 · R. 古根海姆博物馆。早期模型，打开后露出内部空间

1947 年的修改版可能已经美化过当时模型的外观，但并不能解释如今的白色涂饰表面。对于长达 70 年的喷涂来说，这似乎是一种非同寻常的现象，更重要的是，这也违背了赖特的固有喜好。[12] 为了更好地了解模型上油漆层的历史，研究者进行了以下两种分析。

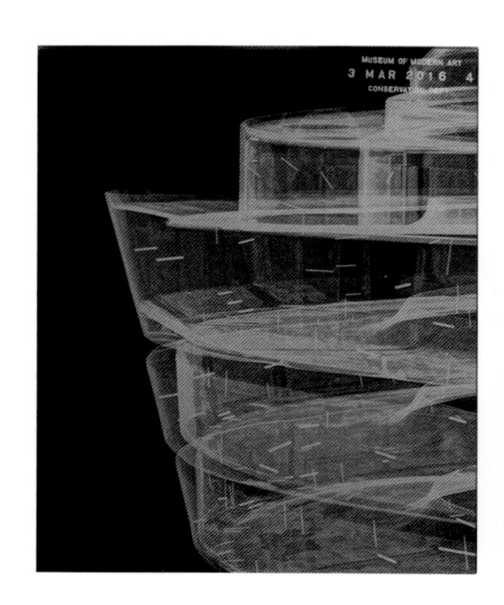

图 14–16　所罗门·R. 古根海姆博物馆。模型螺旋坡道的射线照片，2016 年

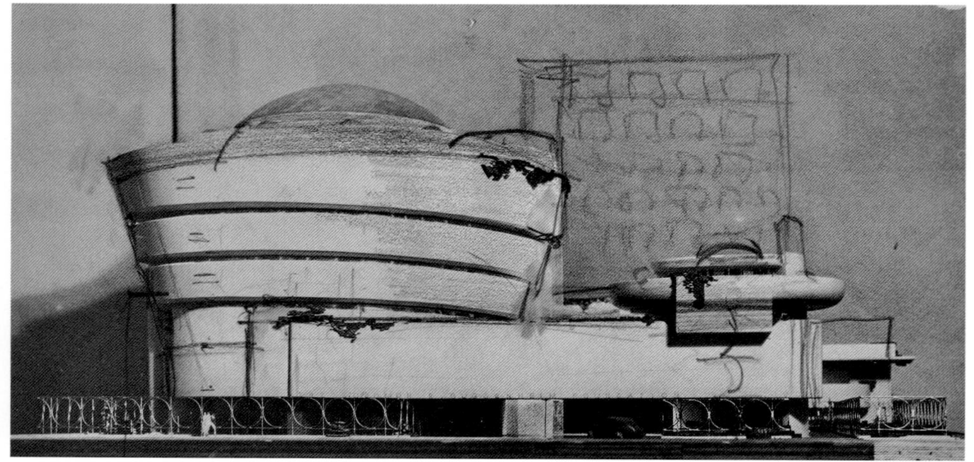

图 14–17　所罗门 · R. 古根海姆博物馆。有赖特修改痕迹的模型照片，用铅笔在明胶银盐感光照片上绘制，12.7 cm × 24.8 cm

第一种是进行横截面的分析，从外部取下一小块儿比针头还细小的油漆，放在放大镜下观察它的侧面，以揭示之前涂的油漆层。横截面图（图 14–18）显示，在白色表面之下有 3 层浅色的中性色调。最下面的一层大概是 1947 年涂的，比上面几层的颜色更暗、更暖，更接近赭色或米色而不是白色。

第二种是由现代艺术博物馆的保护科学家们采用的分析油漆的黏合剂的方法。[13] 科学家们发现，底层是一种醇酸树脂，一种 20 世纪 40 年代流行的商业涂料；而最上层是聚醋酸乙烯酯，一种 20 世纪下半叶受欢迎的涂料。那么，现在模型的颜色很可能是 1947 年修改后又进行处理的结果。

模型的历史线索可以在这座矗立的建筑中找到，如今它和模型一样，是一种冷色调的白色。在 2005—2008 年的修复活动中，建筑保护人员分析出了古根海姆博物馆使用的油漆历史，他们用横截面分析结果证明了赖特原本打算建造一个比现在颜色更暗、更暖的建筑。也就是说，建筑的横截面与模型的横截面非常相似：较暗的中性色调上方是逐渐变浅、变冷的色调（图 14–19）。此外，古根海姆博物馆档案馆还保存了一本用在建筑外部的油漆手册（图 14–20），在手册中赖特以首字母签字同意使用的色块是米色的，而不是白色的。最后，古根海姆博物馆档案中的彩色图像以及那些记得博物馆最初 20 年样子的人，都证明了建筑最初的外观是米色的。然而，随着时间的推移，人们的品味发生了变化，1959 年赖特去世后，这座建筑的色调变得更冷、更白。虽然证据表明最初是一种更暗、更暖的颜色，但纽约市地标委员会（New York City Landmarks Commission）还是选择保留较新的颜色，他们觉得这种颜色与周边的新建筑互补，其中包括 1992 年格瓦思米 – 西格尔事务所（Gwathmey Siegel & Associates）为博物

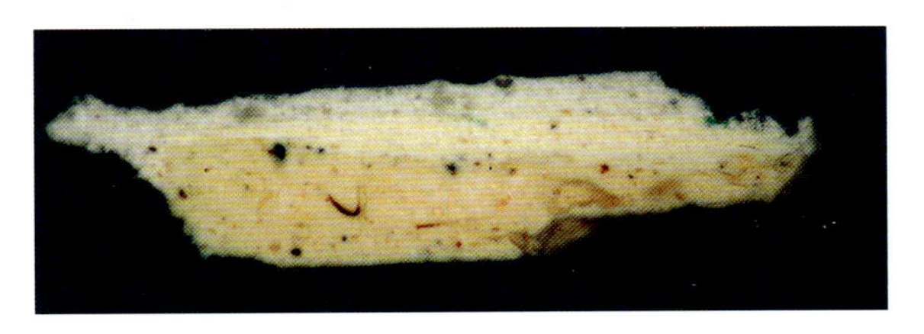

图 14–18　所罗门 · R. 古根海姆博物馆。模型上小块儿油漆的横截面

图 14–19　所罗门 · R. 古根海姆博物馆。博物馆 2005—2008 年修复期间移除的油漆层的颜色层次，藏于纽约所罗门 · R. 古根海姆基金会

图 14–20　霍林斯黑德 · 可可尼（Hollingshead Cocoon）外部油漆手册。藏于纽约所罗门 · R. 古根海姆博物馆档案馆

馆增建的石灰石塔楼。在这一修复过程中，他们并没有试图恢复赖特最初想要的视觉效果，而是认识到了随着时间的推移“古根海姆博物馆的演变”。[14]反过来，赖特去世后随着模型的继续展出，它也被反复粉刷。也许是因为早期的油漆层变脏或褪色了，修复人员在处理的时候不是根据模型本身，而是根据它所对应的建筑来调整色盘，重新涂抹。

处理方式

有人可能会说，古根海姆博物馆模型在赖特去世后进行的修改——用更具象的树木等植物代替抽象的木质雕刻景观，以及对模型表面的整体增白——为模型的持续演变提供了宝贵的证据，也与博物馆本身的演变相呼应。但古根海姆博物馆模型并没有共享实际建筑的功能和社区责任。此外，模型现在安置在现代艺术博物馆的建筑设计部门，在那里，创作者的设计意图通常比其他人的修改意见更重要。

然而，考虑到模型相对良好的现状，要把它恢复到 1947 年的版本，将是非常唐突且冒险的。要想恢复它最初的整体颜色，需要刷一层新的油漆，或者去除原始层以外的全部油漆层，这两种方式都需要拆卸这个模型，但对于与别针和老化的黏合剂粘在一起的旧硬纸板和塑料而言，这是有风险的尝试。现代艺术博物馆的策展人和保护人员考虑到在赖特去世后，模型的形状仍然和赖特生前一样完整，只有颜色和景观发生了明显变化，所以他们选择了一种虚拟的方法来修复这个模型。保护人员将模型拍摄成高分辨率的图像，然后参考底层油漆的颜色用图像编辑软件重新上色，再通过数字化手段将新的景观移除，将模型的外观创建成近似于其 1947 年的版本保存下来的样子（参见第 237 页图 14–1 右图）。当最终的呈现效果与实物模型一起展示时，人们可以很明显地看出后来修复中做了哪些修改。

圣马克大楼模型和古根海姆博物馆模型在赖特的一生中采用过多种形式也具有多种用途，因此在赖特去世后，这些模型的外观和用途依然在不断变化，这大概就不足为奇了。现在这些模型展出的方式之前从未有过：圣马克大楼模型现在是一个混合体，在部分修复工作中融合了过去的两次迭代；古根海姆博物馆模型则与其虚拟的“未修复”的模型分身一起展示。这种展示方法并不是确定的或是规定性的。策展人员和保护人员的目的是全面地介绍模型的历史——包括他们过去和现在对模型保护作出的努力——来引发人们探讨这些模型在理解赖特的设计实践中所扮演的角色。

注释

1 我特别感谢以下各位的努力和协助，没有他们的慷慨支持，这项研究是不可能完成的：罗杰·格里菲思（Roger Griffith）、吉姆·科丁顿（Jim Coddington）、劳伦·克莱因（Lauren Klein）、克里斯·麦格林奇（Chris McGlinchey）、林达·齐彻曼（Lynda Zycherman）、梅甘·兰德尔（Megan Randall）、詹妮弗·格雷、贝齐·霍利（Betsy Hawley）、巴里·伯格多尔、谢利·海瑞（Shelley Hayreh）、妮可·理查德（Nicole Richard）、珍妮特·帕克斯、保罗·加洛韦（Paul Galloway）、帕梅拉·波佩森（Pamela Popeson）、帕特里西奥·德尔·雷亚尔（Patricio del Real）、格伦·布尔纳兹安（Glen Boornazian）、雷尔·路易斯（Rael Lewis）、尼尔·莱文、凯瑟琳·史密斯和保罗·克鲁蒂（Paul Kruty）。

2 虽然有人讨论过赖特以模型为重点的展览，例如凯瑟琳·史密斯的"终结所有展览的展览：弗兰克·劳埃德·赖特和现代艺术博物馆，1940"（The Show to End All Shows: Frank Lloyd Wright and The Museum of Modern Art, 1940），载于同名图书《终结所有展览的展览：弗兰克·劳埃德·赖特和现代艺术博物馆，1940》，彼得·里德和威廉·快禅（William Kaizen）主编，《现代艺术研究 8》（*Studies in Modern Art 8*. New York: The Museum of Modern Art, 2004）；尼尔·莱文，《弗兰克·劳埃德·赖特的城市主义》（Princeton N. J. : Princeton University Press, 2016），但它们的确切用途和历史并未被调查过。

3 赖特，《建筑事业，第 1 卷：规划的逻辑》（In the Cause of Architecture, I: The Logic of the Plan），载于《建筑记录》（*Architectural Record*），1928 年 1 月。重印于《弗兰克·劳埃德·赖特文选》，第 1 卷，1894—1930 年，布鲁斯·布鲁克斯·法伊弗主编（New York: Rizzoli, 1992），第 249 页。

4 费城建筑师模型公司写给弗兰克·劳埃德·赖特的信，1910 年 12 月 1 日，档案编号 A001A06，赖特基金会档案馆（现代艺术博物馆和艾弗里图书馆）。

5 格思里写给赖特的信，1930 年 5 月 20 日，档案编号 G007E01，赖特基金会档案馆（现代艺术博物馆和艾弗里图书馆）。

6 弗兰克·劳埃德·赖特，《消失的城市》，第 70—71 页。

7 这种铜质浮雕上垂直线条的省略也应用于赖特在俄克拉荷马州巴特尔斯维尔的 H. C. 普赖斯公司塔楼项目（1952—1956 年），这栋楼最终实现了赖特的"主根"设计，也展示了与圣马克大楼相同的设计原则。

8 杰德 . R（Jade R），一种含有乙烯 - 醋酸乙烯酯（20/80）共聚物的白色水性乳液胶黏剂，改性后对水敏感。

9 赖特写给哈里·古根海姆的信，1958 年 3 月 17 日，档案编号 G191810，弗兰克·劳埃德·赖特基金会档案馆（现代艺术博物馆和艾弗里图书馆）。

10 艾伯特·E. 蒂勒（Albert E. Thiele）向尤金·马塞林克发了一封确认模型损坏的信，1947 年 10 月 29 日，纽约所罗门·古根海姆基金会。

11 这一点毫无疑问，因为赖特在与客户的通信中写到"重塑模型"的"花费巨大"。赖特写给艾伯特·E. 蒂勒的信，1947 年 4 月 17 日；赖特写给所罗门·古根海姆的信，1947 年 4 月 23 日，纽约所罗门·古根海姆基金会。

12 吉勒莫·苏亚斯纳瓦尔（Gillermo Zuaznabar），《古根海姆博物馆中的颜色形式和意义》（Color Form and Meaning in the Guggenheim Museum），载于《古根海姆：弗兰克·劳埃德·赖特和现代博物馆的建立》（*The Guggenheim: Frank Lloyd Wright and the Making of the Modern Museum*. New York: Solomon R. Guggenheim Museum, 2009），第 101—109 页。

13 利用傅里叶变换红外光谱对油漆进行分析。

14 纽约市地标保护委员会，适当性证书 08-5025 号，2007 年 11 月 20 日签发。

15
建筑制图：材料、工艺、人员

珍妮特·帕克斯

图形表达是弗兰克·劳埃德·赖特建筑理念的重要组成部分，也是他毕生对艺术、日本版画和印刷项目的热情中不可或缺的一部分。他的图纸富有力量，深深吸引着公众和专业人士。它们可以与各式各样的作品相媲美，比如乔瓦尼·巴蒂斯塔·皮拉内西（Giovanni Battista Piranesi）令人难忘的版画、美国建筑师亚历山大·杰克逊·戴维斯（Alexander Jackson Davis）精湛的水彩画以及休·费里斯的纽约夜景画。赖特的作品也像画家的职业生涯一样，分为早期、中期和晚期。如联合教堂（1905—1908 年）、流水别墅（1934—1937 年）和马林县市政中心（1957—1970 年），这些作品的图纸虽然不同，但有着相同的创作精神。

在整个职业生涯中，赖特利用出版和展览图纸来推广自己的建筑。他早期项目的总结是 1910 年在柏林出版的版画作品集《弗兰克·劳埃德·赖特奇妙的建筑和设计》（*Ausgeführte Bauten und Entwürfe von Frank Lloyd Wright*），也称为瓦斯穆特作品集。

他在建筑期刊上发表的许多文章都展示了自己的项目图纸，特别是 1938 年 1 月的《建筑记录》专刊和 1948 年的《建筑论坛》专刊。在赖特的职业生涯中，他的作品几乎每年都会被展出。[1] 在 1952 年“活着的建筑六十年”巡回展览的启发下，赖特的早期学徒小埃德加·考夫曼出版了一本关于建筑师图纸的书，来“揭示我们这个世纪一位伟人的创作精神和工作方式”。[2]

自 1959 年赖特去世后，他的图纸和文章就被作为档案保存在亚利桑那州西塔里埃森。如今，人们对这些图纸很感兴趣，但正如 H. 艾伦·布鲁克斯在 1966 年观察到的那样，制作这些图纸的过程仍然鲜为人知。[3] 随着赖特基金会档案馆对外开放以供研究，这些图纸可以在信件、学徒们口述的历史、照片和其他文件的背景下被重新审视。

工作室

1890 年，赖特在芝加哥的丹克马尔·阿德勒（Dankmar Adler）和路易斯·沙利文办公室担任首席绘图员（图 15–1），当时美国几乎没有建筑学校。大多数建筑师和他们的员工都是从办公室勤杂工和低级绘图员做起的，即使他们接受过技术培训。[4] 1897 年，伊利诺伊州立法机关颁布了一项关于建筑师执照的要求。像赖特这样的执业

图 15–1　温赖特墓（Wainwright Tomb），贝尔方丹公墓（Bellefontaine Cemetery），密苏里州圣路易斯，1892 年。由路易斯·沙利文设计，赖特绘制的装饰门，用墨水和铅笔绘于绘布上，70 cm × 60.2 cm。藏于纽约艾弗里图书馆

建筑师并不需要参加考试，他们不受这项新规定的限制，但有许多人反对这一要求，认为这等同于对街头小贩的监管。[5] 即便如此，赖特还是经常雇用有执照或受过教育的建筑师。在橡树园工作室的绘图员工中，分别在伊利诺伊大学和麻省理工学院接受过培训的沃尔特·伯利·格里芬和玛丽昂·马奥尼率先参加了伊利诺伊州建筑师执照考试，并高分通过。[6] 威廉·德拉蒙德（William Drummond）在 1902 年通过了考试。伊莎贝尔·罗伯茨（Isabel Roberts）主要为赖特设计装饰性玻璃，她在纽约女性建筑工作室马斯克雷 – 钱伯斯（Masqueray–Chambers）接受过培训。[7]

当赖特于 1893 年开始独立工作时，他聘请了专业画师，但到 1899 年底，橡树园的员工已经制作出演示图纸。赖特和许多同时代的人活跃于芝加哥建筑俱乐部。该俱乐部的主要活动是自 1894 年开始，在芝加哥艺术学院举办年度展览。这些展品的目录上有大量插图。[8] 1894 年的展品目录再现了赖特为密尔沃基公共图书馆和博物馆（Milwaukee Public Library and Museum）绘制的黑色墨水竞赛图纸，作为第 381 号项目，该图纸的最初步版本被保存在档案馆中（图 15–2）。1900 年的展品目录再现了一些效果图，这些效果图展示了一种新的视觉方向，即一种简单的水彩呈现方式，图上没有人物，也几乎没有树木，以免遮挡了建筑。

最有才华的绘图员当属马奥尼。关于马奥尼绘制了哪些图纸的第一手资料有所不同，但没人质疑她凭借绘图风格在橡树园工作室获得的首席地位。她的线条敏感度为赖特作品的透视图增添了装饰性的元素（见第 23 页附图 1–5）。[9] 工作室里的专业画师伯奇·伯德特·朗（Birch Burdette Long）的作品风格与马奥尼相似（图 15–3），但他在 1903 年离开芝加哥去了纽约，马奥尼便成了主力人员。其他绘图员也开始以这种方式绘出令人信服的图纸。因此，当布鲁克斯就作为瓦斯穆

图 15-2　密尔沃基公共图书馆和博物馆，设计于 1893 年，未建成。立面图，用铅笔绘于纸上，24.8 cm × 71.4 cm

图 15-3　托马斯之家（Thomas House），伊利诺伊州橡树园。1901 年。透视图。用墨水、水粉颜料和铅笔绘于描图纸上，20 cm × 55.6 cm

特作品集图版基础的图纸作者身份问题，采访前绘图员巴里・伯恩（Barry Byrne）、约翰・H.豪（John H. Howe）和约翰・范伯根（John Van Bergen）时，他们只就 4 幅图纸的作者达成了一致。[10]

瓦斯穆特作品集让赖特有机会以统一的审美风格展示他的作品。平版印刷通常复制的是现有的效果图或者建筑项目本身的照片，而工作图纸则被精炼成具有兼容性的程式化展示图。例如，赫特利住宅（Heurtley House）的底层平面图（图 15–4）去掉了尺寸和技术信息，而且与二层平面图和透视图一起再现于该作品集的同一张竖版页面上（图 15–5）。赖特设计了页面布局，并监督他的儿子约翰和泰勒・伍利（Taylor Woolley）按照这种审美方式重新绘制了每个项目，其中，几乎覆盖整个建筑的轮廓的精致线条与表面的轻微水洗处理形成对比。[11]

1910 年赖特准备完瓦斯穆特作品集后从欧洲回到美国，从这段时间起到 1928 年他在威斯康星州的塔里埃森重新定居，在这期间赖特的公司创作了各种风格的图纸。瓦斯穆特审美风格在博克住宅和歌德大街住宅（Goethe Street House，1913 年）图纸中得以保留。延续这一审美风格的是埃米尔・布罗德勒（Emil Brodelle），他是一位才华横溢的画师，在 1913—1914 年负责绘制米德韦花园和帝国饭店的透视图。曾参与瓦斯穆特作品集工作的约翰・赖特和伍利也回到了公司。在此期间，赖特聘请了许多在欧洲受过培训的建筑师。美国系统建造房屋的图纸也以瓦斯穆特风格绘制，这要归功于 1916 年来到公司的捷克人安东宁・雷蒙德（Antonin Raymond）以及 1918 年加入公司的奥地利人鲁道夫・辛德勒（Rudolf Schindler）。

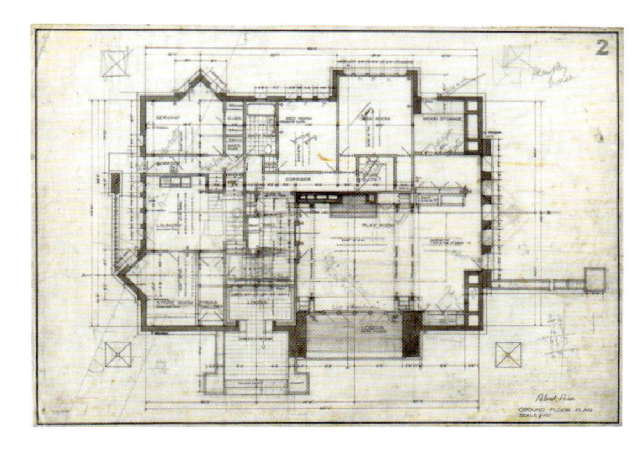

图 15–4　赫特利住宅，伊利诺伊州橡树园，1902—1903 年。底层平面图，用墨水、铅笔和彩色铅笔绘于绘布上，52.4 cm × 74.9 cm

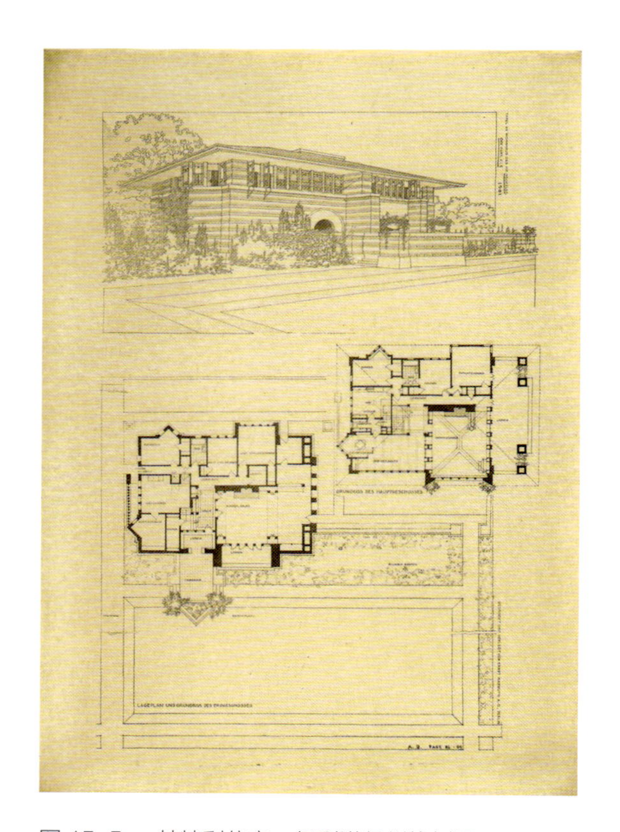

图 15–5　赫特利住宅，伊利诺伊州橡树园，1902—1903 年。透视图、底层和二层平面图。来自《弗兰克·劳埃德·赖特奇妙的建筑和设计》(Berlin:Ernst Wasmuth,1910）的图版 20，藏于纽约艾弗里图书馆

对于复杂的项目，如拉金大厦（图 15–6）、后来的帝国饭店和蜀葵之家，工作图纸在绘制时比例更大，细节更详尽，图纸尺寸也更标准化。辛德勒绘制蜀葵之家的图纸时，赖特正在东京设计帝国饭店。20 世纪 20 年代，赖特设计的项目大多并未建成，这些项目的图纸是用软铅笔和彩色铅笔在描图纸上完成的，是概念性的演示效果图，而不是传统的施工图纸（图 15–7）。在这些作品中，赖特自己的风格最为明显，工作室的其他人（包括他的儿子劳埃德）纷纷效仿。

在这些年里，团队成员包括瑞士建筑师维尔纳・莫泽（Werner Moser）、奥地利建筑师理查德・诺伊特拉、日本建筑师土浦龟城和土浦信子夫妇（Kameki and Nobuko Tsuchiura），以及加拿大建筑师威廉・史密斯（William Smith）。赖特在威斯康星州定居后，他聘请了很多在欧洲受过培训的建筑师：斯洛文尼亚（现今）的弗拉迪米尔・卡尔菲克（Vladimir Karfik）、德国的海因里希・克隆布（Heinrich Klumb）、波兰的迈克尔・科斯塔内基（Michael Kostanecki）和瑞士的鲁道夫・莫克（Rudolf Mock）。日本的冈见健彦（Takehiko Okami）、美国的乔治・克罗宁（George Cronin）和唐纳德・沃克（Donald Walker）也曾是那里的员工。工作室仍然用铅笔和彩色铅笔在描图纸上绘制概念图，但用铅笔和墨水在较厚的描图纸上作图是施工图纸的主要形式。1932 年，赖特接到的委托很少，他开办了塔里埃森学社，这是一所为想要“在实践中学习”的建筑学徒开设的学校。当最后一批欧洲人离开后（莫泽于 1931 年、克隆布于 1933 年），赖特接管了一个由年轻学徒组成的团体，其中许多人完全没有实践经验。在这个团体中，赖特主要的工作风格保持不变，施工图纸是在较薄的描图纸上用细铅笔绘制的，这种风格在 20 世纪 30 年代流行。

在这群学徒中，约翰・豪接受了克隆布的培训，他很快就成了首席绘图员。豪的绘画天赋与赖特的天赋相得益彰，他们两人都喜欢在轻质载

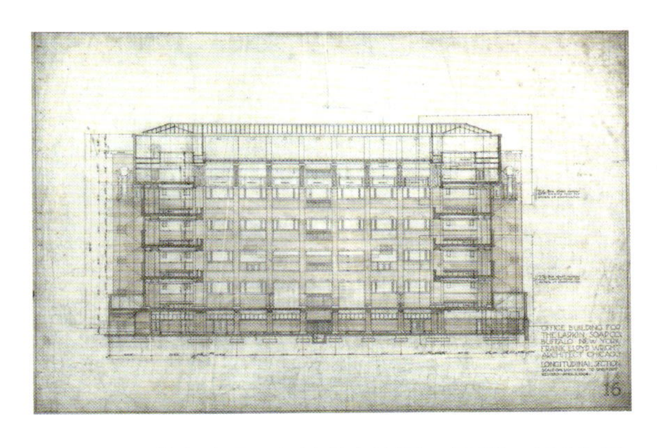

图 15-6　拉金大厦，纽约州布法罗，1902—1906 年。纵向剖面图，用墨水、水墨和铅笔绘于绘布上，61.9 cm × 93.3 cm

图 15-7　塔霍湖度假酒店（Lake Tahoe Resort），加利福尼亚州塔霍湖，设计于 1923—1924 年，未建成。小屋的透视图，用铅笔和彩色铅笔绘于描图纸上，55.2 cm × 38.1 cm

体上用彩色铅笔和铅笔绘制，赖特之后的职业生涯中都是这种绘图风格。豪对这种风格的贡献在于他善于使用墨线，通常是用浅棕色墨水来强调建筑的表面和体积。自赖特去世后，直到 1964 年，豪一直是塔里埃森联合建筑师事务所（Taliesin Associated Architects）的首席绘图员。在豪离开后，建筑师的个性化绘图风格开始出现。

绘图材料

赖特曾经写道，他天生倾向于使用线条、矩形、三角形和丁字尺，而不是路易斯·沙利文使用的那种装饰性的曲线形式（见第 248 页图 15–1）。[12] 他在绘图室的许多照片都证实了这一点。他的风格在橡树园工作室的概念图纸（图 15–8）中表现得十分明显，这是一张用直尺绘制的立面图。立面图的周围写满了赖特用小小的、略显圆润的笔迹留下的注释、计算和笔记。

橡树园工作室使用标准的绘图材料。施工图纸使用了半透明载体，即使用黑色墨水的绘布以及使用各种介质的描图纸，施工期间可以用它们制作多个印刷品。在赖特改造约翰·鲁特（John Root）的沃勒住宅（Waller House，图 15–9）时，工作人员在描图纸上重新绘制了鲁特的图纸，尽管他们本可以印制赖特拥有的原始绘布。[13] 芝加哥许多建筑公司使用一种双色绘图方法，红色

图 15–9　沃勒住宅，伊利诺伊州里弗福里斯特，1899 年。修改版，南立面图，用墨水绘于描图纸上，48.3 cm × 73.7 cm

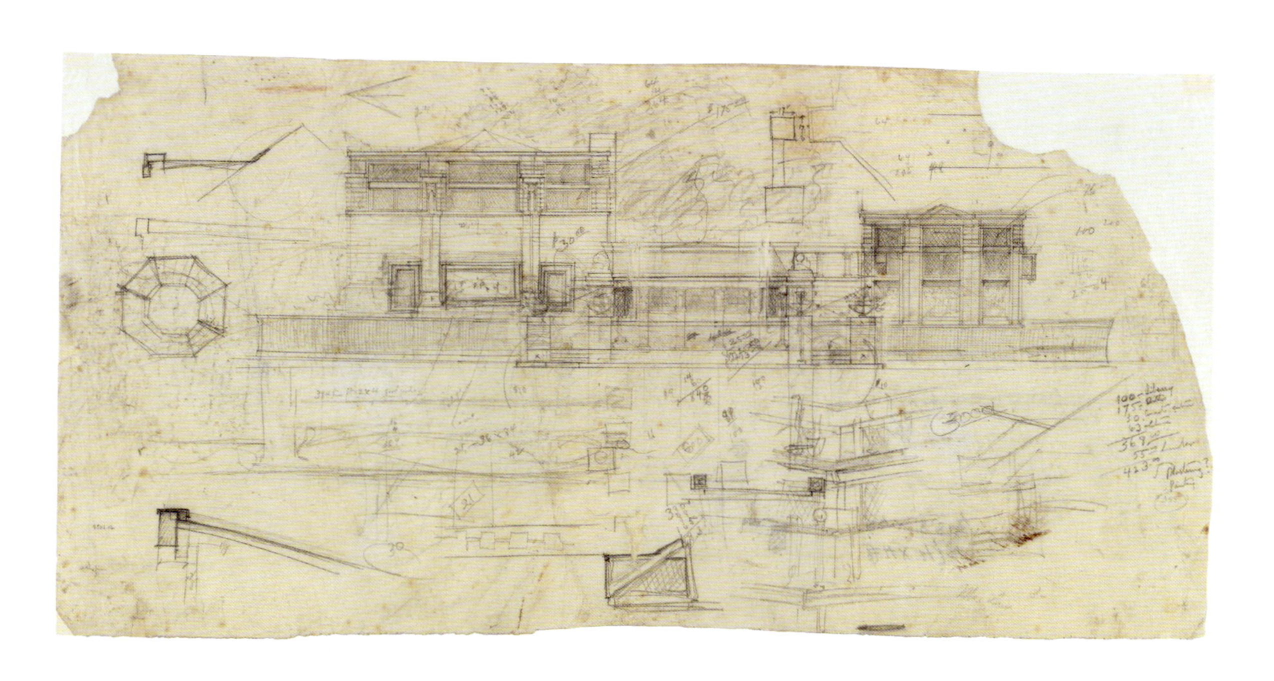

图 15–8　赖特住宅和工作室，伊利诺伊州橡树园，1895—1898 年。工作室扩建部分的平面图和立面图研究，用铅笔绘于描图纸上，39.7 cm × 76.2 cm

和紫色墨水分别代表着原来的房子和有变化的地方。紫色墨水也可以用于审美目的，如摩尔之家（Moore House）的图纸（图 15-10）。近 30 年后，摩尔之家遭受了火灾，赖特对其进行重新设计，并再次在图纸中采用了双色法来区分现存的结构和他的重建结构。

像帝国饭店和蜀葵之家这样的大型项目需要耐用性较强的图纸，从中可以制作出许多印刷品。在建筑学校教授的技巧中，在绘图布上使用黑色墨水可以实现这一要求，但是当赖特工作室里那些受过训练的美国和欧洲建筑师离开后，他就很少使用这种技巧了。在赖特基金会档案馆的 55 000 幅图纸中，只有大约 10% 是用墨水在布上绘制的，且在蜀葵之家和帝国饭店完工后这样绘制的图纸还不到 100 幅。[14]

20 世纪 20 年代的图纸打破了瓦斯穆特的模式，展示了赖特自己更多样的风格，并结合了他的儿子劳埃德的作品。描图纸和彩色铅笔是经常用到的材料，例如史密斯夫妇和土浦夫妇为恩尼斯、米勒德、斯托勒（Storer）和弗里曼（Freeman）绘制的编织块住宅的图纸，诺伊特拉和莫泽绘制的美国国家人寿保险大楼（1923—1925 年）和尼可曼乡村俱乐部（1923—1924 年）的图纸。在多希尼牧场开发和塔霍湖度假酒店的项目中，赖特和他的儿子在薄薄的灰白色描图纸上绘制了许多铅笔图和彩色铅笔图。如果有图形线的话，也是以多种颜色（红色、黄色和蓝色）手绘的。

赖特对日本艺术保持着长久的热情，他经常在和纸上绘图，甚至在这种纸上打印自己的照片。[15] 帝国饭店的许多图纸都是在日本宣纸上绘制的，布斯之家的图纸以及 20 世纪 20 年代的许多图纸也是如此。土浦龟城提到赖特曾在一种打蜡的日本宣纸上绘图，这种纸是赖特从东京带回来的，配合彩色铅笔很好用。[16] 在 1938 年给远藤新的信中，赖特说：“我想念我们过去使用的日本描图纸，那种纤薄的纸。”并且，他还请远藤新让榛原纸行（paper company Haibara）寄给他 24 卷描图纸，因为“我们用得非常多”，但在美国没有可与之相比的图纸。[17] 柯蒂斯·贝辛格（Curtis Besinger）在 1939 年至 1955 年期间是塔里埃森的学徒，他也回忆起当时使用的图纸有许多都是和纸。[18]

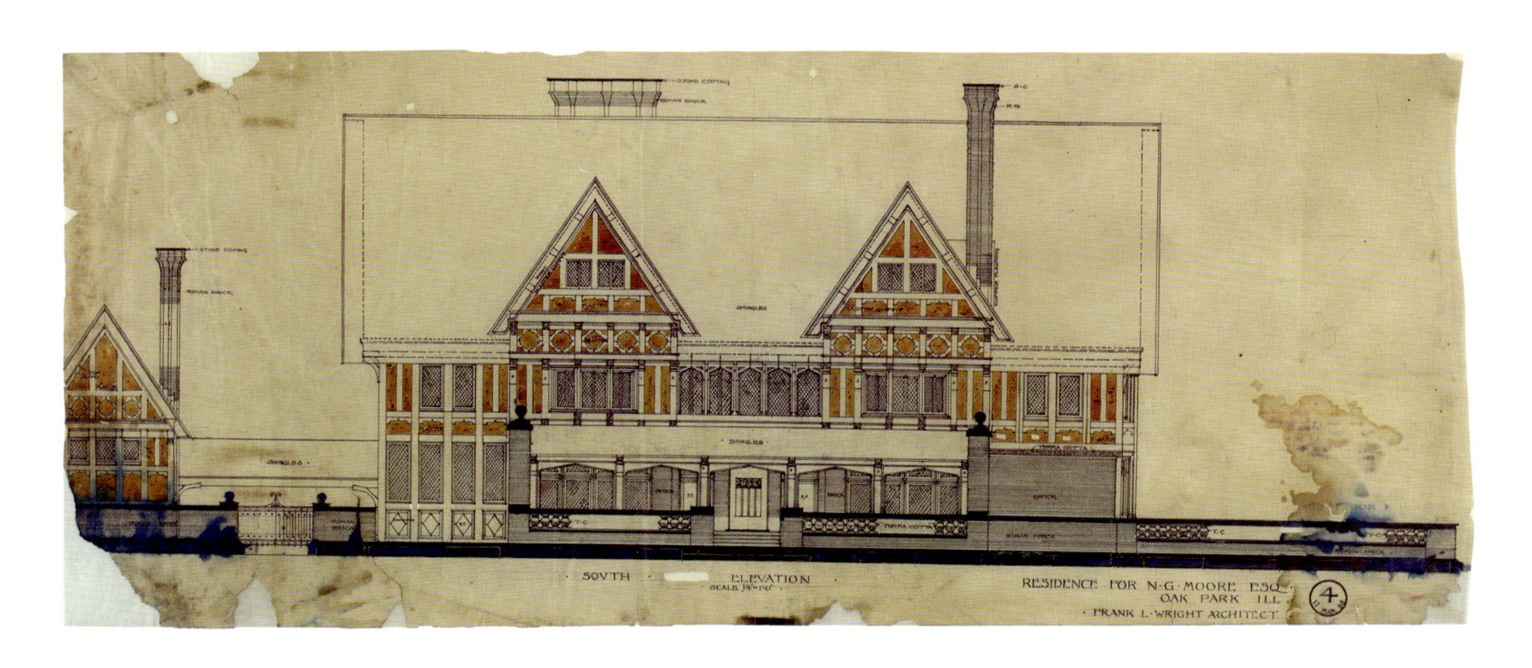

图 15-10　摩尔之家，伊利诺伊州橡树园，1895 年。南立面图，用墨水绘于纸上，40 cm × 94.6 cm

赖特对非常规的图纸展示方式持开放态度。随着欧洲对这位建筑师作品的评论，1929—1933年间担任首席绘图员的克隆布建议“将他的效果图简化为现代建筑师所热衷的白底黑线的二维演示图”。[19] 据克隆布介绍，这些效果图被再现于卷轴幕布上，并且在1930年普林斯顿大学的讲座上投入使用（图15–11），之后它们被收录在1931年由H. T. 维德维尔德（H. T. Wijdeveld）和埃里克·门德尔松（Eric Mendelsohn）组织的展览中，并在欧洲巡展了10个月。遵循现代图形风格的是1932年传统住宅（The Conventional House）的图纸（图15–12），它是用黑色墨水在更厚、更光滑的描图纸上绘制的。树脂涂层的描图纸是一种高压压光描图纸，因其光滑表面和半透明性而受到欧洲 建筑师的青睐，被用于绘制1923年摩尔之家重建的图纸。

图15–11　拉金大厦，纽约州，布法罗。1902—1906年。透视图以及平面图的细节，约1930年。用墨水和铅笔绘于纸上，87.6 cm × 53.7 cm

工作室进程

塔里埃森学徒的回忆录和口述历史，特别是豪和他的助手贝辛格的回忆录，都提供了关于工作室实践和具体图纸的丰富资料。豪和赖特共事了27年，大部分时间担任首席绘图员；贝辛格是堪萨斯大学（University of Kansas）建筑学毕业生，于1939年来到工作室，一直待到1955年。他们为1946—1947年罗杰斯·莱西酒店（Rogers Lacy Hotel）的设计绘制的图纸很有代表性。赖特的设计理念（图15–13）在他用铅笔在纸上绘制期间得到了充分的发展，他的图纸是在模块化的网格上绘制的，有楼层高度、各种符号以及塔楼的两种不同设计。由于建筑的规模太大，原来的图纸幅面无法容纳，因此纸张被扩展了好几次，并且粘在图纸剪出的洞上的小草图，表明设计发生了变化。豪从这幅图纸中收集了很多信息来创建平面图、立面图、剖面图和透视图。效果图（图15–14）是豪独自完成的，赖特并没有插

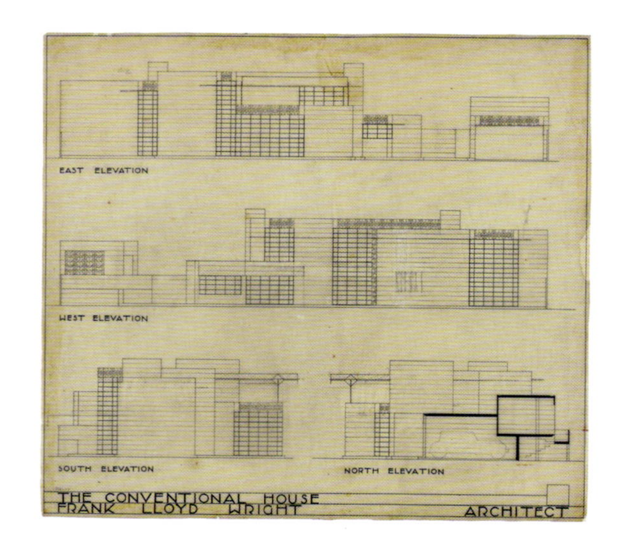

图15–12　传统住宅，设计于1932年，未建成。立面图，用墨水绘于描图纸上，64.8 cm × 70.8 cm

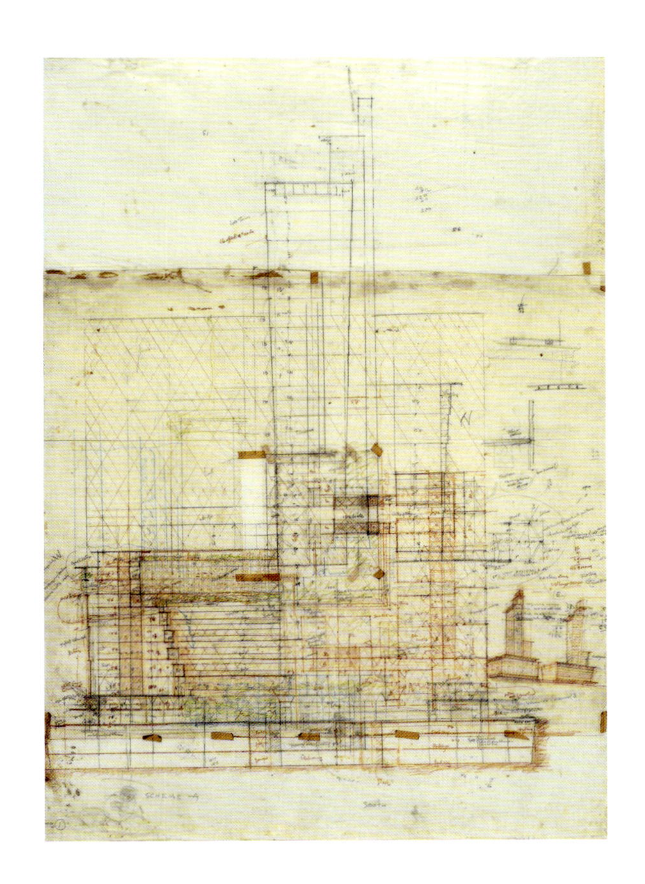

图 15-13　罗杰斯· 莱西酒店，得克萨斯州达拉斯，设计于 1946—1947 年，未建成。剖面和透视图研究，用铅笔和彩色铅笔绘于描图纸上，128.3 cm × 90.2 cm

图 15-14　罗杰斯 · 莱西酒店，得克萨斯州达拉斯，设计于 1946—1947 年，未建成。透视图，用彩色铅笔和墨水绘于描图纸上，134 cm × 75.6 cm

手。[20] 施工图纸的展示图主要由贝辛格绘制（图 15–15），贝辛格回忆说这些图纸是在精美和纸（从 76 cm 宽的卷筒上剪下的）上绘制的。这幅图纸的表面只允许用最轻的钢笔线条绘制，以免弄脏，并且无法擦去。彩色铅笔用于着色，有时涂在图纸的背面。[21]

设计概念由赖特提出，施工图纸由首席绘图员绘制，这个过程已经成为工作室的标准程序。关于赖特能够在几张速写纸中表达出设计的基本元素的故事，比比皆是。他喜欢观众，并且知道如何向他的员工传达自己的想法。1928 年的圣诞节，在威斯康星州的塔里埃森，沃克观察了一次长达 4 小时的绘图会议，在这次会议上赖特为圣马克教堂的塔楼设计了基本方案，并在完成时宣布："唐，这就是我设计的建筑。你来绘制施工图纸吧。"[22]

橡树园工作室比塔里埃森办公室小得多，但它们的运作方式基本上是一样的。伯恩说："当项目交付我绘制成施工图纸时，最初赖特所做的研究、确定的平面图和在立面图中明确的外部设计主题都会交给我处理。在绘制过程中，项目中所有隐含的但未描述的部分会困扰初级绘图员，这部分就需要得到赖特的批准，并且常常需要他进行更正。"[23]

豪回忆说，在他来到赖特工作室后不久，克隆布便让他绘制威利住宅（Willey House，1932—1934 年）的细节。在汉纳住宅（Hanna House）的设计过程中（图 15–16），他学会了绘制全方位的施工图纸，其中包括一幅配有植物的平面图，其与 1938 年《建筑记录》为赖特出版的一期专刊中的图纸相似。[24] 在档案馆的手稿中，有一份为这一期杂志准备的图纸清单，注明是由 9 位学徒完成的：豪、科妮莉亚·布赖尔利（Cornelia Brierly）、贝尼·东巴尔（Benny Dombar）、布莱恩·德雷克（Blaine Drake）、伯特·古德里奇（Burt Goodrich）、鲍勃·莫舍（Bob Mosher）、韦斯·彼得斯（Wes Peters）、埃德加·塔费尔和吉姆·汤姆森（Jim Thomson）。[25] 与这一期杂志相关的图纸中有一些收藏在档案馆，另有一些是为这期杂志准备但没有出版的图纸，还有一些是与出版版本稍有不同的图纸。

豪和贝辛格都说过，赖特会直接在图纸上进行修正，不会再覆盖一层，因此绘图员在修改图纸时，必须先擦去修正的内容，然后重新绘制有改动的地方。[26] 据另一位早期学徒严亮（Yen Liang）所说，赖特喜欢用软铅笔，认为橡皮擦是"最

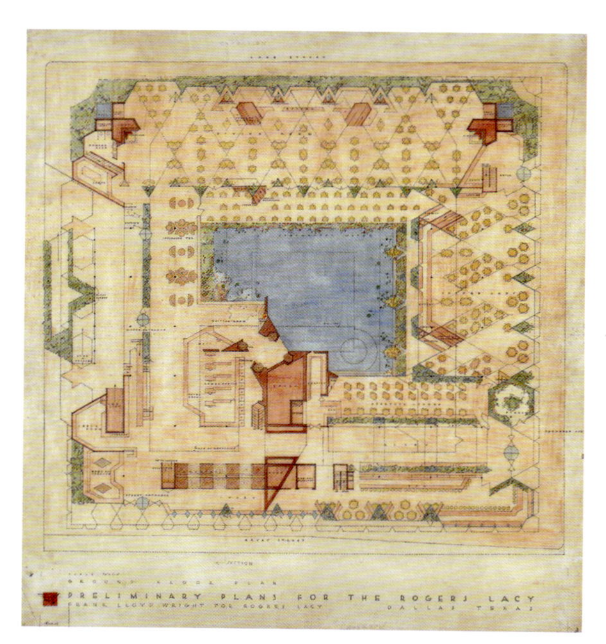

图 15–15　罗杰斯·莱西酒店，得克萨斯州达拉斯，设计于 1946—1947 年，未建成。底层平面图，用墨水、铅笔和彩色铅笔绘于描图纸上，85.7 cm × 76.8 cm

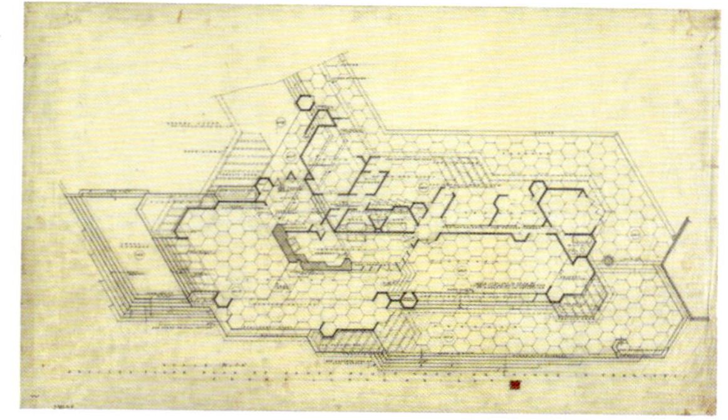

图 15–16　汉纳住宅，加利福尼亚州帕洛阿尔托（Palo Alto），1936—1937 年。底层平面图，用铅笔绘于描图纸上，64.1 cm × 107 cm

重要的建筑工具”。[27] 这使得豪会保留另一套干净的图纸（他希望赖特并不知情），这些图纸可以快速更正，以便更好地为客户制作图纸。贝辛格记得赖特对在未来建造所罗门·R.古根海姆博物馆的地址上临时建造的美国风住宅（1953 年）的图纸进行了大量修改：

“我们度过了一个非常紧张的下午，擦去又重画……很遗憾，许多修改都是这样……改变的记录都没有保存下来。我和约翰·盖格（John Geiger）没有绘制另一套图纸，也没有在开始工作之前制做图版。我们擦了又重画，抹去了之前房屋的所有记录，包括赖特先生在图纸上的工作内容。剩下的只是改变后的结果，而不是修正过程的记录。”[28]

赖特简化了尼尔斯住宅（Neils House，1949 年）的设计后，客户就急着开始施工，这个项目的图纸是贝辛格完成的，而没有交给最初的绘图员。[29] 在这种情况下有两个方案，一个是最终版本，另一个带着重新绘制的痕迹。

尼尔斯住宅的平面图也表明了模块的主要用途，这里用了一个边长 1.2 m 的方形单元（在其他项目中会设计成三角形或六边形），作为平面图的组织形式。虽然图纸中给出了比例，但没有提供房间的尺寸或房屋的总长度。近 50 年前，在橡树园工作室时，查尔斯·E.怀特（Charles E. White）注意到赖特在设计元素（比如窗户）中使用了模块，但没有注意到平面的组织理念。[30] 例如，赫特利住宅的平面图按房间和整体面积列出了尺寸，并且 0.76 m 的平开窗模块也被谨慎地运用在其中（见第 250 页图 15–4）。不过，随着赖特职业生涯的发展，模块的运用变得更加突出。到蜀葵之家时，平面图是用红色墨水在网格上绘制的。正如贝辛格所写的那样，在塔里埃森学社的岁月里，这种设计系统无处不在：“这些住宅是在网格上设计的，通常是一种矩形单元系统。其尺寸是由与这种网格相关部件的位置确定的。人们必须研究标准部件细目表，并了解部件相对于网格的位置，才能计算出尺寸。人们一旦试过之后，就会发现这种构造系统不仅合乎逻辑还十分简单。”[31]

贝辛格还指出，这一系统下的每个项目所需的图纸更少，而且由于没有“通常用于定位墙、门、窗等的尺寸标注”，使得一些建筑商很难投标这种设计。但是，对于学徒来说，这种系统可能更容易学习，就会使工作室能够开展更多的项目。[32] 豪回忆说，他画一幅普通的图纸要花上一天的时间：“为了赶在赖特先生前面，我们必须动作迅速。”[33] 豪手绘时，要先用铅笔，然后用彩色铅笔，最后用棕色墨水来突出设计中的边梁。[34] 赖特则经常通过将建筑周围画满绿色植物来完成图纸。

贝辛格将整个工作室的项目流程总结为 3 个步骤。第一步是设计一种能引起赖特兴趣的新的几何图形或概念，并且以几乎完全实现的形式展现在赖特的第一次草图中；接下来，赖特会拟定项目总体的场地安排和平面规划，让高级学徒在完成最终图纸之前制定出细节；最后，为了满足客户不断提出的要求，项目会由一个学徒设计，并在最终图纸完成之前由赖特进行审查和修改。[35]

赖特的职业生涯持续了 72 年，当他去世时，他的办公桌上留下了 51 个处于不同发展和建造阶段的项目。像大多数建筑师一样，他的员工都有能力按照他的建筑词汇和语法来进行设计，正如他自己当年为沙利文所做的那样。他的工作室的规模和结构取决于他生活的环境，反映了当时的生产力和动荡时期。塔里埃森学社的成立，为赖特提供了年轻且专注的学徒们，这些精力充沛且拥有技能的学徒为实现他的辉煌事业的第三阶段提供了可能，在此阶段，他几乎完成了整个职业生涯中近一半的项目。他的档案遗产使得人们可以探索这些关系和实践，也揭示了参与其中的个人以及他们之间的互动。有了这些知识，对图纸的进一步研究将加深对这位历史上伟大创作者的理解。

注释

1 参见小埃德加·考夫曼的《弗兰克·劳埃德·赖特的建筑展览》，第 5 页。

2 考夫曼，载于《塔里埃森图纸：弗兰克·劳埃德·赖特绘图选集中的近期建筑。小埃德加·考夫曼评》（Taliesin Drawings: Recent Architecture of Frank Lloyd Wright Selected from His Drawings. Comments by Edgar Kaufmann, Jr.），《当代艺术的问题》（*Problems of Contemporary Art*）第 6 期（New York: Wittenborn, Schultz, 1952），第 5 页。

3 参见 H. 艾伦·布鲁克斯的《弗兰克·劳埃德·赖特和瓦斯穆特图纸》（Frank Lloyd Wright and the Wasmuth Drawings），《大都会艺术博物馆公报》第 48 卷，第 2 期（1966 年 6 月），第 193 页。

4 关于伊利诺伊州的建筑师执照，参见玛丽·N. 伍兹（Mary N. Woods）的《从手工艺到职业：19 世纪美国的建筑实践》（*From Craft to Profession: The Practice of Architecture in Nineteenth-Century America*. Berkeley: University of California Press, 1999），第 44 页。

5 参见保罗·克鲁蒂的《对伊利诺伊州建筑师许可法起步的新看法》（A New Look at the Beginnings of the Illinois Architects Licensing Law），《伊利诺伊州历史杂志》（*Illinois Historical Journal*）第 90 卷，第 3 期（1997 年秋季刊），第 154—172 页。

6 参见迈伦·A. 马蒂（Myron A. Marty）的《弗兰克·劳埃德·赖特的社区：塔里埃森及其他地区》（*Communities of Frank Lloyd Wright: Taliesin and Beyond*. DeKalb: Northern Illinois University Press, 2009）。

7 参见南希·K. 莫里斯·史密斯（Nancy K. Morris Smith）主编的《1903—1906 年间，来自弗兰克·劳埃德·赖特工作室小查尔斯·怀特写的信》（Letters, 1903 - 1906, by Charles E. White, Jr. from the Studio of Frank Lloyd Wright），《建筑教育杂志》（*Journal of Architectural Education*）第 25 卷，第 4 期（1971 年秋季刊），第 105 页。在 1900 年的美国人口普查中，罗伯茨称自己是一名艺术系的学生，从 1910 年起称自己是一名建筑师。参见约翰·达尔斯（John Dalles）的《瑞安与罗伯茨的开拓性遗产》（The Pathbreaking Legacy of Ryan and Roberts），载于《佛罗里达中部的反思：佛罗里达中部历史学会季刊》（*Reflections from Central Florida: The Quarterly Magazine of the Historical Society of Central Florida*）第 7 卷，第 3 期（2009 年夏季刊），第 8—9 页。玛丽昂·马奥尼在 1900 年的人口普查中称自己是一名艺术家。

8 这些目录的 PDF 文件可以在芝加哥艺术学院网站的“展览历史”页面上找到。

9 参见怀特的《1903—1906 年间，来自弗兰克·劳埃德·赖特工作室小查尔斯·怀特写的信》，第 110 页，史密斯主编；巴里·伯恩，《阿瑟·德雷克斯勒评论弗兰克·劳埃德·赖特的图纸》（Review of Arthur Drexler, The Drawings of Frank Lloyd Wright），《建筑史学会会刊》，第 22 卷，第 2 期（1963 年 5 月），第 108— 109 页。

10 布鲁克斯，《弗兰克·劳埃德·赖特和瓦斯穆特图纸》，第 93 页。

11 赖特对作品集的原始设计保存在约翰·豪论文第二部分的图纸集中。这本图集的复制品于 2016 年 6 月赠给了艾弗里图书馆。

12 赖特，《天才和专制政府》（*Genius and the Mobocracy*. New York: Duell, Sloan and Pearce, 1949），第 55 页。

13 约翰·鲁特为沃勒住宅绘制的原始图纸，现保存在赖特基金会档案馆中（现代艺术博物馆和艾弗里图书馆）。

14 纽约建筑师如埃利·雅克·卡恩（Ely Jacques Kahn）和雷蒙德·胡德（Raymond Hood）主要在大型商业项目中使用绘布。20 世纪 60 年代中期，哈里森和阿布拉莫维茨（Harrison & Abramovitz）为林肯中心的大都会歌剧院（Metropolitan Opera House）绘制了图纸。参见艾弗里图书馆的例子。

15 参见《灌木丛》（*Shrubs*），这是艾弗里图书馆中约翰·劳埃德·赖特藏品中的一张照片。

16 土浦龟城，引自埃德加·塔费尔的《关于赖特：那些认识弗兰克·劳埃德·赖特的人的回忆录》（*About Wright: An Album of Recollections by Those Who Knew Frank Lloyd Wright*. New York: Wiley, 1993），第 94 页。

17 赖特写给远藤新的信，1938 年 8 月 24 日。档案编号 E021A06，赖特基金会档案馆（现代艺术博物馆和艾弗里图书馆）。榛原为帝国饭店的孔雀厅提供了壁画用纸，并为该饭店印刷了广告。

18 柯蒂斯·贝辛格，《与赖特先生共事：那是什么样子》（*Working with Mr. Wright: What It Was Like*. Cambridge: Cambridge University Press, 1995），第 156 页。

19 海因里希 · 克隆布，引自塔费尔的《关于赖特：那些认识弗兰克 · 劳埃德 · 赖特的人的回忆录》，第 100 页。克隆布是在就海因里希 · 德 · 弗里斯（Heinrich de Fries）的评论《弗兰克 · 劳埃德 · 赖特：建筑师的心血》（*Frank Lloyd Wright. Aus dem Lebenswerke eines Architekten*. Berlin: Verlag Ernst Pollak），回应欧洲对赖特作品的批评，1926 年。

20 与豪的视频采访，1990 年 2 月 14 日，文字记录，第 18—19 页。赖特基金会档案馆（现代艺术博物馆和艾弗里图书馆）。感谢杰克 · 奎南让我注意到这次采访。

21 参见贝辛格的《与赖特先生共事：那是什么样子》，第 154—158 页。

22 唐纳德 · 沃克，引自塔费尔的《关于赖特：那些认识弗兰克 · 劳埃德 · 赖特的人的回忆录》，第 96 页。

23 伯恩，《论弗兰克 · 劳埃德 · 赖特和他的工作室》（On Frank Lloyd Wright and His Atelier），《大学建筑学院协会杂志》（*Journal of the Association of Collegiate Schools of Architecture*），第 18 卷，第 1 期（1963 年 6 月），第 4 页。

24 对豪的视频采访，文字记录，第 1 页（威利住宅），第 4 页（汉纳住宅）。另参见《建筑论坛》第 68 卷，第 1 期（1938 年 1 月）。

25 档案编号 2401.232，赖特基金会档案馆（现代艺术博物馆和艾弗里图书馆）。马修 · 申斯贝里（Matthew Skjonsberg）善意地提醒我注意这一页。

26 贝辛格，《与赖特先生共事：那是什么样子》，第 29 页；对豪的视频采访，文字记录，第 4 页。

27 严亮，引自塔费尔的《关于赖特：那些认识弗兰克 · 劳埃德 · 赖特的人的回忆录》，第 130 页。

28 贝辛格，《与赖特先生共事：那是什么样子》，第 253 页。

29 出处同注释 28，第 204 页。

30 参见史密斯主编的《1903—1906 年间，来自弗兰克 · 劳埃德 · 赖特工作室小查尔斯 · 怀特写的信》，第 105 页。

31 贝辛格，《与赖特先生共事：那是什么样子》，第 32 页。

32 到 20 世纪 70 年代，塔里埃森联合建筑师事务所已经开始用标准尺寸标注注释图纸。

33 对豪的视频采访，文字记录，第 9 页。

34 参见简 · 金 · 赫申和蒂姆 · 奎格利（Tim Quigley）的《建筑师约翰 · 豪：从塔里埃森学徒到有机设计大师》（*John H. Howe, Architect: From Taliesin Apprentice to Master of Organic Design*. Minneapolis: University of Minnesota Press, 2015），第 45—63 页。

35 贝辛格，《与赖特先生共事：那是什么样子》，第 225 页。

16 可视化档案

卡萝尔·安·法比安

赖特基金会档案馆收藏了赖特各式各样的不朽作品。艾弗里图书馆和现代艺术博物馆对这一重要资源的收购，表明了这两个机构的共同承诺：保护这些藏品，发掘有关赖特、他的作品及其影响的新知识，并为学者、学生、赖特历史遗址的管理员以及对此感兴趣的公众提供广泛的访问渠道。在艾弗里图书馆，我们正在探索多种方式来向所有支持者展示这个庞大档案的内容。

档案事务在两种基本组织原则下运作：一是汇总与一个主要创作者或建设项目有关的一系列材料；二是创建档案查找辅助工具，对材料进行合理安排。对于档案管理者和学者来说，传统的查找辅助工具是一个熟悉的切入点。在设计查找辅助工具的过程中，档案管理员的目的是从一个不可知论者的角度为作品主体结构提供指导，并且不留下任何解释的痕迹。学者首先通过查找辅助工具接触档案，在接触过程中，期待获得一种探索体验：深入细致地阅读原始的材料，从而产生新的见解、论点或研究成果。但是赖特基金会档案馆也引起了公众的兴趣，这迫使我们重新思考如何以更透明的方式更好地展示庞大的馆藏，使观众可以一目了然地了解档案馆的全貌，并为更深入地探索那些吸引人的项目提供途径。为了平衡传统的档案处理方式与展示档案馆的其他方法，我们正在探索数据可视化技术——将档案记录作为数据进行汇总和分析的产品——以更容易获取和理解的方式传达所保存的复杂信息。例如，对档案馆中的通信数据进行可视化分析，可以用图形表示赖特的通信圈子—— 一个社交网络，记录了他与对话者跨越空间、时间和主题的“对话”密度。对于这里展示的项目，我们对所持有的赖特图纸进行了可视化编码，目的是从位置、时间和类型的角度来展示与赖特那些创造性作品相关的档案证据的密度。

我们重点分析 3 个不同规模的样本地理区域——美国本土（纽约州布法罗，见第 262 页附图 16-1）、其他国家（日本，见第 263 页附图 16-2）和其他地区（中东地区，见第 264 页附图 16-3）。项目信息用不同颜色来编码。在每个可视化图的底部，用平滑的直方图表示时间读数，这代表了赖特职业生涯的跨度，也是这个地区项目所在的时间范围。直方图分为 3 个条带，分别代表赖特的已建项目、未建项目和已拆除项目。

尽管所有这些分析共享一种可视化词汇，但是每个分析都描述了赖特的创造性作品的不同方面。布法罗可视化图展示了赖特早期职业生涯的重要轨迹，也记录了他与当地客户的联系。其中显而易见的是赖特与达尔文·马丁的关系，他多年来为达尔文·马丁设计了 10 个项目。可视化绘图记录了 16 个项目。其中，拉金大厦（1950 年拆除）的 179 张图纸是赖特这个兼具技术创新和商业设计的杰作的主要证据。

可视化图还提供了赖特在美国境外的活动情况。具体来说，我们看到了赖特在日本（1913—1923 年）和中东（1927 年、1957—1959 年）十分活跃的时期。这些图形量化了赖特在这些地区所做的公共空间和城市设计方面的大量工作。赖特为东京的帝国饭店绘制了近 800 幅图纸，其图纸数量远远超过了他在日本的其他项目。这些图纸与拉金大厦的图纸一样，记录下了赖特最重要的作品之一，虽然作品已不复存在。大巴格达计划有 105 张图纸，这些图纸以及和项目有关的著作，为赖特职业生涯这个最后的伟大（但尚未建成）的作品提供了大量证据。

早期的数据可视化实验有望对档案馆整体有一个更直接、更引人入胜的理解。除此之外，我们希望将图纸、信件、电影和摄影的数字化版本与一系列数据可视化联系起来。虽然可视化图可以展示我们的大量材料，但是这些藏品并不能完全代表赖特的作品。它们不能代表档案馆所缺少的内容，例如赖特和赞助人之间通信的另一面、在塔里埃森火灾中丢失的图纸、其他公共或私人收藏中的赖特材料以及多年来丢失的模型部件。尽管如此，通过利用数据策略和数字技术，我们的目标是尽可能以最完整和最透明的方式展现档案馆中的全部藏品，从而增进公众对这一庞大且卓越作品的理解和获取。

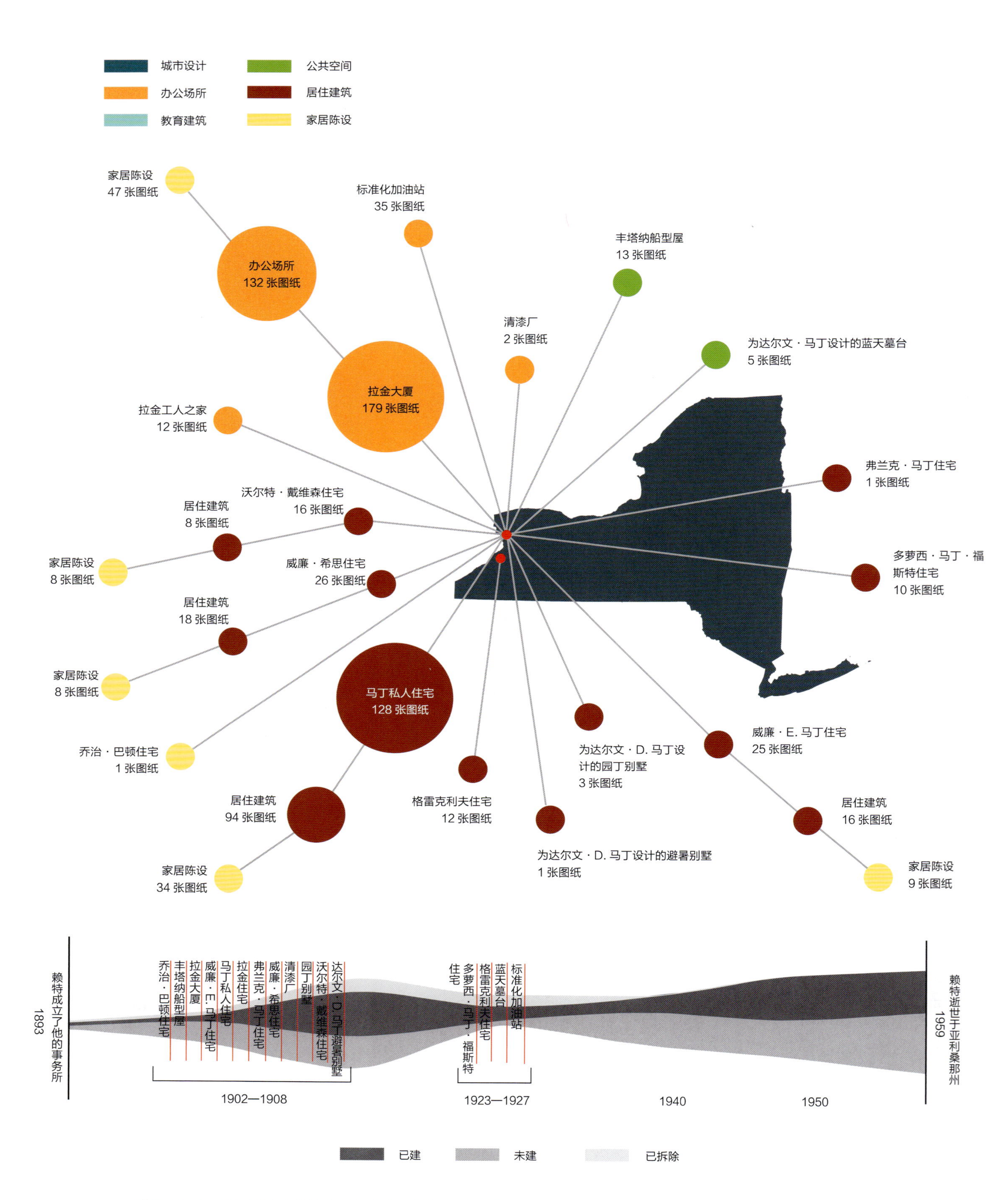

附图 16-1　赖特职业生涯中在纽约州布法罗的设计项目

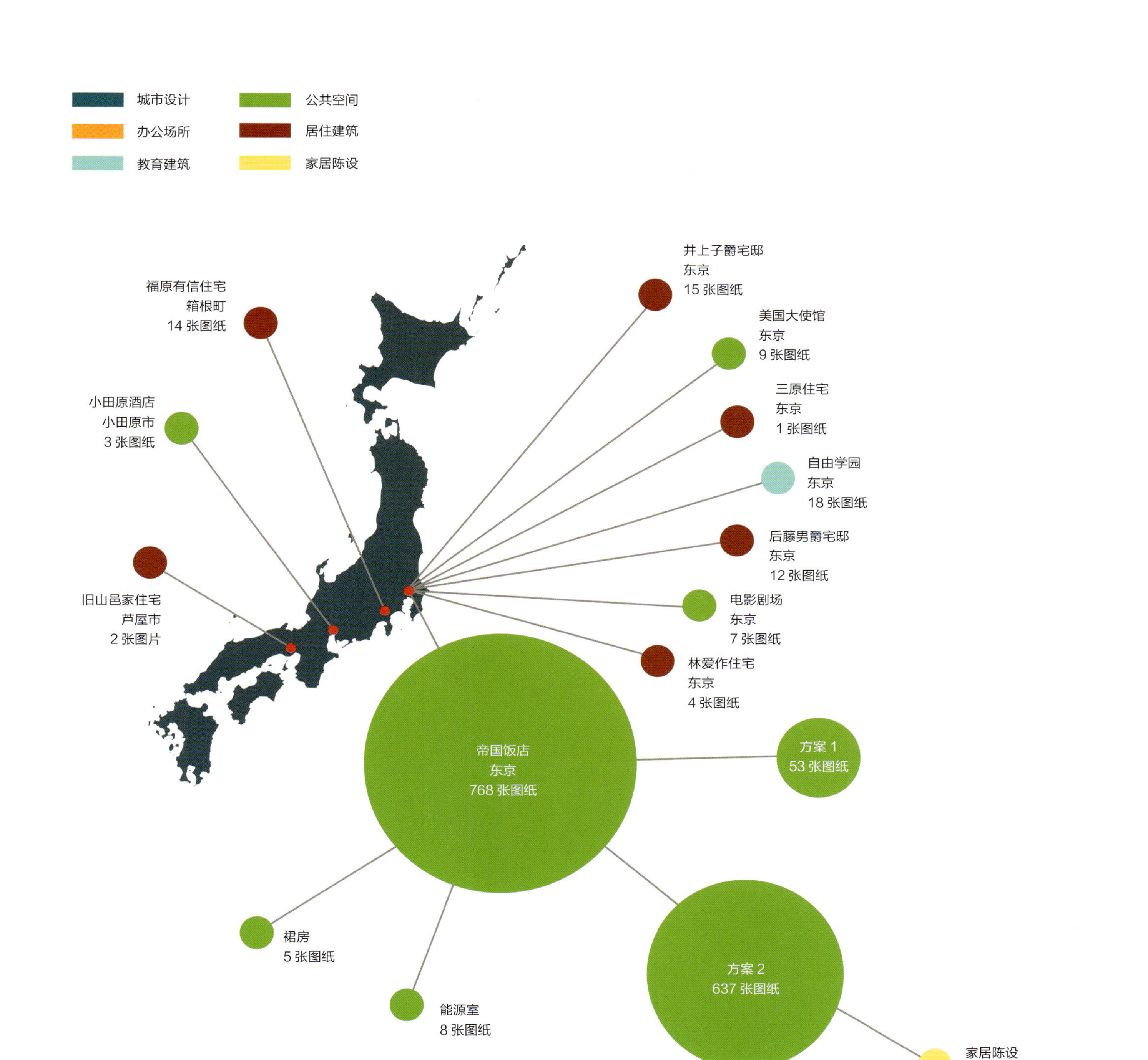

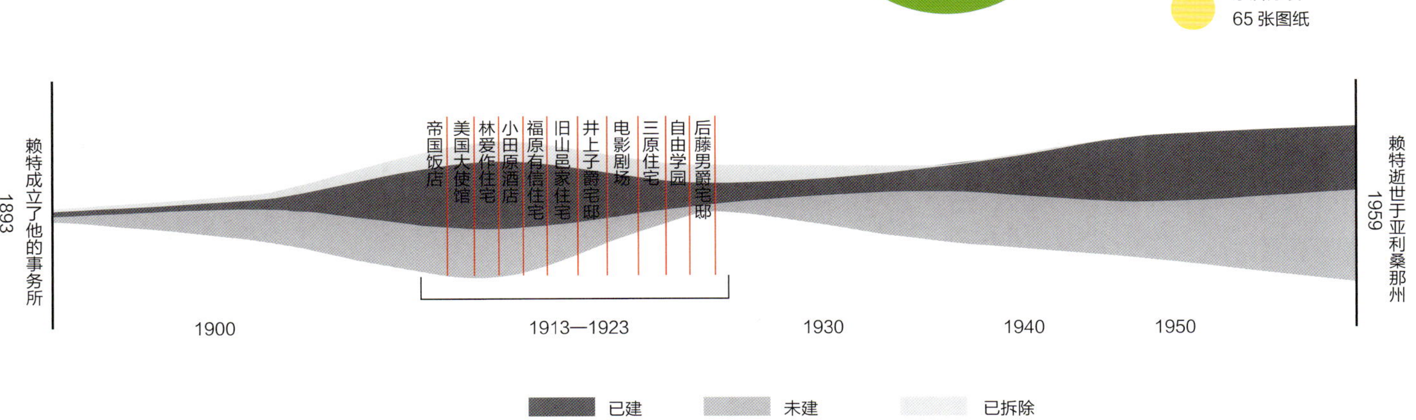

附图 16-2 赖特职业生涯中在日本的设计项目

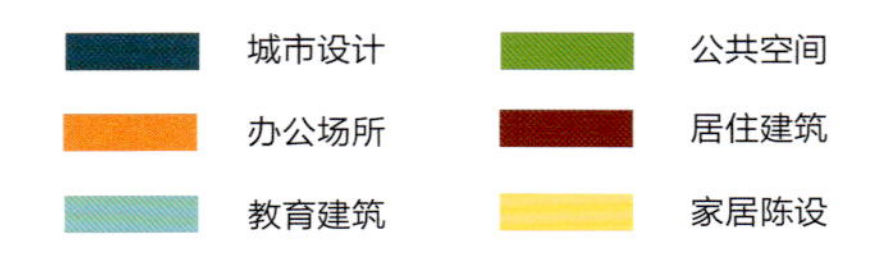

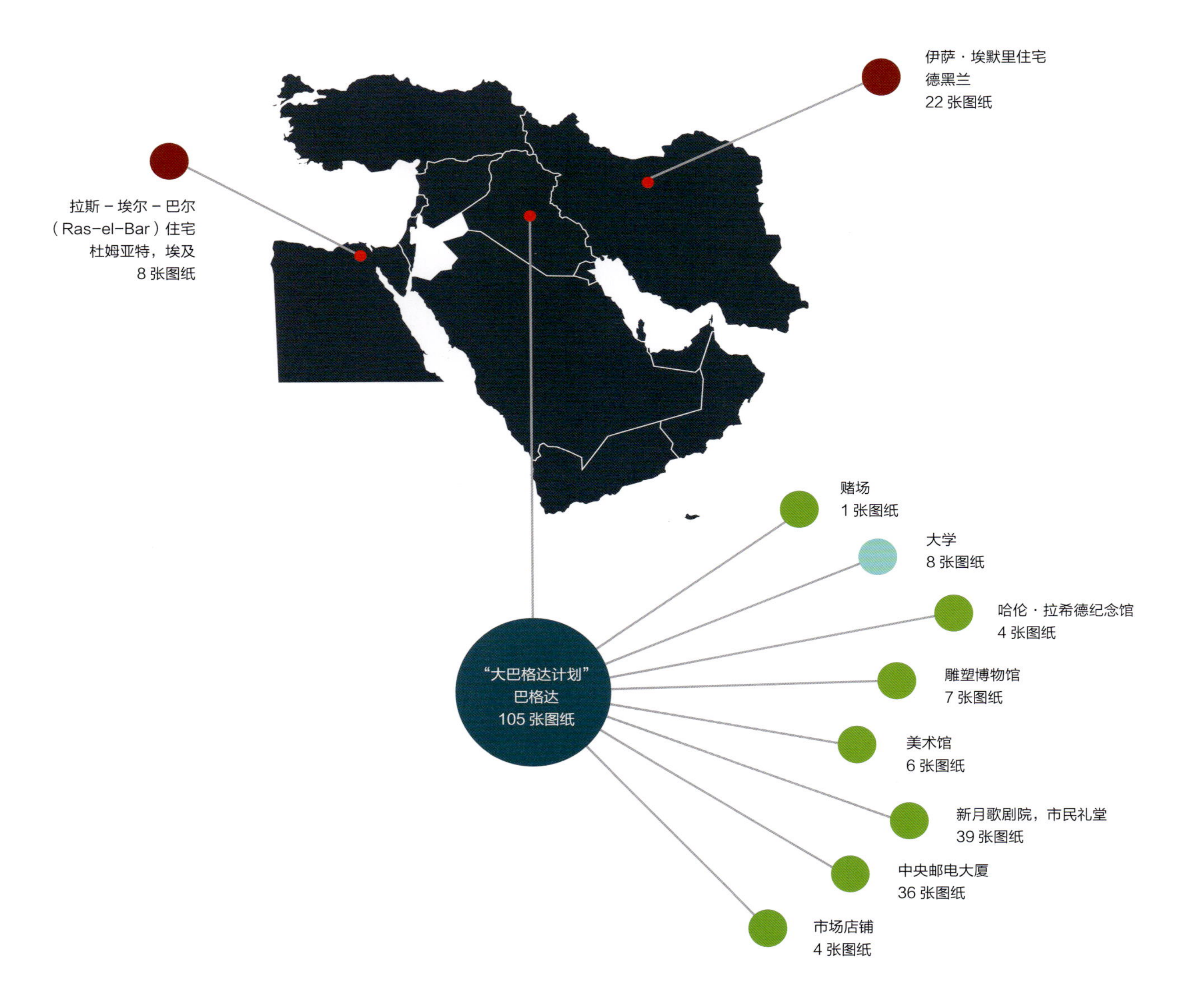

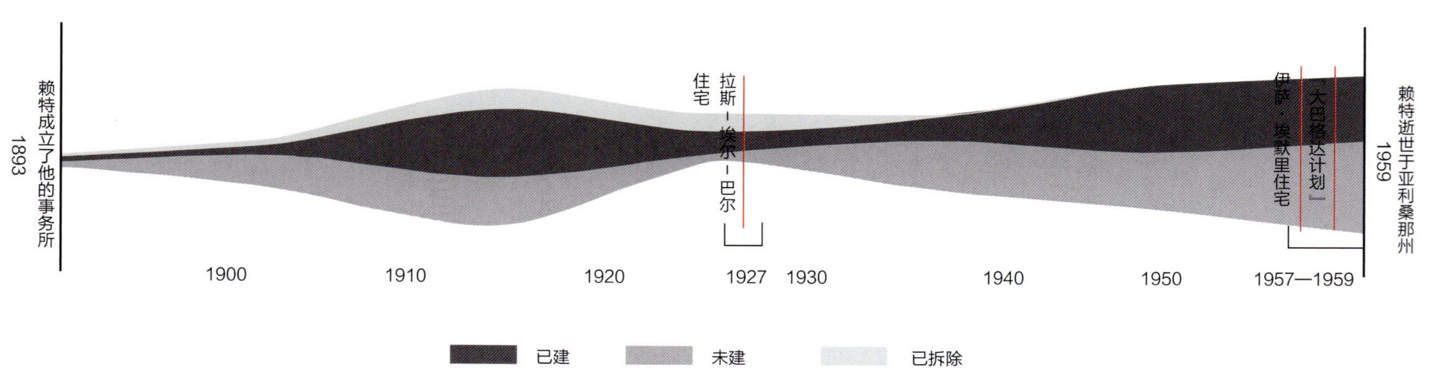

附图 16-3　赖特职业生涯中在中东地区的设计项目

"CLOVERLEAF" MODERN MOTOR-CAR CO

USONIAN HOUSES FOR THE

QUADRUPLE SUN-DECK TYPE

FRANK LLOYD W